金属塑性成形过程建模仿真技术

张大伟　张琦　　著

机械工业出版社

本书共9章，介绍了板料成形与体积成形过程有限元分析的理论基础，对材料本构关系与成形过程中关键摩擦边界条件进行了描述与评估，详细阐述了典型商用有限元分析软件建模与基本操作，并通过案例方式，分别阐述了弹塑性有限元法、刚塑性有限元法和刚黏塑性有限元法在零部件冷成形、温成形、热成形过程中的有限元分析，包括成形工艺、建模、有限元模型评估与应用等。

本书可作为普通高等学校车辆工程、材料成型及控制工程、机械设计制造及其自动化、机械工程及其他相关专业的本科生教材，也可作为相关专业研究生和企事业单位与科研院所工程技术人员的参考书。

图书在版编目（CIP）数据

金属塑性成形过程建模仿真技术/张大伟，张琦著. —北京：机械工业出版社，2024.7

（智能制造系列丛书）

ISBN 978-7-111-75914-0

Ⅰ. ①金…　Ⅱ. ①张…　②张…　Ⅲ. ①金属压力加工 – 塑性变形 – 系统建模　②金属压力加工 – 塑性变形 – 系统仿真　Ⅳ. ①TG301

中国国家版本馆 CIP 数据核字（2024）第 105854 号

机械工业出版社（北京市百万庄大街22号　邮政编码100037）

策划编辑：孔　劲　　　　责任编辑：孔　劲　王彦青

责任校对：张婉茹　甘慧彤　景　飞　　　　责任印制：李　昂

河北泓景印刷有限公司印刷

2024年9月第1版第1次印刷

184mm×260mm・13.25印张・326千字

标准书号：ISBN 978-7-111-75914-0

定价：59.00 元

电话服务　　　　网络服务

客服电话：010-88361066　　机　工　官　网：www.cmpbook.com

010-88379833　　机　工　官　博：weibo.com/cmp1952

010-68326294　　金　书　网：www.golden-book.com

机工教育服务网：www.cmpedu.com

前 言

和金属 3D 打印的增材成形、切削加工的减材成形不同，塑性成形理论上为等材成形。塑性成形过程不存在连续冶金过程，也没有金属纤维被切断的现象，塑性成形零件具有完整的金属流线，并沿零件外形分布，零件的力学性能可得到有效提升。塑性成形过程建模仿真技术的集成化、智能化是实现工艺智能化的重要基础与途径。金属塑性成形过程的建模仿真在智能制造进程中和新一代工业变革中占有一席之地，是其中的重要环节。系统了解金属塑性成形过程建模仿真基础与相关软件的应用，更有利于培养设计制造一体化思维，完善智能制造知识链条，对一线技术人员知识能力的储备与转换及相关专业学生的培养具有重要意义。

本书较为系统地介绍了有限元法的建模仿真分析技术的理论基础及其应用案例，涵盖了板料成形与体积成形的数值建模仿真理论基础与应用。本书既有一定的理论基础，又有软件界面与基本操作介绍，便于读者理解与应用。本书第 1 章概述了金属塑性成形工艺与塑性成形过程数值模拟；第 2~4 章介绍了有限元分析理论基础、塑性变形中材料本构关系与塑性成形过程中的摩擦；第 5 章详细阐述了商用有限元分析软件建模流程与基本操作；第 6~8 章分别阐述了冷成形、温成形、热成形中弹塑性有限元法和刚黏塑性有限元法的有限元建模及其有限元模型评估与应用；第 9 章阐述了轴齿零件同步滚轧、径向锻造、旋转锻造等回转成形过程建模仿真。金属塑性变形过程分析的基础是塑性加工力学，此外成形模具与变形体几何模型建立、有限元仿真中间结果和后处理结果的显示涉及 CAD 技术，因此附录 A 和附录 B 分别介绍了金属塑性成形力学基础和 CAD 技术理论基础。

本书第 1 章、第 2 章 2.1 节和 2.3 节、第 4 章、第 7 章、第 8 章、第 9 章 9.1~9.3 节、附录由西安交通大学张大伟撰写；第 2 章 2.2 节、第 3 章、第 5 章、第 6 章、第 9 章 9.4 节由西安交通大学张琦撰写。全书由西安交通大学张大伟统稿。

与本书相关的部分研究内容得到了国家自然科学基金（52375378、51875441、51675415、51305334）的资助，本书的出版也得益于西安交通大学本科“十四五”规划教材建设项目的出版资助，在此，作者表示衷心的感谢。

由于作者水平和知识有限，书中难免存在不足和疏漏之处，敬请读者批评指正。

张大伟
西安交通大学

目　录

第 1 章 绪论

1.1 金属塑性成形工艺概述

金属塑性成形技术是人类历史上最为久远的制造技术之一，我国使用金属塑性成形方法可追溯至 4000~6000 年前。人类首次接触的金属材料是材质较软的天然金属，如纯铜，通过锤击天然金属获得相应的金属制品。塑性成形技术主要是通过施加力场，或同时辅以温度场、磁力场等能量场使材料发生塑性变形实现体积转移，在合适的成形方式和成形条件下，可以实现少无切削甚至近净、精确成形，并且能够使材料的组织和性能得到改善和提高，从而获得形状、尺寸和性能都满足要求的高性能零件，它是支撑国民经济发展与国防建设的主要技术之一。

在塑性成形过程中，对金属材料施加力场和做功，金属材料承受很大的压力，做功功率巨大，因此也称为压力加工，相关专业在新中国成立后的专业设置中即为压力加工专业。西安交通大学压力加工（锻压）教研室创立于 1952 年，1954 年建设完成压力加工实验室。1953 年 3 月，金属压力加工及其车间设备本科专业开始招生，1956 年开始有本专业毕业生记录。随后在主管部门文件、西安交通大学宣传画册中出现过“金属压力加工及机器”“锻压工艺及机器”等。锻压工艺及设备成为 1962 年西安交通大学经教育部批准定型的 25 个专业之一。

塑性是指材料在外力作用下发生永久不能恢复的变形而不破坏其完整性的能力。塑性变形的前提条件是材料的塑性，而材料的塑性由内部条件和外部条件共同决定。内部条件主要是金属材料自身的化学成分、组织状态、晶体结构等，外部条件主要是成形温度、变形速率、应力状态等。即使为脆性材料的大理石在适当的三向压应力状态下，也会发生塑性变形。塑性变形技术涉及的核心问题及研究内容有：①塑性变形的物理本质和机理；②塑性变形过程金属的塑性行为、抗力行为和组织性能的变化规律；③弹性与塑性变形体内部的应力、应变分布和质点流动的规律；④塑性变形所需的变形力及变形功的正确计算；⑤工艺及模具设计；⑥塑性成形设备的正确选择。其中前 4 项内容是后 2 项内容的基础，后 2 项内容是前 4 项内容的约束条件，对其结果有很大的影响。

可根据不同的分类方法对金属塑性成形工艺进行分类，但目前尚无统一的分类方法，特别是在塑性成形技术日新月异、新工艺层出不穷的情况下更是如此。金属塑性成形工艺根据成形温度，可分为热成形、温成形、冷成形；按工业领域，可分为机械制造工业（如冲压）和冶金工业（如型材轧制）；按照金属塑性成形的特点，可分为体积成形和板料成形两大类。每类又包括多种加工方法，形成各自的工艺领域。一般体积成形更注重材料性能的改善，板料成形更注重材料形状的获得。

体积成形是通过外力等约束作用下产生体积的转移和分配，获得一定形状、尺寸、性能的零件，如轧制、挤压、锻造等工艺，如图 1.1 所示。在体积成形过程中，变形材料一般经受很大的塑性变形，使坯料的形状或横截面面积、坯料的表面积和体积之比发生显著的变化。工件在成形过程中经受的塑性变形远大于弹性变形，因此变形后的弹性恢复一般可以忽略。

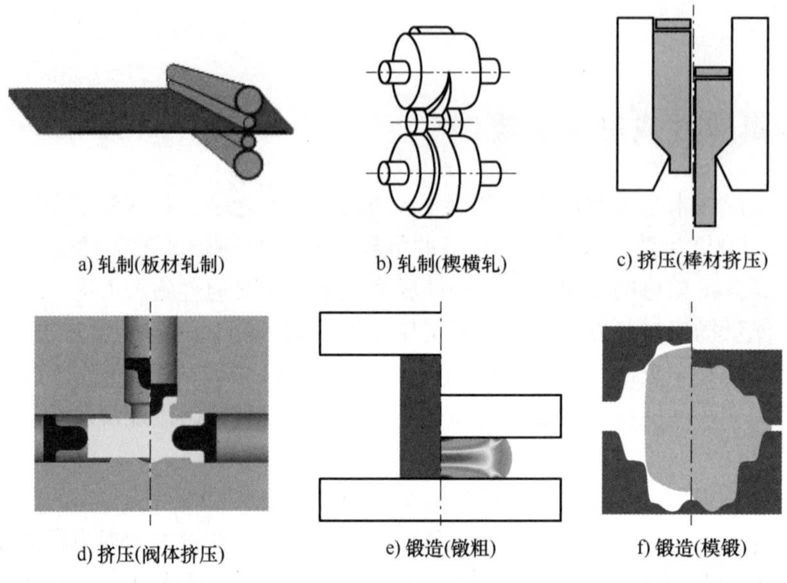

图 1.1　体积成形工艺

体积成形可分为一次加工和二次加工：一次加工是冶金工业中生产原材料的成形方法，如轧制、挤压等工艺，可提供型材、板材、棒材、管材等产品；二次加工是机械制造业中成形零件或坯料的成形方法，如锻造。

轧制是将金属坯料通过两个或多个旋转轧辊间的特定空间使其产生塑性变形，获得一定截面形状材料的塑性成形方法，是由大截面材料变为小截面材料常用的加工方法。轧制可分为纵轧、横轧、斜轧，该方法可生产型材、板材、管材或零件。

挤压是在大截面坯料的一端施加一定的压力或拉力，将金属材料通过一定形状和尺寸的模孔使其产生塑性变形，获得一定截面形状材料的塑性成形方法。一般挤压可分为正挤压、反挤压、复合挤压，该方法可生产型材、棒材、管材或零件，如图 1.1c、图 1.1d 所示。

锻造分为自由锻和模锻。自由锻是在砧板或锻锤、水压机等锻造设备上，依靠人力或锻造设备利用简单的工具将金属锭或坯料锻造成一定形状和尺寸的加工方法，如图 1.1e 所示的镦粗。自由锻不使用专用模具，锻件的尺寸精度低，生产率不高，主要用于单件、小批量生产或大锻件的生产。模锻是将金属坯料放在与产品形状、尺寸相同或相似的模膛中使其塑性变形为接近于零件实际形状的锻件的一种工艺，如图 1.1f 所示。根据变形金属受限方式的不同，模锻分为开式模锻和闭式模锻。由于成形过程中金属受模具型腔的约束，锻件具有相当精度的外形和尺寸，生产率高，适用于大批量生产。

体积成形工艺并不能简单地归属于一次加工或二次加工，每一小类中都会演化出具有不同特征的加工方法，既有用于生产棒材的挤压加工方法，如图 1.1c 所示，也有用于成形阀体零件的挤压加工方法，如图 1.1d 所示，既有用于生产板材的轧制加工方法，如图 1.1a 所示，也有用于成形轴类零件或坯料的轧制加工方法，如图 1.1b 所示。在一次加工成形过程中，变形区的形状随时间是不变的，属于稳定性的变形过程；在二次加工成形过程中，变形区的形状随时间是不断变化的，属于非稳定性的塑性变形过程。

板料成形是对厚度较小的板料（平板坯料、型材、管材等），利用专门的模具，使金属板料通过一定的模具约束而产生塑性变形，获得一定形状、尺寸、性能的零件，如冲裁、弯曲、拉深等工艺，如图 1.2 所示。板料成形一般也称为冲压。在板料成形过程中，板料变形为复杂形状，但一般板料的截面形状变化不大，板料厚度没有显著的变化。在一些情况下，工件经受的弹性变形的大小和塑性变形的相当，变形后弹性恢复或回弹很明显。

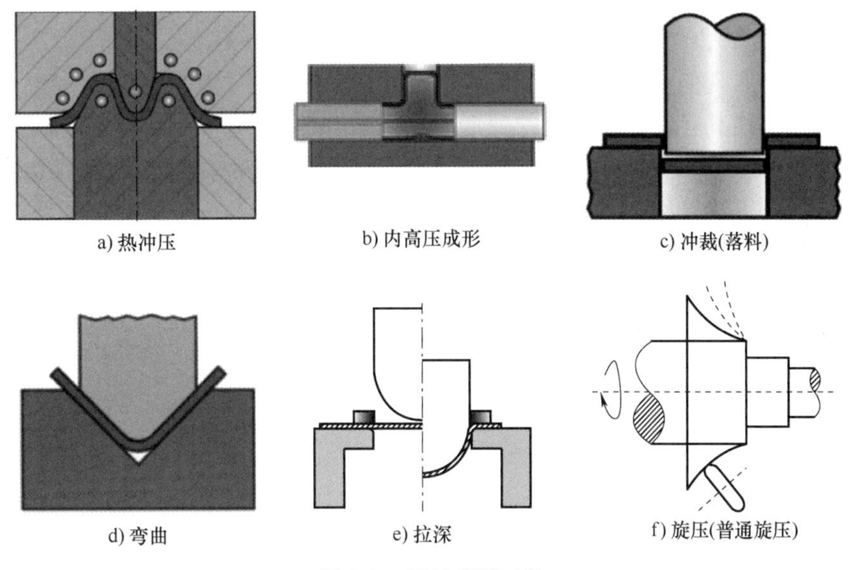

图 1.2 板材成形工艺

基于轻量化、升级转型、环保的迫切要求，高强度板材空心薄壁零件广泛采用，迫使材料成形技术不断更新发展，如冲压加工过程通常无须加热毛坯，但随着高强度钢的批量化生产及其在汽车轻量化中的广泛应用，成形与热处理集成化的高强度和超高强度钢板的热冲压（见图 1.2a）技术也得到了发展和应用，再如，为实现封闭截面空心零件成形，内高压成形（见图 1.2b）也广泛用于空心零件的成形制造，根据材料属性和结构特征，可采用在室温或加热条件下成形。根据冲压加工的零件形状、尺寸、精度要求，以及批量大小、毛坯性能的不同，在生产中可采用的冲压加工方法是多种多样的，可将冲压加工分为分离工序和成形工序两大类。

分离工序是指在冲压加工过程中，使冲压件与板料沿一定的轮廓线相互分离，同时对冲压件分离断面的质量也有一定要求的成形工序，常用的有落料（见图 1.2c）、冲孔、剪切、切边、剖切等工序。成形工序是指板料在不被破坏（破裂或起皱）的条件下产生塑性变形，获得所要求的产品形状，并达到所需尺寸精度和形状精度要求的成形工序，常见的有弯曲（见图 1.2d）、卷圆、扭曲、拉深（见图 1.2e）、翻边、拉弯、胀形、扩口、缩口、校形、旋压（见图 1.2f）等成形工序。

落料是指用冲模沿封闭轮廓曲线冲切，冲下部分是零件，主要用于制造各种形状的平板零件或坯料。冲孔是指用冲模沿封闭轮廓曲线冲切，冲下的部分是废料。剪切是指用剪刀或冲模沿不封闭曲线切断，多用于加工形状简单的平板零件。切边是指将成形零件的边缘修切整齐或切成一定形状。剖切是将冲压成形的半成品切开成为两个或数个零件，多用于不对称零件的成双或成组冲压成形之后，以提高成形效率。

弯曲是指把板料沿直线弯成各种形状，可以加工形状极为复杂的零件。卷圆是指把板料端部卷成接近封闭的圆头，用以加工类似铰链的零件。扭曲是指把冲裁后的半成品扭转成一定角度。拉深是指把板料毛坯制成各种空心零件，其中，变薄拉深是把拉深成形后的空心半成品进一步加工成底部厚度大于侧壁厚度的零件。翻边包括在预先冲孔的板料半成品上或未经冲孔的板料上冲制出竖立的边缘，以及把板料半成品的边缘按曲线或圆弧成形成竖立的边缘。拉弯是指在拉力与弯矩共同作用下实现弯曲变形，可获得精度较高的零件。胀形是指在双向拉应力作用下实现的变形，可以形成各种空间曲面的零件。扩口是指在空心毛坯或管状毛坯的某个部位上使其径向尺寸扩大的变形方法。缩口是指在空心毛坯或管状毛坯的某个部位上使其径向尺寸减小的变形方法。校形是为了提高已成形零件的尺寸精度或获得小的圆角半径而采用的成形方法。旋压（指普通旋压）是在旋转状态下利用旋轮使板坯逐渐成形为回转零件的成形方法。

1.2 塑性成形过程数值模拟概述

和金属增材成形（3D 打印）、减材成形（切削加工）不同，塑性成形理论上为等材成形，相对于切削加工，塑性成形某些零件能够节省材料 75%以上。塑性成形过程不存在连续冶金过程，也没有金属纤维被切断的现象，成形的零件具有完整的金属流线，并沿零件外形分布，零件的力学性能可得到有效提升。75%以上的金属材料，特别是 90%以上的铸钢，要经过塑性变形才能被制成零件或下一工序的坯料。航空航天飞行器中的关键承力部件都需要经历一定的塑性变形。

在第四次工业革命进程中，汽车制造业及其他制造业都面临产业升级与制造智能化，智能制造不仅包括智能传感、智能装备等方面，更需要工艺智能化。材料结构一体化是材料多样化、结构整体化、性能高要求下提高服役性能的重要途径，而设计与制造一体化是现实材料结构一体化的重要手段。工艺智能化是设计制造全流程一体化进程中承前启后的必要桥梁，是实现成形成性一体化调控的重要手段，是智能制造不可或缺的重要环节。塑性成形过程的建模仿真技术不仅一直是研究和发展塑性成形技术的重要手段，其集成化和智能化是实现工艺智能化的重要基础与途径。金属塑性成形过程的建模与仿真在智能制造进程中和新一代工业变革中占有一席之地，是其中的重要环节。

相关人员对塑性现象已经从力学、物理学及冶金学方面进行过广泛研究。在金属塑性成形过程分析的历史上，很多数学家也致力于获得精确的塑性变形机理。在实际工程应用中，工程技术人员更关注零件宏观形状和性能的获得。金属成形过程建模与分析在一定力与速度的边界条件下对金属流动、力场/温度场分布及演变、组织演化、缺陷形成等进行了研究。

成形过程的材料流动直接决定了材料的变形（应变）、充填以及形状等，这些是工艺路线优化、模具型面确定、预成形坯料设计等的基础。力场具体表现为应力、载荷等，是模具应力分析、设备选择的重要依据。预测分析金属成形过程金属流动、力场、温度场等内容的建模与分析方法主要有解析法（理论分析）、数值法（计算机仿真）、试验法等。解析法主要有滑移线场法、主应力法等，数值法主要有有限元法、有限差分法等，金属塑性成形的数值分析以有限元法为主。金属塑性成形过程建模流程如图 1.3 所示。

在 20 世纪 40~50 年代，有限元法最早用于飞机结构的弹性力学分析。1960 年 Clough 首次提出了“有限单元法”的名称。1967 年第一本有限分析专著 *The Finite Element Method in Structural and Continuum Mechanics*，开辟了 FORTRAN 语言编程有限元分析软件的先河，为计算机仿真软件的开发奠定了基础。目前有限元分析已经是科学计算的重要工具，是现代工业的重要组成部分。有限元法不仅用于解决产品在使用中可能出现的问题，优化产品结构，还可用于材料成形工艺如塑性成形、铸造、焊接及注射成形等过程的数值模拟，预测分析不同工艺参数对构件几何形状及性能的影响及缺陷形成。

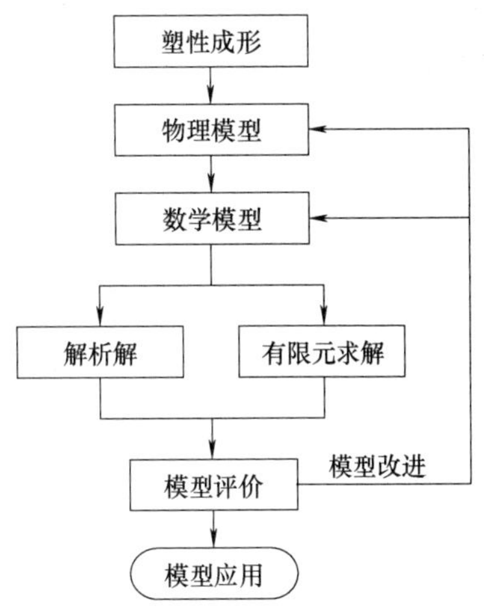

图 1.3 金属塑性成形过程建模流程

众多专著对有限元法的发展做了较详细的总结，作者在多年的教学活动中也对早期塑性成形分析方面的有限元法发展做过些许梳理。总的来说，塑性有限元法的发展经历了两个重要发展阶段：20 世纪 60 年代左右开始的有限元理论和方法的发展；从 20 世纪 80 年代左右开始，塑性有限元法共性技术迅猛发展，商业软件不断涌现。1967 年 Marcal 和 King 采用有限元法分析二维应力系统弹塑性变形。1973 年 Lee 和 Kobayashi 通过矩阵分析法提出了刚塑性有限元法。1968 年 Lagrange 乘子法被提出用于处理体积不可压缩条件。1979 年 Zienkiewicz 等采用罚函数法将体积不可压缩条件引入 Markov 变分原理。1981 年 Park 和 Kobayashi 给出三维刚塑性有限元公式。1982 年 Oh 提出二维问题任意模具边界条件处理及初始速度场自动生成算法。20 世纪 80 年代早期开发出 ALPID 有限元分析软件，1985 年美国成功地将其进行了工业应用。

数值模拟技术通过在计算机上虚拟实现成形过程，可以比理论和试验做得更全面、更深刻、更细致，可以进行一些理论和试验暂时还做不到的研究。以有限元法为代表的数值模拟技术的实现与应用一般包括理论、软件、硬件三个方面，即计算理论基础、数值模拟软件、计算机及外围设备等硬件。

20 世纪 80~90 年代，塑性成形有限元分析软件层出不穷，大量的硕士学位论文、博士学位论文以有限元仿真分析系统的开发为主题。20 世纪 90 年代商业有限元分析软件的推广极大地促进了有限元法在塑性变形工程问题中的应用。进入 21 世纪，个人开发有限元系统的研究热度逐渐褪去，经技术集成后的大型商业有限元分析软件成为科学研究、工程应用中的重要工具。商业有限元分析软件具有友好的人机交互界面，一般的建模、求解过程并不涉及上述理论内容。基于商业有限元分析软件的塑性成形建模流程如图 1.4 所示。

金属成形分析软件一般都包括前处理模块、求解器计算模块、后处理模块。图 1.4 为一般流程，并未涉及具体软件操作层面。即便如此，针对具体问题，不同的软件，其建模一般流程也会少有差异。如一些有限元分析软件前处理模块并不具备几何建模功能，其几何建模过程须在第三方 CAD 软件中进行。此外，为了追求更好的网格划分效果，网格单元也可用第三方软件进行划分。确定塑性成形问题类型及其简化和等效处理是建模仿真的首要问题，也决定着有限元模型的计算精度和效率。当然单元类型、网格细化、参数控制等软件操作技巧，以及边界条件的设置也会影响计算精度和效率。为了更好地运用有限元分析软件解决塑性成形问题，在某些情况下针对商用软件的二次开发是必要的。

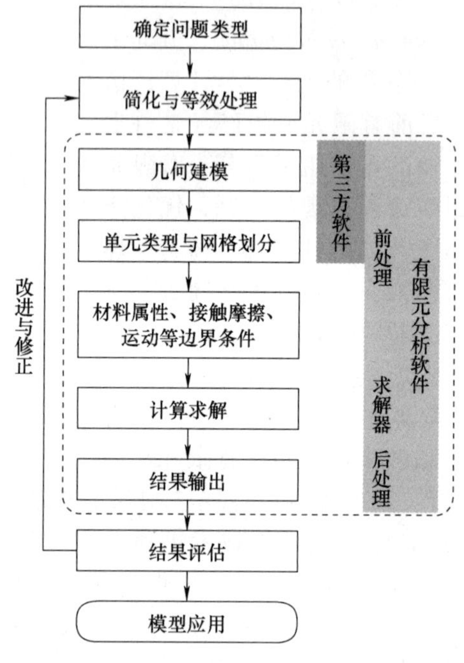

图 1.4　基于商业有限元分析软件的塑性成形建模流程

金属塑性成形领域使用的有限元分析软件一般可分为专门为塑性成形分析开发的专业软件，如 FORGE、DEFORM、DYNAFORM 等，以及适用于多领域的通用软件，如 ABAQUS、ANSYS、MARC 等。金属塑性成形领域主要使用的商业有限元软件见表 1.1。

表 1.1　金属塑性成形领域主要使用的商业有限元分析软件

软件类型	软件名	所属公司	求解格式	主要用途
专业软件	FORGE	法国 Transvalor 公司	静力隐式	锻造分析 板料成形分析
	DEFORM	美国 SFTC 公司	静力隐式	锻造分析
	DYNAFORM	美国 ETA 公司	动力显式 静力隐式①	板料成形分析
	PAM-STAMP	法国 ESI 公司	动力显式	板料成形分析
	AUTOFORM	瑞士 AutoForm 公司	静力隐式	板料成形分析
	Simufact	德国 Simufact 公司	静力隐式 动力显式	板料成形分析

（续）

软件类型	软件名	所属公司	求解格式	主要用途
通用软件	ABAQUS	法国达索公司	静力隐式 动力显式	非线性问题
	ANSYS	美国 ANSYS 公司	静力隐式 动力显式	非线性问题
	MARC	美国 MSC 公司	静力隐式	非线性问题
	LS-DYNA	美国 ANSYS 公司	动力显式	非线性问题
	ADINA	美国 ADINA 公司	静力隐式 动力显式	非线性问题

① 回弹分析采用隐式算法。

典型产品设计制造全生命周期一般包括市场需求调查、产品设计及优化分析、加工路线制定与优化、有关零部件/产品成形制造，随后投放市场，根据市场的反应与需求，进行产品的升级与换代，然后进入下轮循环。设计与制造各个阶段都离不开建模仿真技术，如产品结构静力分析、制造工艺仿真等。特别是当前制造业产业模式将实现从以产品为中心向以用户为中心的根本性转变，建模仿真技术将在快速响应市场、进行规模定制化生产，以及实现信息系统和物理系统的深度融合的数字孪生技术中扮演重要角色。先进的成形制造过程建模仿真，特别是智能仿真技术，是推进设计制造一体化进程的重要手段。

西安交通大学赵升吨团队十余年前尝试探索结构设计与制造一体化，并应用于新型电梯轿顶轮设计与制造。图 1.5 所示为新型电梯轿顶轮设计制造。

在我国电梯产销中直梯占有绝对的市场份额。轿顶轮是电梯（直梯）的重要组成部分和承载传力零件，目前加工工艺一般为铸造后切削加工。其铸件质量约为 75kg，机械加工后零件质量约为 54kg，壁厚、质量、机械加工量均较大，成本高、周期长。难以符合制造、服役全生命周期内的节能环保要求，轻量化需求迫切。金属塑性成形过程改善材料性能，如冷成形的轿顶轮绳槽表面质量好，表层的加工硬化可有效提高其耐磨性和疲劳强度，因此经历塑性变形的壳体轿顶轮成为优先选项。电梯轿顶轮不宜采用整体式，应采用分体组合式，无整体芯模的对轮旋压工艺十分适用于多绳槽壳体轿顶轮柔性、近净成形。

基于材料、工艺约束，同时兼顾成本的新型壳体轿顶轮由长轮辐、短轮辐和轴承套筒组成，长轮辐、短轮辐由 3mm 厚的 Q235 钢塑性成形后焊接组合，对称地装配并焊接于轴承套筒上，其主要几何尺寸和铸造轿顶轮相似。长轮辐包括轮辐和轮圈，轮圈上带有多个绳槽（如 5 个），根据旋压设备由整体芯旋压或对轮旋压成形。长轮辐、短轮辐的轮辐上设计有 8 个非圆不规则阵列分布孔，每个孔翻边成形出类似加强筋结构，以提高壳体轿顶轮整体刚度。轮辐部分也非平面，而是成形锥面，以提高壳体轿顶轮整体抗扭强度。新型壳体轿顶轮能否满足使用要求，能否顺利成形制造并实现设计要求，不同对象、不同目的的建模仿真是必不可少的。

长轮辐由多道次冲压、旋压复合成形，短轮辐由多道次冲压成形。以长轮辐的制造工艺为例，包括以下 6 个步骤：落料冲孔（冲中间圆孔）、拉深（成形轮圈及轮辐锥面）、中心孔翻边（用于同轴承套筒装配）、非圆孔冲孔（8 个阵列分布孔）、8 个阵列分布孔翻边、绳

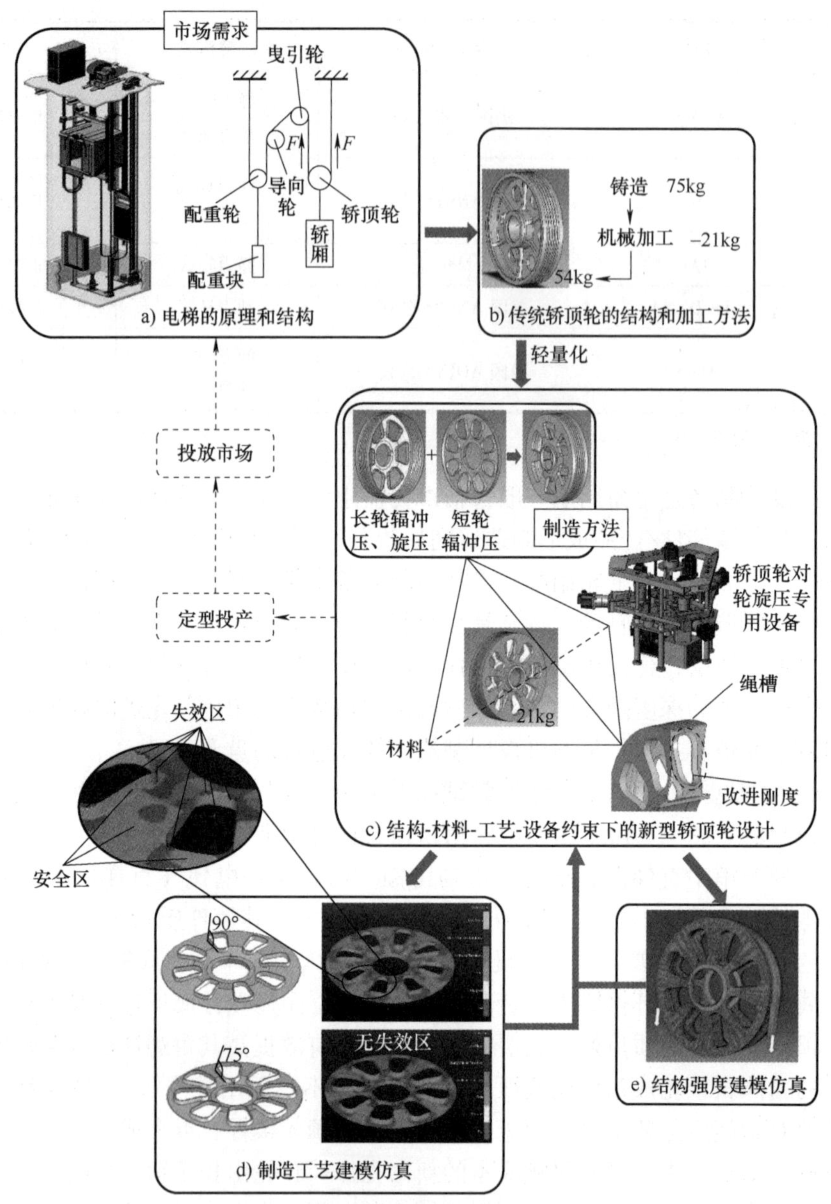

图 1.5　新型电梯轿顶轮设计制造

槽旋压。对成形工艺建模仿真发现，在轮辐的 8 个阵列分布孔翻边工序中，翻直边（90°），翻边后四角边缘处为材料断裂失效区，但翻 75°边可有效避免这一问题。该结构上的细微变化，对轿顶轮整体强度的静力学分析影响不大，完全可以满足轿顶轮的使用要求（见图 1.5e），但这一改动给成形制造过程带来极大的便利。最终该壳体轿顶轮的总质量仅为 21kg，相对于铸造轿顶轮减重 60%以上，使用的材料质量不足轿顶轮铸件的 30%。

第 2 章　有限元分析理论基础

2.1　问题描述及求解方法

2.1.1　塑性变形的边界值问题

许多工程问题是以未知函数应满足的微分积分方程和边界条件形式提出的。在金属体积成形中，如轧制、锻造、挤压等，因金属材料产生较大的塑性变形，而弹性变形相对极少，因此可忽略弹性变形，将金属材料看作刚塑性或刚黏塑性材料。刚塑性或刚黏塑性变形问题是一个边界值问题，变形物体边界条件的描述如图 2.1 所示，其中体积为 V、表面积为 S；S 的一部分为力面 S_F，其上给定面力 F_i；S 的另一部分为速度面 S_v，其上给定速度 $\bar{v}_i$。

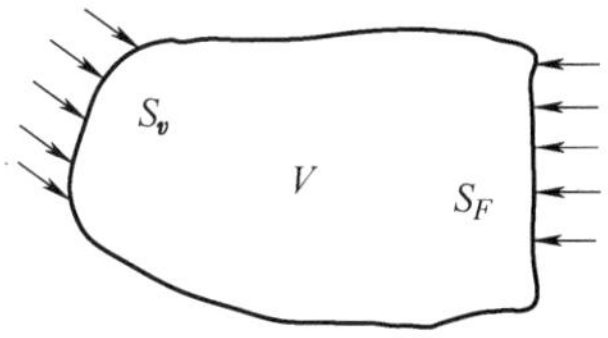

图 2.1　变形物体的边界条件

该边界值问题由以下塑性方程和边界条件定义：

1）平衡微分方程为

$$\sigma_{ij,i}=0 \tag{2.1}$$

式中，σ_{ij}是应力张量，i，$j=x$，y，z，逗号表示其后坐标的偏微分，式（2.1）忽略了体积力和惯性力。

2）几何方程（协调方程）为

$$\dot{\varepsilon}_{ij}=\frac{1}{2}(v_{i,j}+v_{j,i}) \tag{2.2}$$

式中，$\dot{\varepsilon}_{ij}$是应变速率张量；v 是速度分量。

3）本构关系（Levy-Mises 方程）为

$$\dot{\varepsilon}_{ij}=\frac{3}{2}\frac{\dot{\bar{\varepsilon}}}{\bar{\sigma}}\sigma'_{ij} \tag{2.3}$$

式中，$\dot{\varepsilon}_{ij}$是应变速率张量；σ'_{ij}是应力偏张量分量；$\dot{\bar{\varepsilon}}$ 和 $\bar{\sigma}$ 分别是等效应变和等效应力速率，且表示为

$$\bar{\sigma}=\sqrt{\frac{3}{2}\sigma'_{ij}\sigma'_{ij}} \tag{2.4}$$

$$\dot{\bar{\varepsilon}}=\sqrt{\frac{2}{3}\dot{\varepsilon}_{ij}\dot{\varepsilon}_{ij}} \tag{2.5}$$

4）米泽斯（Mises）屈服准则为

$$\sqrt{J'_2}-K=0 \tag{2.6}$$

式中，J'_2是偏应力张量第二不变量；K 是材料剪切屈服强度。

5）体积不可压缩条件为

$$\dot{\varepsilon}_V=\dot{\varepsilon}_{ij}\delta_{ij}=0 \tag{2.7}$$

式中，$\dot{\varepsilon}_V$ 是应变速率；$\dot{\varepsilon}_{ij}$是应变速率张量；δ_{ij}是克氏符号，$\delta_{ij}\big|_{i=j}=1$，$\delta_{ij}\big|_{i\neq j}=0$

6）边界条件为

边界条件包括应力边界条件和速度边界条件。

在力面 S_F 上，

$$\sigma_{ij}n_j=F_i \tag{2.8}$$

式中，σ_{ij}是应力张量；n_j 是表面相应点处单位法向矢量分量；F_i 是面力。

在速度面 S_v 上，

$$v_i=\bar{v}_i \tag{2.9}$$

式中，v_i 是表面速度；$\bar{v}_i$ 是给定速度。

对于黏塑性材料，除屈服条件中的材料模型外，其他方程和条件都与刚塑性材料相同。

2.1.2 微分方程的等效积分形式及加权余量法

对于用微分积分方程和边界条件描述的工程问题，一般用未知函数 $\boldsymbol{u}$ 表示场函数。$\boldsymbol{u}$ 满足微分方程组

$$\boldsymbol{A}(\boldsymbol{u})=\begin{Bmatrix}A_1(\boldsymbol{u})\\A_2(\boldsymbol{u})\\\vdots\end{Bmatrix}=0\quad 在域\ \Omega\ 内 \tag{2.10}$$

式（2.10）中，域 Ω 可以是体积域，也可以是面积域。同时未知函数 $\boldsymbol{u}$ 在域 Ω 的边界 Γ（见图 2.1 中 S）上还应满足边界条件

$$\boldsymbol{B}(\boldsymbol{u})=\begin{Bmatrix}B_1(\boldsymbol{u})\\B_2(\boldsymbol{u})\\\vdots\end{Bmatrix}=0\quad 在边界\ \Gamma\ 上 \tag{2.11}$$

未知函数 $\boldsymbol{u}$ 可以是标量场（如温度），也可以是几个变量组成的矢量场（如位移、应变、应力等）。$\boldsymbol{A}$、$\boldsymbol{B}$ 是表示对于独立变量（如空间坐标、时间坐标等）的微分算子。微分方程数应和未知场函数的数目对应。

由于微分方程式（2.10）在域 Ω 内每一点都须为零，因此对于一组和微分方程组个数相等的任意函数向量 $\boldsymbol{V}$，有

$$\int_\Omega \boldsymbol{V}^{\mathrm{T}}\boldsymbol{A}(\boldsymbol{u})\,\mathrm{d}\Omega\equiv\int_\Omega[V_1A_1(\boldsymbol{u})+V_2A_2(\boldsymbol{u})+\cdots]\,\mathrm{d}\Omega\equiv0 \tag{2.12}$$

式（2.12）是与微分方程式（2.10）完全等效的积分形式。若积分方程式（2.12）对于任意的 $\boldsymbol{V}$ 都能成立，则微分方程式（2.10）必然在域 Ω 内每一点都得到满足。同理，对于任意函数向量 $\overline{\boldsymbol{V}}$，边界条件式（2.11）的等效积分形式为

$$\int_\Gamma \overline{\boldsymbol{V}}^{\mathrm{T}}\boldsymbol{B}(\boldsymbol{u})\,\mathrm{d}\Gamma\equiv\int_\Gamma[\overline{V}_1B_1(\boldsymbol{u})+\overline{V}_2B_2(\boldsymbol{u})+\cdots]\,\mathrm{d}\Gamma\equiv0 \tag{2.13}$$

因此，积分形式

$$\int_\Omega \boldsymbol{V}^{\mathrm{T}}\boldsymbol{A}(\boldsymbol{u})\,\mathrm{d}\Omega+\int_\Gamma \overline{\boldsymbol{V}}^{\mathrm{T}}\boldsymbol{B}(\boldsymbol{u})\,\mathrm{d}\Gamma=0 \tag{2.14}$$

对于所有的 $\boldsymbol{V}$ 和 $\overline{\boldsymbol{V}}$ 都成立，等效于满足微分方程式（2.10）和边界条件式（2.11），式（2.14）可称为微分方程的等效积分形式。

对于复杂的工程问题，求解域 Ω 内场函数 $\boldsymbol{u}$ 的精确解往往难以求得，因此只能设法求解具有一定精度的近似解。对于用微分方程式（2.10）和边界条件式（2.11）表示的工程问题，未知场函数 $\boldsymbol{u}$ 可以采用近似函数表示。其近似函数是一族带有待定参数的已知函数，一般形式为

$$\boldsymbol{u} \approx \tilde{\boldsymbol{u}} = \sum_{i=1}^{n} N_i a_i = \boldsymbol{Na} \tag{2.15}$$

式中，a_i 是待定参数；N_i 是称之为试探函数（基函数、形函数）的已知函数，它取自完全的函数序列，是线性独立的。所谓完全的函数系列是指任一函数都可以用此序列表示，常用的完全的函数序列有多项式、正弦函数和余弦函数等。近似解通常选择使之满足强制边界条件和连续性要求的解。

在通常情况下，n 取有限项时近似解是不能精确满足微分方程式（2.10）和全部边界条件式（2.11），将产生残差（也称为余量）$\boldsymbol{R}$ 及 $\overline{\boldsymbol{R}}$

$$\begin{cases} \boldsymbol{A}(\boldsymbol{Na}) = \boldsymbol{R} \\ \boldsymbol{B}(\boldsymbol{Na}) = \overline{\boldsymbol{R}} \end{cases} \tag{2.16}$$

用 n 个规定的函数 $\boldsymbol{W}_j$ 和 $\overline{\boldsymbol{W}}_j$ 代替式（2.14）中的 $\boldsymbol{V}$ 和 $\overline{\boldsymbol{V}}$，可得近似等效积分形式

$$\int_{\Omega} \boldsymbol{W}_j^{\mathrm{T}} \boldsymbol{A}(\boldsymbol{u}) \mathrm{d}\Omega + \int_{\Gamma} \overline{\boldsymbol{W}}_j^{\mathrm{T}} \boldsymbol{B}(\boldsymbol{u}) \mathrm{d}\Gamma = 0 \qquad j = 1,\ 2,\ \cdots,\ n \tag{2.17a}$$

也可写成余量的形式

$$\int_{\Omega} \boldsymbol{W}_j^{\mathrm{T}} \boldsymbol{R} \mathrm{d}\Omega + \int_{\Gamma} \overline{\boldsymbol{W}}_j^{\mathrm{T}} \overline{\boldsymbol{R}} \mathrm{d}\Gamma = 0 \qquad j = 1,\ 2,\ \cdots,\ n \tag{2.17b}$$

$\boldsymbol{W}_j$ 和 $\overline{\boldsymbol{W}}_j$ 称为权函数。余量的加权积分为零就得到一组求解方程，用以求解近似解的待定系数 $\boldsymbol{a}$，从而得到原问题的近似解。若微分方程组 $\boldsymbol{A}$ 的个数为 m_1，边界条件 $\boldsymbol{B}$ 的个数为 m_2，则权函数 $\boldsymbol{W}_j$ 是 m_1 阶的函数列阵，$\overline{\boldsymbol{W}}_j$ 是 m_2 阶的函数列阵，$j=1,\ 2,\ \cdots,\ n$。当近似函数所取试探函数的项数 n 越多，近似解精度越高。

采用使余量加权积分为零求得微分方程近似解的方法称为加权余量法。加权余量法是求解微分方程近似解的一种有效方法。任何独立的完全函数集都可用来作为权函数。按照对权函数的不同选择就得到不同的加权余量的计算方法，常用的权函数选择和计算方法有以下几种：

1）配点法，简单强迫余量在域内 n 个点上等于零，其权函数为

$$\boldsymbol{W}_j = \overline{\boldsymbol{W}}_j = \delta(\boldsymbol{x} - \boldsymbol{x}_j) \tag{2.18}$$

2）子域法，强迫余量在 n 个子域 Ω_j 的积分为零，其权函数为

$$\begin{cases} \boldsymbol{W}_j = \boldsymbol{I} & \text{子域 } \Omega_j \text{ 内} \\ \boldsymbol{W}_j = \boldsymbol{0} & \text{子域 } \Omega_j \text{ 外} \end{cases} \tag{2.19}$$

式中，$\boldsymbol{I}$ 是单位矩阵。

3）最小二乘法，使函数

$$\boldsymbol{I}(a_i)=\int_{\Omega}\boldsymbol{A}^2\left(\sum_{i=1}^{n}N_i a_i\right)\Omega=0 \tag{2.20}$$

取最小值。

4）力矩法，强迫余量的各次距等于零，通常又称为积分法。

5）伽辽金（Galerkin）法，简单取近似解试探函数序列作为权函数

$$\begin{cases}\boldsymbol{W}_j=\boldsymbol{N}_j\\ \overline{\boldsymbol{W}}_j=-\boldsymbol{W}_j=-\boldsymbol{N}_j\end{cases} \tag{2.21}$$

采用伽辽金法，式（2.17a）可写成为

$$\int_{\Omega}\boldsymbol{N}_j^{\mathrm{T}}\boldsymbol{A}\left(\sum_{i=1}^{n}N_i a_i\right)\mathrm{d}\Omega-\int_{\Gamma}\overline{\boldsymbol{N}}_j^{\mathrm{T}}\boldsymbol{B}\left(\sum_{i=1}^{n}N_i a_i\right)\mathrm{d}\Gamma=0\qquad j=1,\ 2,\ \cdots,\ n \tag{2.22}$$

2.1.3 变分原理的基本概念

变分原理的本质是把微分方程的求解问题转化为具有一定已知边界条件的泛函极值求解。连续介质问题（如塑性成形问题）由未知函数 $\boldsymbol{u}$、特定的算子 $\boldsymbol{F}$ 和 $\boldsymbol{E}$ 描述，它是 $\boldsymbol{u}$ 及其偏导数的函数，则一个标量泛函 Π 由积分形式确定

$$\Pi=\int_{\Omega}\boldsymbol{F}\left(\boldsymbol{u},\frac{\partial\boldsymbol{u}}{\partial\boldsymbol{x}},\cdots\right)\mathrm{d}\Omega+\int_{\Gamma}\boldsymbol{E}\left(\boldsymbol{u},\frac{\partial\boldsymbol{u}}{\partial\boldsymbol{x}},\cdots\right)\mathrm{d}\Gamma \tag{2.23}$$

式中，Ω 是求解域；Γ 是求解域的边界。

Π 是未知函数 $\boldsymbol{u}$ 的泛函，随函数 $\boldsymbol{u}$ 的变化而变化。连续介质问题的解 $\boldsymbol{u}$ 使对泛函 Π 对于微小的变化取驻值，使泛函的变分等于零。

$$\delta\Pi=0 \tag{2.24}$$

这种求得问题解的方法称为变分原理或变分法。变分原理是和连续介质问题采用微分方程及边界条件描述等价的另一种积分表达形式。一方面满足微分方程及边界条件的函数将使泛函取极值或驻值；另一方面使泛函取极值或驻值的函数正是满足问题的控制微分方程和边界条件的解。

若能找到与问题相对应的泛函，则可建立求得近似解的标准过程。未知函数 $\boldsymbol{u}$ 的近似解仍可由一族带有待定参数的已知函数表示

$$\boldsymbol{u}\approx\tilde{\boldsymbol{u}}=\sum_{i=1}^{n}N_i a_i=\boldsymbol{Na} \tag{2.25}$$

式中，a 是待定参数；N 是已知函数。

将式（2.25）代入式（2.23），可得采用试探函数和待定参数表示的泛函 Π。泛函的变分为零相当于将泛函对所包含的待定参数进行全微分，并令所得方程等于零

$$\delta\Pi=\frac{\partial\Pi}{\partial a_1}\delta a_1+\frac{\partial\Pi}{\partial a_2}\delta a_2+\cdots+\frac{\partial\Pi}{\partial a_n}\delta a_n=0 \tag{2.26}$$

由于 δa_1、$\delta a_2\cdots$是任意的，满足式（2.26）时必然有$\frac{\partial\Pi}{\partial a_1}$、$\frac{\partial\Pi}{\partial a_2}\cdots$都等于零，即

$$\frac{\partial\Pi}{\partial a}=\left[\frac{\partial\Pi}{\partial a_1}\quad\frac{\partial\Pi}{\partial a_2}\quad\cdots\quad\frac{\partial\Pi}{\partial a_n}\right]^{\mathrm{T}}=0 \tag{2.27}$$

这是与待定参数 a 的个数相等的方程组，用以求解 a。这种求近似解的方法称为里兹法（Ritz）。

如果在泛函 Π 中 $\boldsymbol{u}$ 和它的导数的最高方次为二次，则泛函称为 Π 二次泛函。大量的工程和物理问题中的泛函都属于二次泛函，对于二次泛函，式（2.27）退化为一组线性方程。

变分原理是有限元法的基础，上述引入的变分原理是自然变分原理，最小位能原理、最小余能原理都属于自然变分原理，其所涉及的场变量已事先满足附加条件，如位移函数应事先满足几何方程（变形协调方程）。而实际的工程问题、物理问题、力学问题，难以构建事先满足全部附加条件的对应泛函中的场函数。

约束变分原理（广义变分原理）利用适当的方法将场函数应事先满足的附加条件引入泛函，重新构建一个修正的新泛函，把问题转化为求解修正泛函的驻值问题。引入泛函构建修正泛函常用的方法有拉格朗日乘子法和罚函数法。

在域 Ω 内，使泛函 Π 取驻值的未知函数 $\boldsymbol{u}$ 还需满足附加的约束条件

$$\boldsymbol{C}(\boldsymbol{u})=0 \tag{2.28}$$

式中，$\boldsymbol{C}$ 是特定的算子。

对于拉格朗日乘子法，引入这些附加条件构造另一个新泛函

$$\Pi^{*}=\Pi+\int_{\Omega}\boldsymbol{\lambda}^{\mathrm{T}}\boldsymbol{C}(\boldsymbol{u})\,\mathrm{d}\Omega \tag{2.29}$$

式中，$\boldsymbol{\lambda}$ 是域 Ω 中一组独立坐标的函数向量，称为拉格朗日乘子。

引入附加条件后，原泛函 Π 的有附件条件驻值问题转化为新泛函 Π^{*} 的无附加条件驻值问题。Π^{*} 的驻值条件是其一次变分为零。

$$\delta\Pi^{*}=\delta\Pi+\int_{\Omega}\delta\boldsymbol{\lambda}^{\mathrm{T}}\boldsymbol{C}(\boldsymbol{u})\,\mathrm{d}\Omega+\int_{\Omega}\boldsymbol{\lambda}^{\mathrm{T}}\delta\boldsymbol{C}(\boldsymbol{u})\,\mathrm{d}\Omega=0 \tag{2.30}$$

用类似的方法，也可在域内某些点或边界上引入附加约束条件。如要求 $\boldsymbol{u}$ 须在边界 Γ 上满足

$$\boldsymbol{E}(\boldsymbol{u})=0 \tag{2.31}$$

式中，$\boldsymbol{E}$ 是特定的算子。

可将其引入原泛函 Π

$$\Pi^{*}=\Pi+\int_{\Gamma}\boldsymbol{\lambda}^{\mathrm{T}}\boldsymbol{E}(\boldsymbol{u})\,\mathrm{d}\Gamma=0 \tag{2.32}$$

式中，$\boldsymbol{\lambda}$ 是仅定义于边界 Γ 上的未知函数。

如附加条件 $\boldsymbol{C}$ 仅须在域 Ω 内一个点或某些点上满足，则只需要在这个点或这些点上将 $\boldsymbol{\lambda}^{\mathrm{T}}\boldsymbol{C}(\boldsymbol{u})$ 引入泛函即可。

对于式（2.28）的约束关系，其乘积为

$$\boldsymbol{C}^{\mathrm{T}}\boldsymbol{C}=C_1^2+C_2^2+\cdots$$

式中，$\boldsymbol{C}=[C_1\quad C_2\quad \cdots]^{\mathrm{T}}$。

式（2.28）必然得到一个正值或零，当附加条件都得到满足时乘积为零。显然变分

$$\delta(\boldsymbol{C}^{\mathrm{T}}\boldsymbol{C})=0 \tag{2.33}$$

时的乘积最小。

因此，可以利用罚函数将附加条件以乘积的形式引入原泛函 Π，构造另一个新泛函

$$\Pi^{*}=\Pi+\alpha\int_{\Omega}\boldsymbol{C}(\boldsymbol{u})^{\mathrm{T}}\boldsymbol{C}(\boldsymbol{u})\,\mathrm{d}\Omega \tag{2.34}$$

式中，α 为罚常数。

若原泛函 Π 本身的解是极小值问题，则 α 取正数。由于修正泛函得到的近似解只是近似满足附加条件，因此 α 值越大，附加条件就满足得越好。利用罚函数求解带附加条件的驻值问题，既不增加未知参量的个数，又不会改变驻值的性质。

2.2 弹塑性有限元法

金属塑性成形过程中弹性变形与塑性变形共存，因此，弹塑性有限元法对金属塑性成形问题的分析有重要的实际应用价值。弹塑性有限元法比线弹性有限元法复杂得多，具体表现在以下几点：

1）由于在塑性区应力与应变之间为非线性关系，所以在弹塑性有限元法中，求解的是一个非线性问题。为了求解的方便，要用适当的方法将问题线性化。一般采用逐步加载法（又称增量法），即将物体屈服后所需加的载荷分成若干步施加，在每个加载步的每个迭代计算步中，把问题看作是线性的。

2）弹塑性问题的应力与应变的关系不一定是一一对应的。塑性应变的大小不仅取决于当时的应力状态，而且还取决于加载历史。卸载时塑性区内的应变和应力呈线性关系。由于在加载和卸载时，塑性区内的应力应变关系是不一样的，因此在每一步加载计算时，一般应检查塑性区内各单元是处于加载状态，还是处于卸载状态。

3）由于塑性理论中关于塑性应力应变关系和硬化假设有多种理论，采用不同的理论就会得到不同的弹塑性矩阵表达式，因此会得到不同的有限元计算公式。

4）对于金属塑性成形常常涉及的大变形弹塑性问题，含有物理和几何两个方面的非线性性质，即在发生塑性变形的同时，物体质点的空间位置及形状尺寸要发生很大的变化，且应变、应力与位移呈非线性关系。因此，对于大变形弹塑性问题，为了保证计算精度，必须考虑每个加载步内单元的形状变化和旋转，采用有限变形理论。

2.2.1 弹塑性矩阵

1. 等效应力与等效应变

等效应力与等效应变是衡量变形体屈服与加/卸载状态的两个重要的物理量。等效应力 $\overline{\sigma}$ 与等效应变 $\mathrm{d}\overline{\varepsilon}$ 的数学表达式分别为

$$\overline{\sigma}=\sqrt{\frac{3}{2}\sigma'_{ij}\sigma'_{ij}} \tag{2.35}$$

$$\mathrm{d}\overline{\varepsilon}=\sqrt{\frac{2}{3}\mathrm{d}\varepsilon'_{ij}\mathrm{d}\varepsilon'_{ij}} \tag{2.36}$$

式中，$\overline{\sigma}$ 是等效应力；σ'_{ij}是应力偏张量，$\sigma'_{ij}=\sigma_{ij}-\delta_{ij}\sigma_m$，$\sigma_m=\frac{1}{3}(\sigma_{11}+\sigma_{22}+\sigma_{33})$，$\delta_{ij}$是克氏符号；$\mathrm{d}\overline{\varepsilon}$ 是等效应变；$\mathrm{d}\varepsilon'_{ij}$是应变偏张量增量。

当实际材料处于塑性变形状态时，其总变形量中既包括塑性部分，也包括弹性部分，故应变分量的微小变化量可以表示为

$$\mathrm{d}\varepsilon_{ij}=\mathrm{d}\varepsilon^{\mathrm{e}}_{ij}+\mathrm{d}\varepsilon^{\mathrm{p}}_{ij} \tag{2.37}$$

或

$$d\varepsilon = d\varepsilon^{e} + d\varepsilon^{p}$$

式中，ε_{ij}是应变分量；ε_{ij}^{e}是弹性应变分量；ε_{ij}^{p}是塑性应变分量；ε 是应变；ε^{e} 是弹性应变；ε^{p} 是塑性应变。

由于材料在塑性变形过程中其体积不变，所以，塑性应变分量增量与其应变偏张量相等，即

$$d\varepsilon_{ij}^{p} = d\varepsilon_{ij}^{p'} \tag{2.38}$$

式中，ε_{ij}^{p}是塑性应变分量；$\varepsilon_{ij}^{p'}$是塑性应变偏张量。

综合式（2.36）~式（2.38）可以导出塑性等效应变增量 $d\overline{\varepsilon}^{p}$：

$$d\overline{\varepsilon}^{p} = \sqrt{\frac{2}{3} d\varepsilon_{ij}^{p} d\varepsilon_{ij}^{p}} \tag{2.39}$$

式中，$\overline{\varepsilon}^{p}$ 是等效塑性应变；ε_{ij}^{p}是塑性应变分量。

2. 弹塑性变形中的屈服条件与加工硬化特性

初始屈服条件（材料由弹性变形转化为塑性变形的基本条件）：

$$f = \overline{\sigma} - \sigma_{s} = 0 \tag{2.40}$$

式中，f 是屈服函数；$\overline{\sigma}$ 是等效应力；σ_{s} 是初始屈服应力。

后继屈服条件（处于塑性状态的材料继续变形所必须满足的基本条件）：

$$f = \overline{\sigma} - Y(\overline{\varepsilon}^{p}) = 0 \tag{2.41}$$

式中，f 是屈服函数；$\overline{\sigma}$ 是等效应力；$Y(\overline{\varepsilon}^{p})$ 是后继屈服应力，为等效塑性应变 $\overline{\varepsilon}^{p}$ 的函数。当材料发生加工硬化时，存在以下力学特征：

$$\overline{\sigma} = Y(\overline{\varepsilon}^{p}) \tag{2.42}$$

即材料进一步屈服所需的等效应力是当前等效塑性应变的函数。常用加工硬化模型：

$$Y = c(a + \overline{\varepsilon}^{p})^{n} \tag{2.43}$$

$$Y = \sigma_{s} + k(\overline{\varepsilon}^{p})^{n} \tag{2.44}$$

式中，a 是常数；$\overline{\varepsilon}^{p}$ 是等效塑性应变；n 是硬化指数；σ_{s} 是初始屈服应力；

3. 弹塑性矩阵

当变形体处于弹塑性状态时，其应力与应变存在如下关系（小变形弹塑性本构方程）：

$$\begin{aligned} d\sigma &= \boldsymbol{C}^{ep} d\varepsilon \\ \boldsymbol{C}^{ep} &= \boldsymbol{C}^{e} - \boldsymbol{C}^{p} \end{aligned} \tag{2.45}$$

式中，σ 是应力；ε 是应变；$\boldsymbol{C}^{ep}$是弹塑性矩阵；$\boldsymbol{C}^{e}$ 是弹性矩阵；$\boldsymbol{C}^{p}$ 是塑性矩阵，为变形历史和应力状态的函数，其一般形式如下：

$$\boldsymbol{C}^{p} = \frac{\boldsymbol{C}^{e} \dfrac{\partial\overline{\sigma}}{\partial\sigma}\left(\dfrac{\partial\overline{\sigma}}{\partial\sigma}\right)^{T} \boldsymbol{C}^{e}}{H' + \left(\dfrac{\partial\overline{\sigma}}{\partial\sigma}\right)^{T} \boldsymbol{C}^{e} \dfrac{\partial\overline{\sigma}}{\partial\sigma}} \tag{2.46}$$

式中，H'是单向拉伸应力-塑性应变曲线上任一点的斜率，又称为材料等效加工硬化因子。

$$H' = \frac{d\overline{\sigma}}{d\overline{\varepsilon}^{p}}, d\varepsilon^{p} = \frac{\partial\overline{\sigma}}{\partial\sigma} d\overline{\varepsilon}^{p}$$

2.2.2 弹塑性有限元方程

由于材料的弹塑性行为与加载历史或变形历史有关，所以，在求解弹塑性问题时，通常

把整个载荷分解成若干增量步，针对每一个增量步，线性化弹塑性方程，即将非线性问题转化成一系列线性问题进行求解（按载荷步求解）。

假设 t 时刻作用在变形体上的体力${}^t b_i$ 和面力${}^t p_i$ 引起其内质点位移为${}^t u_i$，导致应变${}^t \varepsilon_{ij}$和应力${}^t \sigma_{ij}$产生，以此为基础，当时间增量为 Δt 时，体力增量为 Δb_i，面力增量为 Δp_i，引起变形体中质点位移增量为 Δu_i，导致应变增量为 $\Delta \varepsilon_{ij}$，应力增量为 $\Delta \sigma_{ij}$。于是，可建立 $t+\Delta t$ 时刻的增量形式虚功方程：

$$\int_V ({}^t\sigma_{ij}+\Delta\sigma_{ij})\delta(\Delta\varepsilon_{ij})\,\mathrm{d}V=\int_{S_p}({}^tp_i+\Delta p_i)\delta(\Delta u_i)\,\mathrm{d}S+\int_V({}^tb_i+\Delta b_i)\delta(\Delta u_i)\,\mathrm{d}V \tag{2.47}$$

将增量形式的本构方程代入式（2.47）并忽略二阶微量，得

$$\int_V C_{ijkl}^{\mathrm{ep}}\Delta\varepsilon_{kl}\delta(\Delta\varepsilon_{ij})\,\mathrm{d}V=\int_{S_p}^{t+\Delta t} p_i\delta(\Delta u_i)\,\mathrm{d}S+\int_V^{t+\Delta t} b_i\delta(\Delta u_i)\,\mathrm{d}V-\int_V^t \sigma_{ij}\delta(\Delta\varepsilon_{ij})\,\mathrm{d}V \tag{2.48}$$

式中，$\Delta\varepsilon_{kl}$是应变增量；p_i 是面力；b_i 是体力；σ_{ij}是应力。

离散式（2.48），设单元 e 的形函数矩阵为 $\boldsymbol{N}$，由此可建立单元内任一点的位移增量 Δu 与节点位移增量的关系：

$$\Delta u=\boldsymbol{N}\Delta\boldsymbol{u}^{\mathrm{e}} \tag{2.49}$$

式中，Δu 是位移增量；$\boldsymbol{N}$ 是形函数矩阵；$\Delta\boldsymbol{u}^{\mathrm{e}}$ 是单元节点位移增量列阵。增量形式的几何方程：

$$\Delta\boldsymbol{\varepsilon}=\boldsymbol{B}\Delta\boldsymbol{u}^{\mathrm{e}} \tag{2.50}$$

式中，$\boldsymbol{B}$ 是单元应变矩阵。

增量形式的本构方程：

$$\Delta\boldsymbol{\sigma}=\boldsymbol{C}^{\mathrm{ep}}\boldsymbol{B}\Delta\boldsymbol{u}^{\mathrm{e}} \tag{2.51}$$

其中，

$$\Delta\boldsymbol{\varepsilon}=[\Delta\varepsilon_x,\Delta\varepsilon_y,\Delta\varepsilon_z,2\Delta\varepsilon_{xy},2\Delta\varepsilon_{yz},2\Delta\varepsilon_{zx}]^{\mathrm{T}},\quad \Delta\boldsymbol{\sigma}=[\Delta\sigma_x,\Delta\sigma_y,\Delta\sigma_z,\Delta\tau_{xy},\Delta\tau_{yz},\Delta\tau_{zx}]^{\mathrm{T}}$$

将式（2.49）~式（2.51）代入式（2.48）并化简，得增量形式（载荷步）的单元刚度方程：

$$\boldsymbol{K}^{\mathrm{e}}\Delta\boldsymbol{u}^{\mathrm{e}}=\Delta\boldsymbol{P}^{\mathrm{e}} \tag{2.52}$$

式中，$\boldsymbol{K}^{\mathrm{e}}$ 是单元刚度矩阵，与当前应力状态和变形历史有关，是位移 $\boldsymbol{u}$ 的函数；$\Delta\boldsymbol{u}^{\mathrm{e}}$ 是单元节点位移增量列阵；$\Delta\boldsymbol{P}^{\mathrm{e}}$ 是单元等效节点载荷增量列阵。

$$\begin{aligned}
\boldsymbol{K}^{\mathrm{e}}&=\int_V \boldsymbol{B}^{\mathrm{T}}\boldsymbol{C}^{\mathrm{ep}}\boldsymbol{B}\,\mathrm{d}V\\
\Delta\boldsymbol{P}^{\mathrm{e}}&=\boldsymbol{P}^{\mathrm{e}}-{}^t\boldsymbol{F}^{\mathrm{e}}\\
\boldsymbol{P}^{\mathrm{e}}&=\int_{S^{\mathrm{e}}}(\boldsymbol{N}^{\mathrm{T}})^{t+\Delta t}\boldsymbol{p}\,\mathrm{d}S+\int_{V^{\mathrm{e}}}(\boldsymbol{N}^{\mathrm{T}})^{t+\Delta t}\boldsymbol{b}\,\mathrm{d}V\\
{}^t\boldsymbol{F}^{\mathrm{e}}&=\int_{V^{\mathrm{e}}}(\boldsymbol{B}^{\mathrm{T}})\,{}^t\boldsymbol{\sigma}\,\mathrm{d}V
\end{aligned}$$

式中，$\boldsymbol{P}^{\mathrm{e}}$ 是单元等效节点外载荷矢量（时刻 $t+\Delta t$）；$\boldsymbol{N}$ 是单元 e 形函数矩阵；${}^t\boldsymbol{F}^{\mathrm{e}}$ 是单元内力载荷矢量（时刻 t）。

组合单元刚度方程，可得增量形式的整体刚度方程（即弹塑性有限元方程）：

$$\boldsymbol{K}\Delta\boldsymbol{U}=\Delta\boldsymbol{P} \tag{2.53}$$

式中，$\boldsymbol{K}$ 是整体刚度矩阵，$\boldsymbol{K}=\sum_{\mathrm{e}}\boldsymbol{K}^{\mathrm{e}}$；$\Delta\boldsymbol{U}$ 是整体节点位移增量列阵，$\Delta\boldsymbol{U}=\sum_{\mathrm{e}}\Delta\boldsymbol{U}^{\mathrm{e}}$；$\Delta\boldsymbol{P}$ 是

整体等效节点载荷增量列阵，$\Delta \boldsymbol{P}=\sum_{e}\Delta \boldsymbol{P}^{e}$。

2.2.3　计算弹塑性有限元方程须注意的问题

1. 弹塑性有限元方程的求解方案

通常根据材料的硬化特性和载荷特征来确定求解方案，其要点为：

1）按加载路径上的加载步将非线性有限元方程线性化。

2）针对每个加载步进行迭代运算，直至满足本载荷步指定的求解精度为止。

3）进行下一载荷步（增量步）的迭代计算，直到所有的载荷步计算完毕。

2. 变形区的弹塑性状态判定

判定变形体内部不同区域当前处于何种状态。由于在弹塑性变形过程中，变形体内部的不同区域可能会处于弹性、弹塑性过渡、塑性加载或弹性卸载等不同状态，因此需要针对不同的区域和单元应用不同的有限元方程。

材料的屈服函数可表示为$f=\bar{\sigma}^{2}-[Y(\bar{\varepsilon}^{p})]^{2}$，变形体中的四种区域和单元可用屈服函数判别如下：

弹性区

$$f({}^{t}\sigma_{ij},Y,{}^{t}\bar{\varepsilon}^{p})<0$$
$$f({}^{t+\Delta t}\sigma_{ij},Y,{}^{t+\Delta t}\bar{\varepsilon}^{p})<0$$
$$\boldsymbol{C}=\boldsymbol{C}^{e}$$

塑性加载区

$$f({}^{t}\sigma_{ij},Y,{}^{t}\bar{\varepsilon}^{p})\geqslant 0$$
$$f({}^{t+\Delta t}\sigma_{ij},Y,{}^{t+\Delta t}\bar{\varepsilon}^{p})\geqslant 0$$
$$\boldsymbol{C}=\boldsymbol{C}^{ep}=\boldsymbol{C}^{e}-\boldsymbol{C}^{p}$$

塑性卸载区

$$f({}^{t}\sigma_{ij},Y,{}^{t}\bar{\varepsilon}^{p})\geqslant 0$$
$$f({}^{t+\Delta t}\sigma_{ij},Y,{}^{t+\Delta t}\bar{\varepsilon}^{p})<0$$
$$\boldsymbol{C}=\boldsymbol{C}^{e}$$

过渡区

$$f({}^{t}\sigma_{ij},Y,{}^{t}\bar{\varepsilon}^{p})<0$$
$$f({}^{t+\Delta t}\sigma_{ij},Y,{}^{t+\Delta t}\bar{\varepsilon}^{p})\geqslant 0$$

即在 t 时刻该区处于弹性状态，在增量步中进入弹塑性状态。

式中，$t\sigma_{ij}$是 t 时刻的应力；$t\bar{\varepsilon}^{p}$ 是 t 时刻等效塑性应变；${}^{t+\Delta t}\sigma_{ij}$是 $t+\Delta t$ 时刻的应力；${}^{t+\Delta t}\bar{\varepsilon}^{p}$ 是 $t+\Delta t$ 时刻的等效塑性应变；$\boldsymbol{C}$ 是本构矩阵；$\boldsymbol{C}^{e}$ 是弹性矩阵；$\boldsymbol{C}^{p}$ 是塑性矩阵；$\boldsymbol{C}^{ep}$是弹塑性矩阵。

对此增量步的本构矩阵引入系数 m 加权计算：

$$\boldsymbol{C}=mC^{e}+(1-m)C^{ep}$$

这里，取 $m=(Y-{}^{t}\sigma)/({}^{t+\Delta t}\sigma-{}^{t}\sigma)$。

3. 加载步长的选取

加载步长（即增量步长）选取的基本原则是确保求解精度和收敛性。设 t 时刻的载荷为${}^{t}\boldsymbol{P}$，载荷增量为 $\Delta\boldsymbol{P}$，载荷约束因子（步长控制因子）为 $r_{\min}$，对应于增量步 $t+\Delta t$ 时刻的

载荷为${}^{t+\Delta t}\boldsymbol{P}$，于是有

$$^{t+\Delta t}\boldsymbol{P}=\boldsymbol{P}+r_{\min}\Delta\boldsymbol{P} \tag{2.54}$$

其中，$r_{\min}$的选取由以下因素决定：

1）新增屈服的单元数最少（$r_{\min 1}$），即在弹塑性有限元计算中，每次增加的载荷应尽可能地小，使每次加载只有一两个单元屈服。

2）已屈服单元的等效塑性应变量最大值 $\mathrm{d}\bar{\varepsilon}^{\mathrm{p}}_{\max}$不超过某一限定值 S。

$$\mathrm{d}\bar{\varepsilon}^{\mathrm{p}}_{\max}\leqslant\frac{S}{r_{\min 2}}$$

式中，S 是限定值；$\bar{\varepsilon}^{\mathrm{p}}$ 是等效塑性应变。

3）限定各单元高斯积分点的刚体转动量小于额定值 S'。

$$\left[\frac{1}{2}\left(\frac{\partial\Delta u_i}{\partial x_j}-\frac{\partial\Delta u_j}{\partial x_i}\right)\right]_{\max}<\frac{S'}{r_{\min 3}}$$

式中，S'是额定值；Δu_i 和 Δu_j 是位移增量。

4）变形体与工具之间新增接触点或已脱离点的数量最少（$r_{\min 4}$）。

5）变形体与工具界面间摩擦状态由滑动摩擦转变为黏着摩擦，或由黏着摩擦转变为滑动摩擦的接触点数最少（$r_{\min 5}$）。

6）当已屈服单元卸载转变为弹性单元时，每一个载荷增量步的新增单元数目控制在最少（$r_{\min 6}$）。

7）其他因素（$r_{\min 7}$）。

综合以上因素，最终的步长控制因子：

$$r_{\min}=\min(r_{\min 1},r_{\min 2},r_{\min 3},r_{\min 4},r_{\min 5},r_{\min 6},r_{\min 7}) \tag{2.55}$$

2.3 刚塑性和刚黏塑性有限元法

2.3.1 刚塑性和刚黏塑性有限元的 Markov 变分原理

刚塑性和刚黏塑性有限元法的理论基础是 Markov 变分原理，它以能量积分的形式把偏微分方程组的求解问题变成了泛函极值问题。该变分原理可表述为：设变形体的体积为 V，表面积为 S，在力面 S_F 上给定面力 F_i，在速度面 S_v 上给定速度 $\bar{v}_i$，则在满足几何方程式（2.2）、体积不可压缩条件式（2.7）、速度边界条件式（2.9）的一切运动容许速度场中，问题的真实解必然使泛函式（2.56）取驻值（即一阶变分为零）。

$$\begin{cases}\Pi=\int_V\bar{\sigma}\,\dot{\bar{\varepsilon}}\mathrm{d}V-\int_{S_F}F_iv_i\mathrm{d}S\text{，刚塑性材料}\\ \Pi=\int_V E(\dot{\bar{\varepsilon}})\mathrm{d}V-\int_{S_F}F_iv_i\mathrm{d}S\text{，刚黏塑性材料}\end{cases} \tag{2.56}$$

式中，$E(\dot{\bar{\varepsilon}})$ 是功函数。

$$E(\dot{\varepsilon}_{ij})=\int_0^{\dot{\varepsilon}_{ij}}\sigma'_{ij}\mathrm{d}\dot{\varepsilon}_{ij}=\int_0^{\dot{\bar{\varepsilon}}}\bar{\sigma}\mathrm{d}\dot{\bar{\varepsilon}} \tag{2.57}$$

对上述泛函数取变分可看出刚塑性和刚黏塑性材料变分原理的一阶变分公式形式完全相

同，其形式为

$$\delta\Pi = \int_V \overline{\sigma}\,\delta\dot{\overline{\varepsilon}}\mathrm{d}V - \int_{S_F} F_i \delta v_i \mathrm{d}S \tag{2.58}$$

在理论上利用 Markov 变分原理可以求解金属塑性变形问题。在实际求解过程中，选取满足速度边界条件式（2.9）的容许速度场比较容易，但选取一个既满足速度边界条件，又满足体积不可压缩条件式（2.7）的容许速度场是较为困难的。此外，采用刚塑性或刚黏塑性材料模型忽略了材料的弹性变形部分，并采用了体积不可压缩假设，用 Levy-Mises 方程只能求解出应力偏张量 σ'_{ij}，难以确定静水压力 σ_m，从而不能唯一确定应力场。

一般来说，几何方程和速度边界条件较容易满足，而体积不可压缩条件较难满足。目前，常采用拉格朗日（Lagrange）乘子法、罚函数法把体积不可压缩条件引入泛函 Π，建立一个新泛函，对这个新泛函变分求解。拉格朗日乘子法的数学基础是数学分析中多元函数的条件极值理论，是通过用附加的拉格朗日乘子 λ，将体积不可压缩条件引入泛函式（2.56）得到一个新的泛函式（2.59），利用虚功原理可以证明拉格朗日乘子 λ 的值等于静水压力 σ_m，从而使全部场量信息得到解答。拉格朗日乘子法引入了未知数 λ，使有限元刚度方程数（未知量）及刚度矩阵半带宽增大，增加了计算时间和计算机存储空间，降低了计算效率。

$$\begin{cases}\Pi = \int_V \overline{\sigma}\,\dot{\overline{\varepsilon}}\mathrm{d}V - \int_{S_F} F_i v_i \mathrm{d}S + \int_V \lambda\dot{\varepsilon}_V \mathrm{d}V \text{（刚塑性材料）} \\ \Pi = \int_V E(\dot{\overline{\varepsilon}})\mathrm{d}V - \int_{S_F} F_i v_i \mathrm{d}S + \int_V \lambda\dot{\varepsilon}_V \mathrm{d}V \text{（刚黏塑性材料）}\end{cases} \tag{2.59}$$

源于最优原理的罚函数法，具有数值解析的特征，它的基本思想是用一个足够大的整数 α（罚常数）把体积不可压缩条件引入泛函式（2.56）构造一个新的泛函式（2.60），则对于一切满足几何方程和速度边界条件的容许速度场，其真实解满足式（2.61）。

$$\begin{cases}\Pi = \int_V \overline{\sigma}\,\dot{\overline{\varepsilon}}\mathrm{d}V - \int_{S_F} F_i v_i \mathrm{d}S + \dfrac{\alpha}{2}\int_V \dot{\varepsilon}_V^2 \mathrm{d}V \text{（刚塑性材料）} \\ \Pi = \int_V E(\dot{\overline{\varepsilon}})\mathrm{d}V - \int_{S_F} F_i v_i \mathrm{d}S + \dfrac{\alpha}{2}\int_V \dot{\varepsilon}_V^2 \mathrm{d}V \text{（刚黏塑性材料）}\end{cases} \tag{2.60}$$

$$\delta\Pi = \int_V \overline{\sigma}\delta\dot{\overline{\varepsilon}}\mathrm{d}V - \int_{S_F} F_i\delta v_i \mathrm{d}S + \alpha\int_V \dot{\varepsilon}_V \delta\dot{\varepsilon}_V \mathrm{d}V = 0 \tag{2.61}$$

罚常数 α 是一个与材料流动应力相关的很大的整数，可以证明有

$$\sigma_m = \lambda = \alpha\dot{\varepsilon}_V \tag{2.62}$$

与拉格朗日乘子法相比罚函数法，求解的未知量少，刚度矩阵为明显带状分布，可节省计算机存储空间并提高计算效率。如在 DEFORM 软件中正是采用罚函数法处理体积不可压缩条件的。罚常数 α 的取值是否合适直接影响计算精度和收敛速度。一般地，一个大的正值 α 可以保证 $\dot{\varepsilon}_V$ 接近于零，但 α 取值过大，则有限元刚度方程会出现病态，使收敛困难，甚至不能求解；而 α 取值过小，则体积不可压缩条件施加不当，降低计算精度。一般地，α 可取 $10^5 \sim 10^7$。

2.3.2　刚塑性和刚黏塑性有限元的基本列式

刚塑性和刚黏塑性有限元变分原理的实质是把塑性变形问题的求解归结为从容许速度场中求能够使能量率泛函满足驻值条件的真实速度场问题，但是这样的场函数非常复杂，求解很困难。利用有限元法，可将变形体离散为有限个单元后，仅要求在单元内保持场函数的连

续性，依次建立单元泛函，将单元泛函集成得到整体的泛函，对整体泛函求驻值，得到问题的数值解。一旦解出速度场，则再利用各塑性方程求出应变速率场、应力场，并通过积分求得应变场、位移场等，最终可获得塑性变形问题的全解。

用有限元法求解塑性变形问题时须对求解区域和基本未知量进行离散化，包括对变形空间的离散化、参量的离散化和方程的离散化。由于塑性变形问题的特征，考虑求解精度和效率的统一及刚塑性和刚黏塑性有限元相关技术的应用，在二维有限元分析时通常采用四边形单元，而在三维有限元分析时通常采用四面体单元、六面体单元。下面分别以四节点四边形单元、四节点四面体单元为例介绍二维和三维刚塑性和刚黏塑性有限元法的基本求解公式。

1. 二维四边形单元列式

四节点四边形单元在自然坐标系或局部坐标系（ξ,η）中可以表示为规则的单元，通过等参变换可将几何形状规则的单元转换成笛卡儿或整体坐标系（x,y）中几何形状扭曲的单元，如图 2.2 所示。自然坐标系和笛卡儿坐标系下几何形状和位移场采用同阶同参数插值关系描述，采用这种变换的单元称为等参单元。等参单元的应用便于离散几何形状复杂的求解域和采用标准化的通用求解程序。

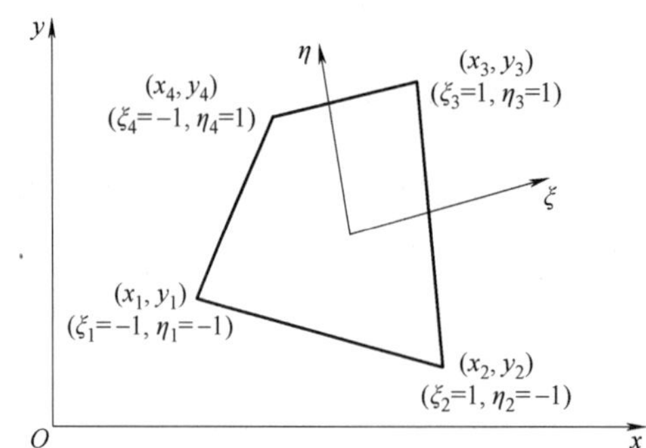

图 2.2　自然坐标系和笛卡儿坐标系下的四边形等参单元

反映单元位移状态的形函数为双线性函数，即

$$N_i(\xi,\eta)=\frac{1}{4}(1+\xi_i\xi)(1+\eta_i\eta) \tag{2.63}$$

式中，（ξ_i,η_i）是单元第 i 个节点的自然坐标。

根据等参单元的性质，单元内任一点的坐标和速度场可通过形函数由节点的坐标和速度插值得到，即

$$\begin{cases} x=\sum_{i=1}^{4} N_i(\xi,\eta)x_i \\ y=\sum_{i=1}^{4} N_i(\xi,\eta)y_i \end{cases} \tag{2.64}$$

$$\begin{cases} v_x=\sum_{i=1}^{4} N_i(\xi,\eta)v_{x_i} \\ v_y=\sum_{i=1}^{4} N_i(\xi,\eta)v_{y_i} \end{cases} \tag{2.65}$$

式（2.65）可以写成向量形式，即

$$\boldsymbol{v}=\boldsymbol{N}^{\mathrm{T}}\boldsymbol{v}^{\mathrm{elem}} \tag{2.66}$$

式中，$\boldsymbol{v}$ 是单元内任一点的速度向量；$\boldsymbol{N}$ 是单元形函数矩阵；$\boldsymbol{v}^{\mathrm{elem}}$ 是单元的节点速度向量。

$$\boldsymbol{v}=[v_x \quad v_y]^{\mathrm{T}} \tag{2.67}$$

$$\boldsymbol{v}^{\mathrm{elem}}=[v_{x_1} \quad v_{y_1} \quad v_{x_2} \quad v_{y_2} \quad v_{x_3} \quad v_{y_3} \quad v_{x_4} \quad v_{y_4}]^{\mathrm{T}} \tag{2.68}$$

$$\boldsymbol{N}^{\mathrm{T}}=\begin{bmatrix} N_1 & 0 & N_2 & 0 & N_3 & 0 & N_4 & 0 \\ 0 & N_1 & 0 & N_2 & 0 & N_3 & 0 & N_4 \end{bmatrix} \tag{2.69}$$

对于二维的平面应变和轴对称问题，单元内任一点的应变速率可由几何方程计算，其向量形式为

$$\dot{\boldsymbol{\varepsilon}}=\boldsymbol{B}\boldsymbol{v}^{\mathrm{elem}} \tag{2.70}$$

式中，$\boldsymbol{B}$ 是应变速率矩阵。

$$\boldsymbol{B}=\begin{bmatrix} X_1 & 0 & X_2 & 0 & X_3 & 0 & X_4 & 0 \\ 0 & Y_1 & 0 & Y_2 & 0 & Y_3 & 0 & Y_4 \\ K_1 & 0 & K_2 & 0 & K_3 & 0 & K_4 & 0 \\ Y_1 & X_1 & Y_2 & X_2 & Y_3 & X_3 & Y_4 & X_4 \end{bmatrix} \tag{2.71}$$

其中，

$$K_i=\begin{cases} 0, \text{平面应变问题} \\ \dfrac{N_i}{r}, \text{轴对称问题} \end{cases} \quad i=1, 2, 3, 4 \tag{2.72}$$

X_i、Y_i（$i=1, 2, 3, 4$）是形函数对整体坐标的偏导数，可利用复合求导规则求其表达式。

2. 三维四面体单元列式

对于三维四面体单元，可以引进体积坐标系作为局部坐标系以方便构造二次及更高次四面体单元的插值函数。四节点四面体单元是线性单元，利用整体坐标和局部坐标都可以方便构造其插值公式。采用整体坐标系建立四节点四面体单元（见图 2.3）列式。

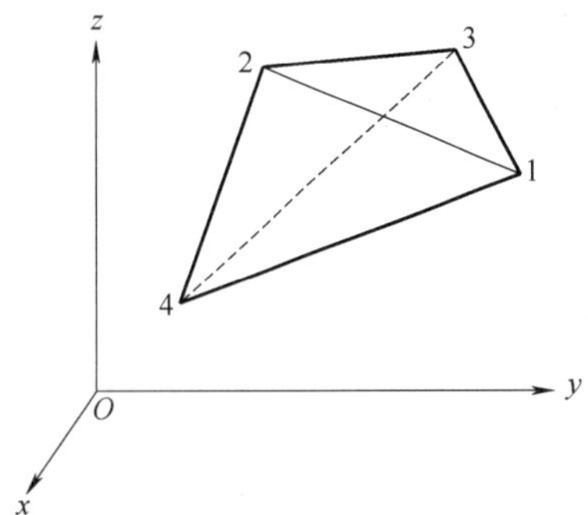

图 2.3　四节点四面体单元

如图 2.3 所示，将图中四面体单元的四个顶点作为节点，节点编号为 1、2、3、4，按右手螺旋法则排列，节点坐标分别为 x_i、y_i、z_i（$i=1, 2, 3, 4$）。设单元内任一点的速度 v_x、v_y、v_z 是坐标 x、y、z 的线性函数。其中待定系数可由节点速度的值来确定，则单元速度场的插值函数可以表示为

$$\begin{cases} v_x=\sum_{i=1}^{4} N_i v_{x_i} \\ v_y=\sum_{i=1}^{4} N_i v_{y_i} \\ v_z=\sum_{i=1}^{4} N_i v_{z_i} \end{cases} \tag{2.73}$$

式中，$N_i(i=1, 2, 3, 4)$ 是四面体单元的形函数。

$$N_i=\frac{1}{6\Delta}(a_i+b_ix+c_iy+d_iz) \tag{2.74}$$

式中，Δ 是四面体体积，表示为式（2.75）；a_i、b_i、c_i、d_i 是常数，与节点坐标相关，$i=1$ 时其具体表示如下：

$$\Delta=\frac{1}{6}\begin{vmatrix}1 & x_1 & y_1 & z_1\\ 1 & x_2 & y_2 & z_2\\ 1 & x_3 & y_3 & z_3\\ 1 & x_4 & y_4 & z_4\end{vmatrix} \tag{2.75}$$

$$\begin{cases}a_1=\begin{vmatrix}x_2 & y_2 & z_2\\ x_3 & y_3 & z_3\\ x_4 & y_4 & z_4\end{vmatrix}\\ b_1=-\begin{vmatrix}1 & y_2 & z_2\\ 1 & y_3 & z_3\\ 1 & y_4 & z_4\end{vmatrix}\\ c_1=\begin{vmatrix}x_2 & 1 & z_2\\ x_3 & 1 & z_3\\ x_4 & 1 & z_4\end{vmatrix}\\ d_1=-\begin{vmatrix}x_2 & y_2 & 1\\ x_3 & y_3 & 1\\ x_4 & y_4 & 1\end{vmatrix}\end{cases} \tag{2.76}$$

其余的可由下标 1、2、3、4 轮换得到。

式（2.73）可以写成向量形式：

$$\boldsymbol{v}=\boldsymbol{N}^{\mathrm{T}}\boldsymbol{v}^{\mathrm{elem}} \tag{2.77}$$

式中，$\boldsymbol{v}$ 是四面体单元内任一点的速度向量；$\boldsymbol{N}$ 是四面体单元形函数矩阵；$\boldsymbol{v}^{\mathrm{elem}}$ 是四面体单元的节点速度向量。分别表示为

$$\boldsymbol{v}=[v_x \quad v_y \quad v_z]^{\mathrm{T}} \tag{2.78}$$

$$\boldsymbol{v}^{\mathrm{elem}}=[v_{x_1} \quad v_{y_1} \quad v_{z_1} \quad v_{x_2} \quad v_{y_2} \quad v_{z_2} \quad v_{x_3} \quad v_{y_3} \quad v_{z_3} \quad v_{x_4} \quad v_{y_4} \quad v_{z_4}]^{\mathrm{T}} \tag{2.79}$$

$$\boldsymbol{N}^{\mathrm{T}}=\begin{bmatrix}N_1 & 0 & 0 & N_2 & 0 & 0 & N_3 & 0 & 0 & N_4 & 0 & 0\\ 0 & N_1 & 0 & 0 & N_2 & 0 & 0 & N_3 & 0 & 0 & N_4 & 0\\ 0 & 0 & N_1 & 0 & 0 & N_2 & 0 & 0 & N_3 & 0 & 0 & N_4\end{bmatrix} \tag{2.80}$$

对于三维问题，应变分量有 6 个，单元内任一点的应变速率可由几何方程计算，其向量形式为

$$\dot{\varepsilon}=\boldsymbol{B}\boldsymbol{v}^{\mathrm{elem}} \tag{2.81}$$

其中 $\boldsymbol{B}$ 为

$$\boldsymbol{B}=[\boldsymbol{B}_1 \quad \boldsymbol{B}_2 \quad \boldsymbol{B}_3 \quad \boldsymbol{B}_4] \tag{2.82}$$

式中 $\boldsymbol{B}_i$ 为

$$\boldsymbol{B}_i=\frac{1}{6\Delta}\begin{pmatrix} b_i & 0 & 0 \\ 0 & c_i & 0 \\ 0 & 0 & d_i \\ c_i & b_i & 0 \\ 0 & d_i & c_i \\ d_i & 0 & b_i \end{pmatrix} \quad i=1,2,3,4 \tag{2.83}$$

3. 基于罚函数法的有限元基本列式

采用罚函数法处理体积不可压缩条件，计算效率高，存储空间少，广泛应用于塑性变形过程的有限元分析。基于罚函数法的有限元基本列式易于理解塑性有限元的基本实现，在诸多文献中也予以较多的讨论。

假设将塑性变形体离散为 M 个单元，则罚函数法的基本方程式（2.61）离散后为

$$\delta\Pi=\delta\Pi(\boldsymbol{v})=\sum_{\text{elem}=1}^{M}\delta\Pi^{\text{elem}}(\boldsymbol{v}^{\text{elem}})=0 \tag{2.84}$$

式中，δ 是变分符号；$\boldsymbol{v}^{\text{elem}}$ 是第 elem 个单元的节点速度向量；$\boldsymbol{v}$ 是整体节点的速度向量。

$$\boldsymbol{v}=(v_1 \quad v_2 \quad v_3 \quad \cdots \quad v_{n-1} \quad v_n) \tag{2.85}$$

式中，n=节点总数×每个节点的自由度数。

式（2.84）成立的条件是

$$\frac{\partial\Pi}{\partial\boldsymbol{v}}=\sum_{\text{elem}=1}^{M}\frac{\partial\Pi^{\text{elem}}}{\partial\boldsymbol{v}^{\text{elem}}}=0 \tag{2.86}$$

将所有单元依次进行组装，得到整体有限元方程：

$$\boldsymbol{K}_v\boldsymbol{v}=\boldsymbol{F} \tag{2.87}$$

式中，$\boldsymbol{K}_v$ 是整体刚度矩阵。

$$\boldsymbol{K}_v=\sum_{\text{elem}=1}^{M}\left(\int_{V\text{elem}}\frac{\bar{\sigma}}{\dot{\bar{\varepsilon}}}\boldsymbol{A}\,\mathrm{d}V+\alpha\int_{V\text{elem}}\boldsymbol{C}\boldsymbol{C}^{\mathrm{T}}\mathrm{d}V\right) \tag{2.88}$$

整体有限元方程是一个关于节点速度向量$\boldsymbol{v}$ 的非线性方程组，通常采用 Newton-Raphson 法线性化后迭代求解。对于式（2.88），其迭代递推公式为

$$\begin{cases}\left(\dfrac{\partial^2\Pi}{\partial\boldsymbol{v}(\partial\boldsymbol{v})^{\mathrm{T}}}\right)_n\Delta\boldsymbol{v}_n=-\left(\dfrac{\partial\Pi}{\partial\boldsymbol{v}}\right)_n \\ \boldsymbol{v}_{n+1}=\boldsymbol{v}_n+\beta\Delta\boldsymbol{v}_n\end{cases} \tag{2.89}$$

式中，n 是迭代次数；β 是减速系数或阻尼因子，$0<\beta\leqslant 1$。

经过线性化的总刚度方程可以表示为

$$\boldsymbol{K}\Delta\boldsymbol{v}=\boldsymbol{R} \tag{2.90}$$

式中，$\boldsymbol{K}$ 是整体刚度矩阵；$\boldsymbol{R}$ 是节点不平衡力向量。

第 3 章 塑性变形中材料本构关系

3.1 材料本构关系常用表达式

在塑性变形过程中材料的流变行为是复杂的。硬化和软化过程均受温度和应变速率的显著影响。因此，深入了解金属和合金材料在塑性变形条件下的流变行为对于塑性变形过程的设计具有重要意义。而本构模型是变形过程中流变应力与变形温度、变形程度、应变速率之间的函数关系，可以描述金属材料塑性变形过程的基本信息，有助于控制材料的显微组织演变过程，为实际工艺提供理论指导，从而改善材料的组织和性能。目前，本构模型的构建方法主要分为三类：唯象本构模型、物理本构模型和人工神经网络本构模型。物理本构模型可以将材料特性与其微观结构和变形机制联系起来，但大量的内部变量和计算的复杂性使其不适用于有限元分析。人工神经网络本构模型通常具有较高的预测精度，但难以与有限元分析软件结合，缺乏实用性。唯象本构模型不考虑变形机制和微观结构变化，将流动应力定义为应变、应变速率和温度的函数，使用试验数据来校准模型。该模型的材料参数较少，试验和校准方案更简单，在有限元中得到广泛应用。常用的唯象本构模型有 Hollomon 模型、Fields-Backofen 模型、JohnsonCook 模型、Arrhenius 模型、Hensel-Spittel 模型和 Zerilli-Armstrong 模型等。

3.1.1 Hollomon 模型

该模型由 Hollomon 于 1945 年提出，为单一的幂函数形式，见式（3.1）和式（3.2），

$$\sigma=K\varepsilon^{n} \tag{3.1}$$

$$\sigma=\sigma_0+K\varepsilon^{n} \tag{3.2}$$

式中，σ 是应力；K 是强化系数；ε 是应变；n 是硬化指数；σ_0 是初始应力。

单一幂函数的 Hollomon 模型存在明显的局限性。但是，Hollomon 模型的提出，为其他经典本构模型的建立奠定了基础。

3.1.2 Fields-Backofen 模型

1957 年，Fields 等人提出了一个适用于大多数金属材料的 Fields-Backofen（FB）模型，其公式为

$$\sigma=K\varepsilon^{n}\dot{\varepsilon}^{m} \tag{3.3}$$

式中，σ 是应力；K 是强化指数；ε 是应变；n 是应变硬化指数；$\dot{\varepsilon}$ 是应变速率；m 是应变速率敏感指数。

FB 模型由于其形式简单，计算量小，且模型中的参数具有明确的物理意义而被广泛应用于描述热变形过程中的流变行为。但是，原始的 FB 模型仅能够描述加工硬化阶段的流变

应力，难以准确描述材料的流动软化行为，因为应变和应变速率的指数函数均为单调递增函数。张先宏等在 FB 模型中引入软化项 s 来描述材料的软化行为，使加工硬化和动态软化效应被综合考虑，新模型称为 Fields-Backofen-Zhang（FBZ）模型。

$$\sigma = K\varepsilon^{n}\dot{\varepsilon}^{m}\exp(bT+s\varepsilon) \tag{3.4}$$

式中，K、n、m、ε、$\dot{\varepsilon}$ 参数意义与式（3.3）相同；T 是温度；b 是材料参数；s 是软化因子。

通过对 $\ln\sigma$、$\ln\varepsilon$、$\ln\dot{\varepsilon}$、T 和 ε 进行多元线性回归分析，可求得参数 K、n、m、b 和 s 的值。

FBZ 模型对流变应力的预测能力优于 FB 模型，但在高应变速率条件下描述流变应力存在较大偏差。因此，为了解决这一问题，蔺永诚等提出了含有应变速率项 v 的改进的 FBZ 模型，充分考虑了应变速率对流变应力的影响，提高了流变应力的预测精度，模型形式如下：

$$\sigma = K\varepsilon^{n}\dot{\varepsilon}^{m}\exp(bT+s\varepsilon+u\dot{\varepsilon}) \tag{3.5}$$

式中，u 是材料常数。

3.1.3　Johnson-Cook 模型

Johnson-Cook（JC）模型是一个考虑了应变硬化、应变速率硬化和热软化影响的唯象流变应力模型，并广泛应用于大应变、高应变速率及高温环境下的爆炸、冲击及冲压成形等工程领域，其表达式为

$$\sigma = (A+B\varepsilon^{n})(1+C\ln\dot{\varepsilon}^{*})(1-T^{*m}) \tag{3.6}$$

式中，σ 是 von-Mises 等效流变应力；A、B、n、C 和 m 是材料参数，分别是屈服应力、应变硬化系数、应变硬化指数、应变速率硬化系数和温度软化指数，可通过试验获得；ε 是等效塑性应变；$\dot{\varepsilon}^{*}$ 是无量纲等效塑性应变速率，$\dot{\varepsilon}_0$ 是参考应变速率，$\dot{\varepsilon}^{*}=\dfrac{\dot{\varepsilon}}{\dot{\varepsilon}_0}$；$T^{*}$ 是无量纲温度，$T^{*}=\dfrac{T-T_{\mathrm{r}}}{T_m-T_{\mathrm{r}}}$，其中 T、T_{r}、T_m 分别是测试温度、参考温度和材料熔点温度。

JC 模型中（$A+B\varepsilon^{n}$）、（$1+C\ln\dot{\varepsilon}^{*}$）、（$1-T^{*m}$）三项分别为应变硬化函数、应变速率强化函数、温度软化函数，且分别描述了等效塑性应变对流变应力的影响、瞬时应变速率的敏感性以及流变应力的温度依赖性。

显然，JC 模型所需的参数较少，容易从有限的试验中获得，实现简单。但也存在很多局限性，首先其假设应变硬化、应变速率强化与热软化是三个独立的现象，可以相互分离，从而忽略了应变、应变速率和温度对材料流变行为的耦合效应。其次，应变速率强化项中描述流变应力随应变速率的对数线性增加。然而，通常情况下当应变速率超过 $10^{4}\mathrm{s}^{-1}$ 左右时，流变应力会急剧增加，因此一些学者认为 JC 模型显著低估或高估了应变速率。再者，JC 模型描述热软化行为是大致线性的，但实际上热软化在高温下已经达到一定程度的饱和，并且其适用范围不得低于参考温度，否则热软化项行不通。

为了克服原始 JC 模型的不足，蔺永诚等考虑了原始模型的屈服和应变硬化部分以及温度和应变速率对流变行为的耦合影响，提出了一种改进的 Johnson-Cook 模型。

$$\sigma = (A_1+B_1+B_2\varepsilon^{2})(1+C_1\ln\dot{\varepsilon}^{*})\exp[(\lambda_1+\lambda_2\ln\dot{\varepsilon}^{*})(T-T_{\mathrm{r}})] \tag{3.7}$$

式中，A_1、B_1、B_2、C_1、λ_1 和 λ_2 是材料参数，其余参数意义与式（3.6）相同。

3.1.4 Arrhenius 模型

Arrhenius 模型被广泛应用于描述高温变形下应变速率、变形温度和流变应力之间的关系，并且可以表征应力-应变曲线先增后减的特点。通常可以表示为

$$\begin{cases}\dot{\varepsilon}=A\left[\sinh(\alpha\sigma)\right]^{n}\exp\left(-\dfrac{Q}{RT}\right) & (\text{所有应力})\\ \dot{\varepsilon}=A_1\sigma^{n_1}\exp\left(-\dfrac{Q}{RT}\right) & (\alpha\sigma<0.8)\\ \dot{\varepsilon}=A_2\exp(\beta\sigma)\exp\left(-\dfrac{Q}{RT}\right) & (\alpha\sigma>1.2)\end{cases} \tag{3.8}$$

式中，A、A_1、A_2、α、n、n_1 和 β 均是材料参数，且 $\alpha=\dfrac{\beta}{n_1}$；$\dot{\varepsilon}$ 是应变速率；T 是热力学温度；R 是理想气体常数，取值为 8.314 J/(mol·K)；Q 是热变形激活能。

式中包括可应用于所有应力水平的双曲正弦函数模型。在低应力（$\alpha\sigma<0.8$）时，可化为幂函数形式；在高应力（$\alpha\sigma>1.2$）时，可化为指数形式。因此能够全面并准确地预测热变形的流变应力。

然而，原始的 Arrhenius 模型仅考虑了应变速率和变形温度对流变应力的影响，但是不同应变下的流变应力值有较大差异，材料常数受应变的影响十分显著，为了提高流变应力预测的准确性，需要考虑应变对流变应力的影响。因此，将 n、α、Q 和 $\ln A$ 的值用应变的多项式函数来表示：

$$\begin{cases}n(\varepsilon)=n_0+n_1\varepsilon+n_2\varepsilon^2+n_3\varepsilon^3\\ \alpha(\varepsilon)=\alpha_0+\alpha_1\varepsilon+\alpha_2\varepsilon^2+\alpha_3\varepsilon^3+\alpha_4\varepsilon^4\\ Q(\varepsilon)=Q_0+Q_1\varepsilon+Q_2\varepsilon^2+Q_3\varepsilon^3\\ \ln A(\varepsilon)=\ln A_0+\ln A_1\varepsilon+\ln A_2\varepsilon^2+\ln A_3\varepsilon^3\end{cases} \tag{3.9}$$

因此，应变补偿的 Arrhenius 本构模型可表示为

$$\sigma=\frac{1}{\alpha\varepsilon}\ln\left\{\left(\frac{\dot{\varepsilon}\exp\left[\dfrac{Q(\varepsilon)}{RT}\right]}{A(\varepsilon)}\right)^{\frac{1}{n(\varepsilon)}}+\left[\left(\frac{\dot{\varepsilon}\exp\left[\dfrac{Q(\varepsilon)}{RT}\right]}{A(\varepsilon)}\right)^{\frac{2}{n(\varepsilon)}}+1\right]^{\frac{1}{2}}\right\} \tag{3.10}$$

3.1.5 Hensel-Spittel 模型

Hensel-Spittel（HS）模型是综合考虑应变、应变速率和变形温度之间关系的本构模型。与其他唯象模型相比，HS 模型具有更多的参数，并且涵盖了变形下的各种情况。方程式如下：

$$\sigma=Ae^{m_1T}T^{m_9}\varepsilon^{m_2}e^{\frac{m_4}{\varepsilon}}(1+\varepsilon)^{m_5T}e^{m_7\varepsilon}\dot{\varepsilon}^{m_3}\dot{\varepsilon}^{m_8T} \tag{3.11}$$

式中，A、$m_1\sim m_9$ 是材料常数；$\dot{\varepsilon}$ 是应变速率；T 是热力学温度。

对于 HS 模型，随着参数的增加，计算的复杂度也在增加，但是预测精度可能不会随着参数的增加而增加。

由于 HS 模型在给定温度条件下对应变速率不敏感，因此流变应力可以用 Garofalo 方程来描述，该方程用 $\sinh(\alpha\sigma)$ 代替 σ。修改后的 HS 模型如下：

$$\sinh(\alpha\sigma) = A e^{m_1 T} \varepsilon^{m_2} e^{m_4/\varepsilon} (1+\varepsilon)^{m_5 T} e^{m_7 \varepsilon} \dot{\varepsilon}^{m_3} \tag{3.12}$$

根据 HS 模型的关系，应变速率与流动应力的关系为：$\dot{\varepsilon} \propto \sigma^n$，其中 n 是应力指数，$n = 1/(m_3+m_8 T)$。假定在给定应变或稳定条件下与温度无关，因此方程中的 m_8 和 m_9 的参数可以忽略。

3.1.6 Zerilli-Armstrong 模型

Zerilli-Armstrong（ZA）模型适用于在室温到 $0.6T_m$ 温度范围内不同应变速率下的面心立方和体心立方材料，流变应力表示为

$$\sigma = \begin{cases} C_0 + C_1 \exp(-C_3 T + C_4 T \ln\dot{\varepsilon}) + C_5 \varepsilon^n (\mathrm{bcc}) \\ C_0 + C_2 \varepsilon^{\frac{1}{2}} \exp(-C_3 T + C_4 T \ln\dot{\varepsilon}) (\mathrm{fcc}) \end{cases} \tag{3.13}$$

式中，C_0 是屈服应力；C_1、C_2、C_3、C_4、C_5 和 n 是材料参数。

然而，原始的 ZA 模型难以精确预测在温度高于 $0.6T_m$ 和较低应变速率下的流变应力，它虽然考虑了位错机制，但未考虑温度、应变和应变速率的耦合效应，从而降低了模型的预测精度。因此，Samantaray 等人在 ZA 模型的基础上，考虑了各向同性硬化、温度软化、应变速率硬化以及温度、应变与应变速率对流变应力的耦合效应，提出了改进的 ZA 模型来预测材料的高温流变行为：

$$\sigma = (C_1 + C_2 \varepsilon^n) \exp\{-(C_3 + C_4 \varepsilon) T^* + (C_5 + C_6 T^*) \ln\dot{\varepsilon}^*\} \tag{3.14}$$

式中，$T^* = T - T_r$，T_r 是参考温度；C_1、C_2、C_3、C_4、C_5 和 C_6 是材料参数。

3.2　本构关系中参数的辨识方法

A356 是最常见的 Al-Si 系铸造铝合金之一，它具有好的流动性、气密性、耐磨性和耐蚀性，无热裂倾向，易焊接，热处理后力学性能极高，主要用于生产各种外壳体、轮毂、变速器、燃料箱、带轮等。同时它也是汽车轻量化常用的材料之一。本节采用工业用 A356 合金进行热压缩试验，分别标定了 Johnson-Cook、Arrhenius 和 Hansel-Spittel 本构模型。A356 铝合金化学成分见表 3.1。参考 ASM 有色合金手册，其熔点（T_m）取 612.5℃。

表 3.1　A356 铝合金化学成分（质量分数，%）

Si	Mg	Fe	Cu	Mn	Zn	Cr	Ti	Al
7.43	0.433	0.295	0.170	0.0687	0.0193	0.0107	0.0128	余量

压缩试样按照 ASTM E209 标准制备，线切割成直径 10mm 和高度 15mm 的圆柱体。采用 Gleeble-3800 热模拟试验机进行等温热压缩，试验参数如图 3.1 所示，应变速率为 $0.001\mathrm{s}^{-1}$，温度为 300～500℃。加热速率保持在 5℃/s，直到压缩温度保持 120s。将试样压缩至真应变为 0.8，然后立即淬火。

A356 铝合金热压缩应力应变曲线如图 3.2 所示。当应变速率 $\dot{\varepsilon} = 0.01\mathrm{s}^{-1}$ 时，流变应力曲线随温度的升高而减小，如图 3.2a 所示。以温度 $T = 400$℃ 为例，流变应力曲线随应变速率的增大而增大，如图 3.2b 所示。蔺永诚和陈明松解释动态再结晶晶粒的形核和生长以及位错的湮没是流动应力降低的原因。因为较低的应变速率和较高的温度为能量积累提供了较

长的时间，为动态再结晶晶粒的形核和生长和位错湮没提供了较高的晶界迁移率，从而降低了流动应力水平。

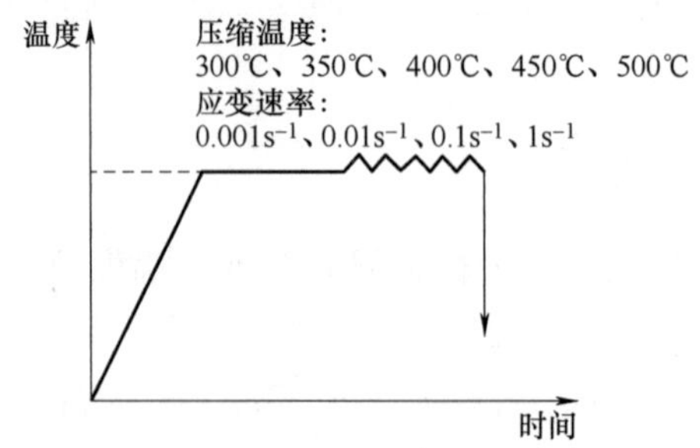

图 3.1　热压缩试验参数

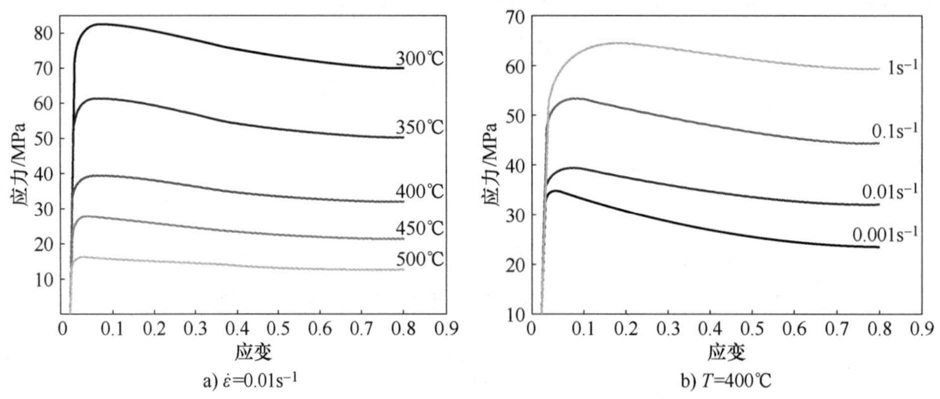

图 3.2　A356 铝合金热压缩应力应变曲线

3.2.1　Johnson-Cook 本构模型

1. *A*、*B*、*n* 系数标定

当以应变速率 $\dot{\varepsilon}=1\mathrm{s}^{-1}$ 和温度 $T=300℃$ 为参考值时，在既定条件下的屈服应力 $A=69.76\mathrm{MPa}$，式（3.6）转变为

$$\sigma=A+B\varepsilon^n \tag{3.15}$$

式（3.15）两边取对数的结果为

$$\ln(\sigma-A)=\ln B+n\ln\varepsilon \tag{3.16}$$

结合试验数据进行回归分析，由图 3.3 中拟合曲线 $\ln\varepsilon$ 与 $\ln(\sigma-A)$ 的截距和斜率可得 $\ln B$ 和 n，即 $B=45.69\mathrm{MPa}$，$n=0.159$。

2. *C* 系数标定

当温度是常数时，式（3.6）转变为

$$\frac{\sigma}{A+B\varepsilon^n}=1+C\ln\dot{\varepsilon}^* \tag{3.17}$$

式中，C 系数通过图 3.4 中 $\frac{\sigma}{A+B\varepsilon^n}-1$ 与 $\ln\dot{\varepsilon}^*$ 关系曲线的斜率获得，然后对应不同应变取平均值获得 $C=0.07$。

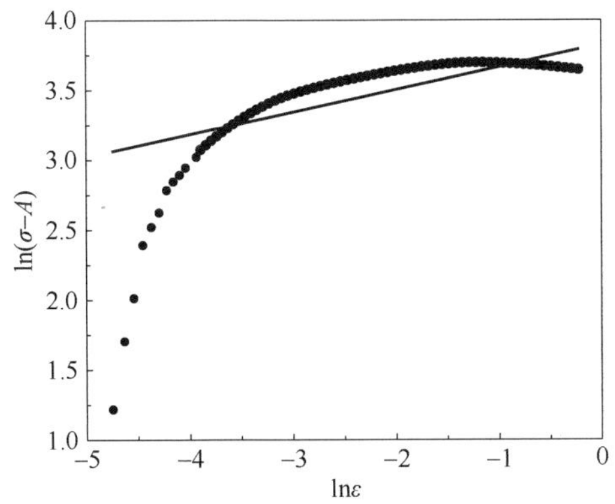

图 3.3　$\ln\varepsilon$ 与 $\ln(\sigma-A)$ 的关系曲线

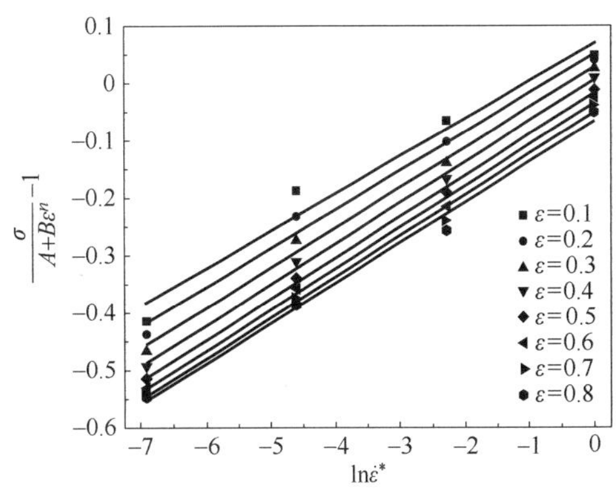

图 3.4　$\frac{\sigma}{A+B\varepsilon^n}-1$ 与 $\ln\dot{\varepsilon}^*$ 的关系曲线

3. *m* 系数标定

当应变速率是常数时，式（3-6）转变为

$$1-\frac{\sigma}{A+B\varepsilon^n}=T^{*m} \tag{3.18}$$

对式（3.18）两边取对数变为

$$\ln\left(1-\frac{\sigma}{A+B\varepsilon^n}\right)=m\ln T^* \tag{3.19}$$

式中，m 系数是通过图 3.5 中在不同应变条件下的 $\ln\left(1-\frac{\sigma}{A+B\varepsilon^n}\right)$ 与 $\ln T^*$ 关系曲线的斜率获得，然后对应不同应变加和取平均值获得 $m=0.821$。Johnson-Cook 本构模型多项式的系数在表 3.2 中给出。

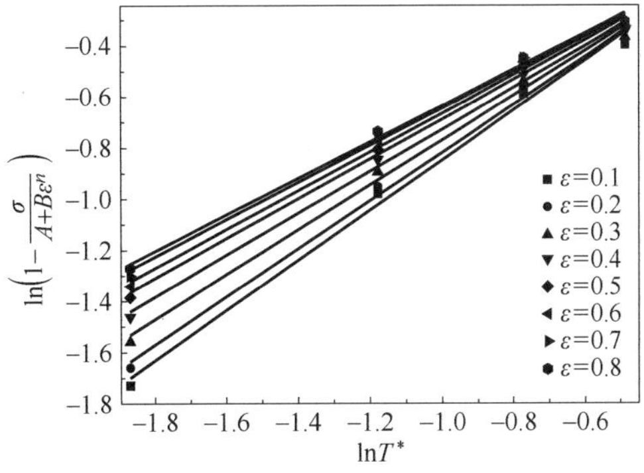

图 3.5　$\ln\left(1-\frac{\sigma}{A+B\varepsilon^n}\right)$ 与 $\ln T^*$ 的关系曲线

表 3.2　Johnson-Cook 本构模型的系数

A	B	n	C	m
69.76	45.69	0.159	0.07	0.821

3.2.2 Arrhenius 本构模型

1. α 系数标定

当应变 $\varepsilon=0.1$，对于低应力和高应力的情况，两边取对数，式（3.8）变为以下表达式：

$$\begin{cases} \ln\dot{\varepsilon}=\ln\left[A\left(\dfrac{-Q}{RT}\right)\right]+n_1\ln\sigma & \text{（低应力）} \\ \ln\dot{\varepsilon}=\ln\left[A\left(\dfrac{-Q}{RT}\right)\right]+\beta\sigma & \text{（高应力）} \end{cases} \tag{3.20}$$

在式（3.20）中，$\ln\left[A\left(\dfrac{-Q}{RT}\right)\right]$是材料常数。$n_1$ 和 β 分别是图 3.6a 中 $\ln\dot{\varepsilon}$ 与 $\ln\sigma$ 的关系曲线和图 3.6b 中 $\ln\dot{\varepsilon}$ 与 σ 的关系曲线的斜率。然后通过取平均值的方法，可得$n_1=7.296$，$\beta=0.203$ 和 $\alpha=0.0278$。

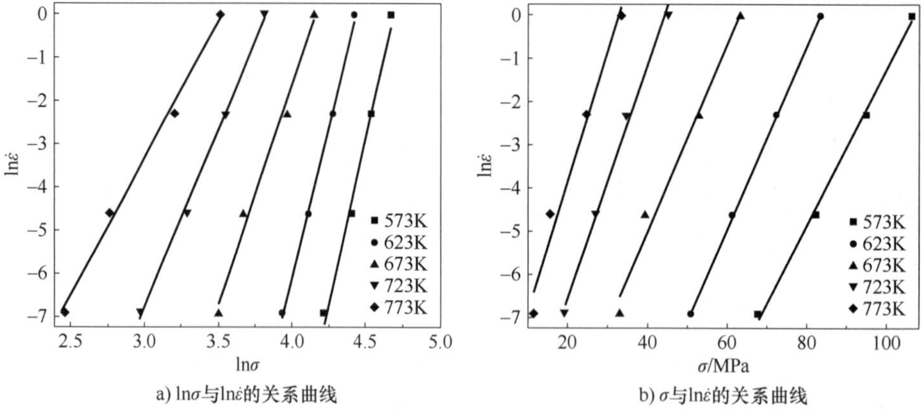

图 3.6 拟合曲线

2. n、Q、A 系数标定

对于全应力情况，式（3.8）变为

$$\dot{\varepsilon}=A[\sinh(\alpha\sigma)]^n\exp\left(-\frac{Q}{RT}\right) \tag{3.21}$$

式（3.21）两边取对数变为以下形式：

$$\ln[\sinh(\alpha\sigma)]=\frac{\ln\dot{\varepsilon}}{n}+\frac{Q}{nRT}-\frac{\ln A}{n} \tag{3.22}$$

当温度保持常数，式（3.22）的应变速率偏导数为

$$n=\left\{\frac{\partial\ln\dot{\varepsilon}}{\partial\ln[\sinh(\alpha\sigma)]}\right\}_T \tag{3.23}$$

当应变速率保持常数，式（3.23）的温度偏导数为

$$\frac{Q}{Rn}=\left\{\frac{\partial\ln[\sinh(\alpha\sigma)]}{\partial(1/T)}\right\}_{\dot{\varepsilon}} \tag{3.24}$$

式中的 n 和$\dfrac{Q}{Rn}$分别是图 3.7a 中 $\ln\dot{\varepsilon}$ 与 $\ln[\sinh(\alpha\sigma)]$ 的关系曲线和图 3.7b 中 $\ln[\sinh(\alpha\sigma)]$

与 $1/T$ 的关系曲线的斜率。然后通过取平均值的方法，可得 $n=6.527$，$\frac{Q}{Rn}=5.074$ 和 $Q=275.343$。

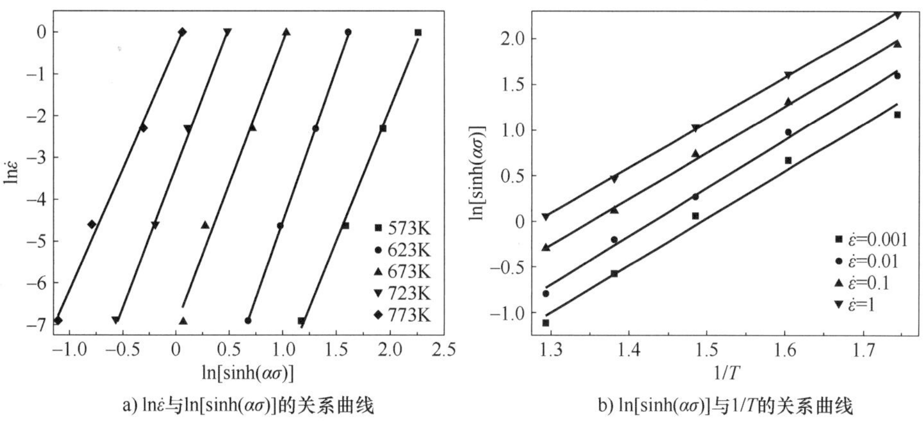

a) $\ln\dot{\varepsilon}$ 与 $\ln[\sinh(\alpha\sigma)]$ 的关系曲线　　b) $\ln[\sinh(\alpha\sigma)]$ 与 $1/T$ 的关系曲线

图 3.7　拟合曲线

Zener 和 Hollomon 提出温度和应变速率对变形行为的影响可以用指数型方程中的 Zener-Hollomon 参数表示为

$$Z=\dot{\varepsilon}\exp\left[\frac{Q}{RT}\right]=A\sinh(\alpha\sigma)^{n} \tag{3.25}$$

对式（3.25）两边取对数变为

$$\ln Z=\ln\dot{\varepsilon}+\frac{Q}{RT}=\ln A+n\ln[\sinh(\alpha\sigma)] \tag{3.26}$$

式（3.26）中的 $\ln A$ 可以通过图 3.8 中 $\ln Z$ 与 $\ln[\sinh(\alpha\sigma)]$ 的关系曲线的截距获得 $\ln A=42.612$。

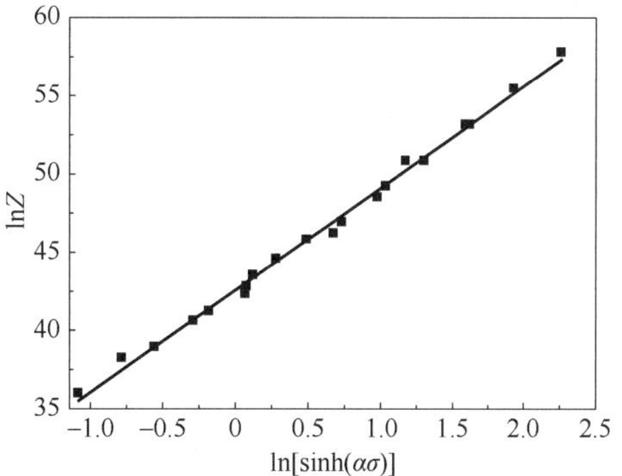

图 3.8　$\ln Z$ 与 $\ln[\sinh(\alpha\sigma)]$ 的关系曲线

3. 应变补偿多项式系数确定

根据上述方法，分别测定了应变值为 0.1~0.8 的材料常数。结果表明，应变对活化能和材料常数有较大的影响。因此，活化能和材料常数与应变按照式（3.9）拟合，结果如图 3.9 所示。Arrhenius 本构模型多项式的系数见表 3.3。

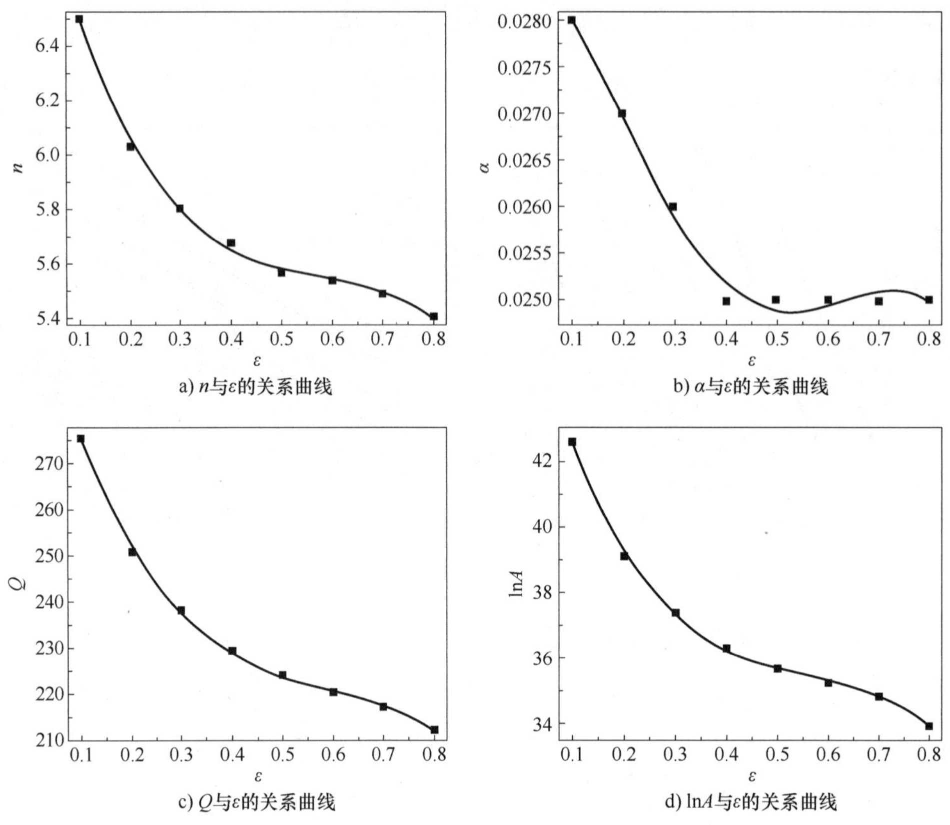

a) n与ε的关系曲线　　b) α与ε的关系曲线

c) Q与ε的关系曲线　　d) $\ln A$与ε的关系曲线

图 3.9　Arrhenius 本构模型多项式的系数随应变的变化关系曲线

表 3.3　Arrhenius 本构模型多项式的系数

n	A	Q	$\ln A$
7.104	0.029	307117.772	47.280
-7.339	-0.001	-379169.851	-56.463
12.042	-0.057	591166.700	94.367
-6.912	0.126	-332151.841	-55.801
—	-0.076	—	—

3.2.3　Hensel-Spittel 本构模型

1. m_3 和 m_8 系数标定

对式（3.11）两边取对数变为

$$\ln\sigma=\ln A+m_1T+m_2\ln\varepsilon+m_3\ln\dot{\varepsilon}+\frac{m_4}{\varepsilon}+m_5T\ln(1+\varepsilon)+m_7\varepsilon+m_8T\ln\dot{\varepsilon}+m_9\ln T \tag{3.27}$$

当 T 和 $\dot{\varepsilon}$ 固定时，式 $\ln A + m_1 T + m_2 \ln\varepsilon + \frac{m_4}{\varepsilon} + m_5 T\ln(1+\varepsilon) + m_7\varepsilon + m_9 \ln T$ 是常数。式（3.27）变为

$$\ln\sigma = (m_3 + m_8 T)\ln\dot{\varepsilon} + \text{常数} \tag{3.28}$$

当变形温度 $T=300℃$ 时，$\ln\sigma$ 与 $\ln\dot{\varepsilon}$ 的关系曲线如图 3.10 所示。因此，m_3+m_8T 项由 $\ln\sigma$ 和 $\ln\dot{\varepsilon}$ 斜率决定。不同应变状态下 m_3+m_8T 与 T 的关系如图 3.11 所示。m_3 和 m_8 系数分别由图 3.11 的截距和斜率求得，然后取平均数求得 $m_3=-0.033$ 和 $m_8=0.0003912$。

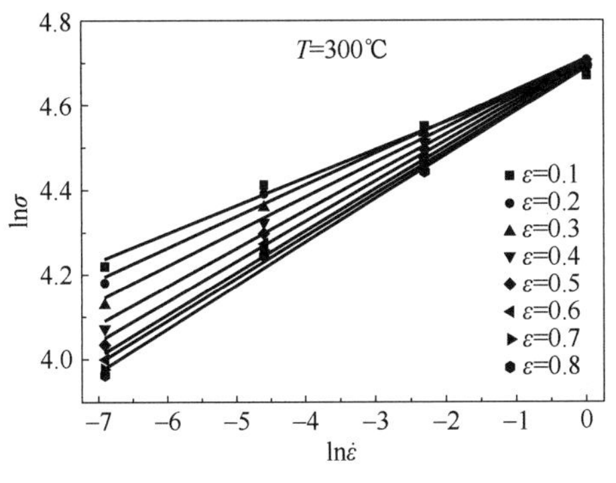

图 3.10　$\ln\sigma$ 与 $\ln\dot{\varepsilon}$ 的关系曲线

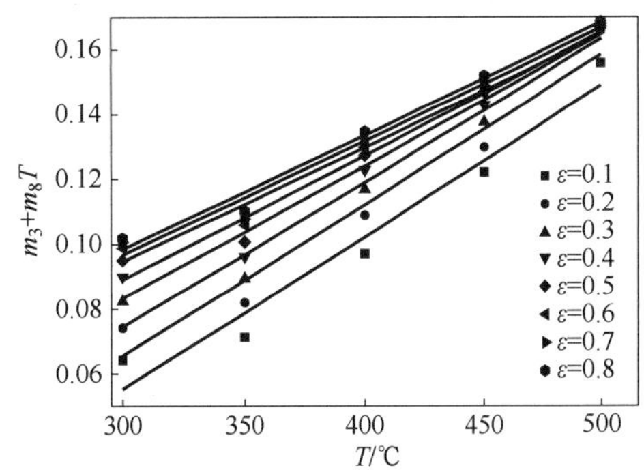

图 3.11　m_3+m_8T 与 T 的关系曲线

2. m_1、m_5 和 m_9 系数标定

当 ε 和 $\dot{\varepsilon}$ 固定时，$\ln A+m_2\ln\varepsilon+m_3\ln\dot{\varepsilon}+\frac{m_4}{\varepsilon}+m_7\varepsilon+m_8T\ln\dot{\varepsilon}$ 是常数。式（3.27）变为

$$\ln\sigma = [m_1 + m_8\ln\dot{\varepsilon} + m_5\ln(1+\varepsilon)T] + m_9\ln T + \text{常数} \tag{3.29}$$

当应变速率 $\dot{\varepsilon}=0.001\text{s}^{-1}$ 时，$\ln\sigma$ 与 T 的关系曲线如图 3.12 所示。用函数 $y=kx+m_9\ln x+k_1$，然后取平均值得 $m_9=2.687$。由式（3.29）得 $k=m_1+m_8\ln\dot{\varepsilon}+m_5\ln(1+\varepsilon)$。$m_5$ 和 $m_1+m_8\ln\dot{\varepsilon}$ 分别是 $m_1+m_8\ln\dot{\varepsilon}+m_5\ln(1+\varepsilon)$ 与 $\ln(1+\varepsilon)$ 关系曲线的斜率和截距，然后取平均数求得 $m_1=-0.013$ 和 $m_5=-0.0005496$。

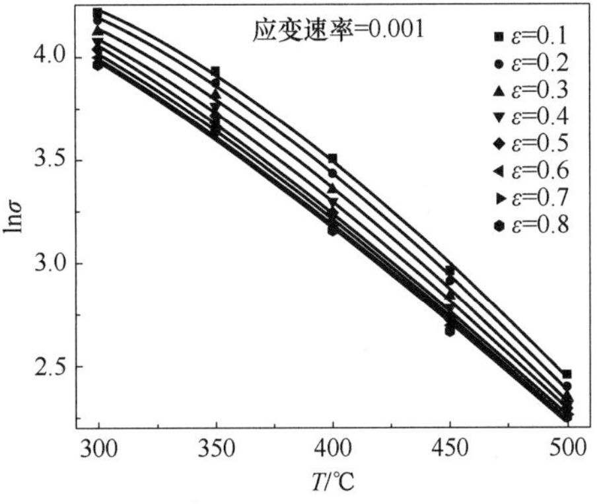

图 3.12　$\ln\sigma$ 与 T 的关系曲线

3. m_2、m_4、m_7 和 A 系数标定

当 T 和 $\dot{\varepsilon}$ 固定时，式 $\ln A+m_1T+m_3\ln\dot{\varepsilon}+m_8T\ln\dot{\varepsilon}+m_9\ln T$ 是常数。式（3.27）变为

$$\ln\sigma=m_2\ln\varepsilon+\frac{m_4}{\varepsilon}+m_7\varepsilon+m_5\ln(1+\varepsilon)T+常数 \tag{3.30}$$

当变形温度 $T=300℃$ 时，$\ln\sigma$ 与 ε 的关系曲线如图 3.13 所示。用函数 $y=m_2\ln x+\frac{m_4}{x}+m_7x+m_5T\ln(1+x)+k$ 进行拟合，类似通过取平均值的方法，求得 $m_2=-0.283$、$m_4=-0.034$ 和 $m_7=0.312$。将得到的 m_1、m_2、m_3、m_4、m_5、m_7、m_8、m_9 的值代入式（3.11），根据试验数据得到平均值 $A=0.000945$。A356 铝合金的 Hansel-Spittel 本构模型多项式的系数见表 3.4。

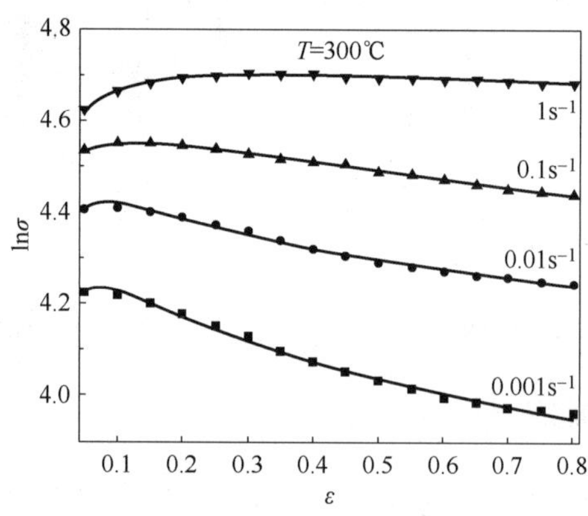

图 3.13　$\ln\sigma$ 与 ε 的关系曲线

表 3.4　A356 铝合金的 Hansel-Spittel 本构模型多项式的系数

A	m_1	m_2	m_3	m_4	m_5	m_7	m_8	m_9
0.000945	−0.013	−0.283	−0.033	−0.034	−0.00055	0.312	0.00039	2.687

3.2.4　本构模型评价

图 3.14 所示为不同应变速率下的试验数据与 Johnson-Cook 本构模型预测数据比较。可以看出，Johnson-Cook 本构模型预测的准确性很差。这是因为表达式不能很好地描述流变应力与应变之间的关系。此外，在原始 Johnson-Cook 本构模型中热软化、应变速率硬化和应变硬化是三个独立的现象，应变速率敏感性参数 C 和热软化参数 m 是通过图 3.4 和图 3.5 中曲线斜率取平均值得到的。

图 3.15 所示为不同应变速率下的试验数据与 Arrhenius 本构模型预测数据比较。可以看出，试验数据与预测数据吻合要比 Johnson-Cook 本构模型好。但也有一点偏差，尤其是在温度等于 300℃ 的条件下偏差略大。这也证实了应变补偿型的 Arrhenius 本构模型不能准确描述软化效应，但考虑了应变与 Arrhenius 本构模型参数的耦合对于预测铝合金的流动性能是有益的。

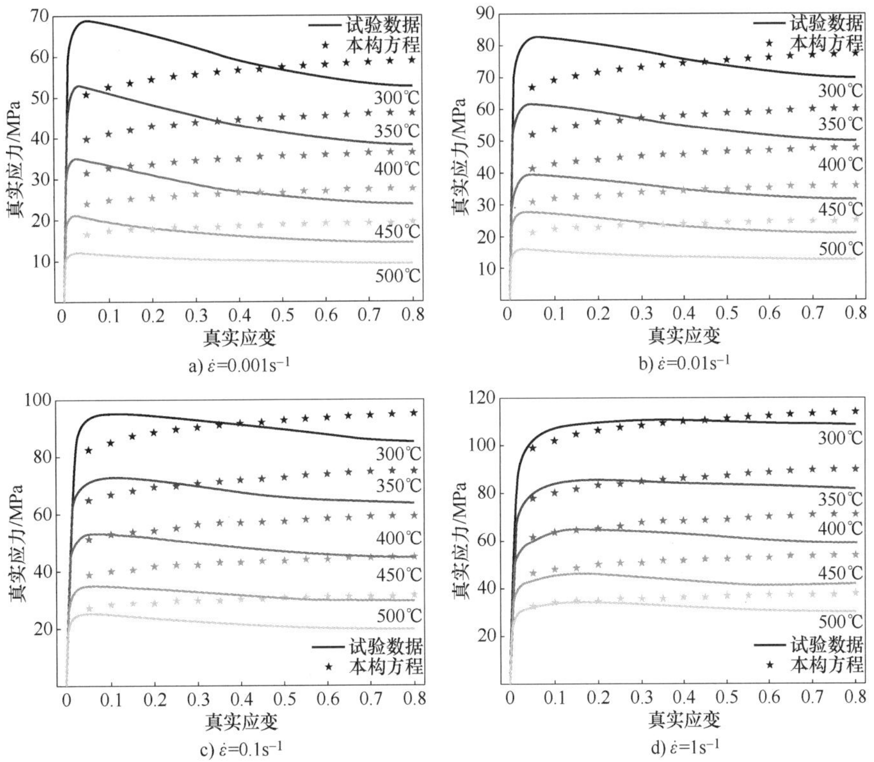

图 3.14　不同应变速率下的试验数据与 Johnson-Cook 本构模型预测数据比较

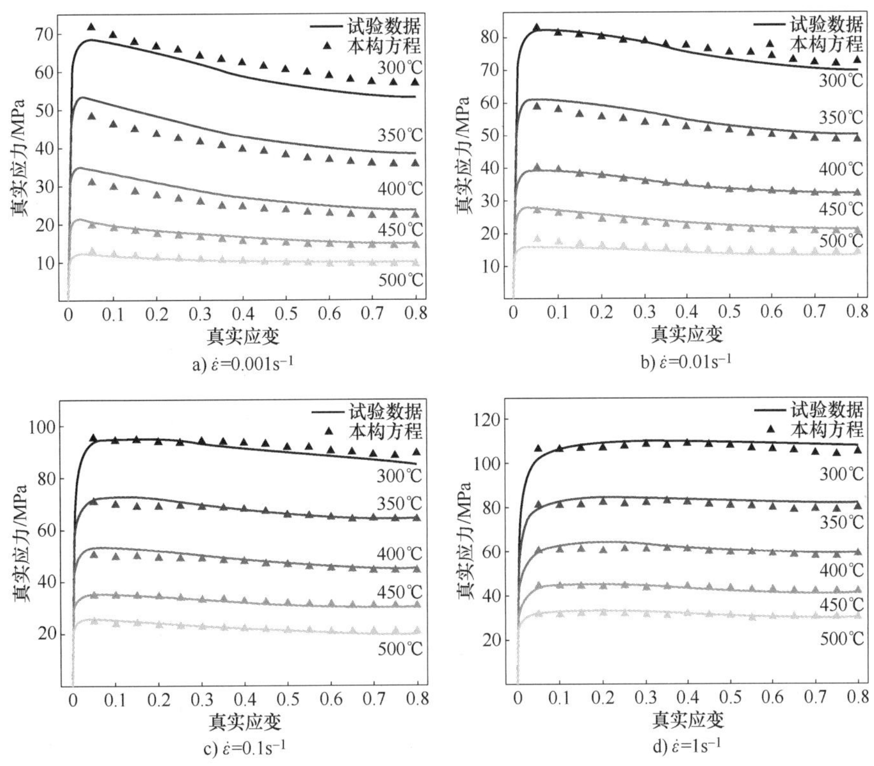

图 3.15　不同应变速率下的试验数据与 Arrhenius 本构模型预测数据比较

不同应变速率下的试验数据与 Hansel-Spittel 本构模型预测数据比较如图 3.16 所示。可以看出，在不同的应变速率情况下 Hansel-Spittel 本构模型预测的预测精度有较大差别。在试验值条件温度 400~500℃和应变 0.2~0.8 下 Hansel-Spittel 本构模型预测值与试验值吻合较好。在温度 300~350℃和应变 0.05~0.2 下，误差较大。这是因为 Hansel-Spittel 本构模型没有考虑应变、应变速率和温度的耦合效应。

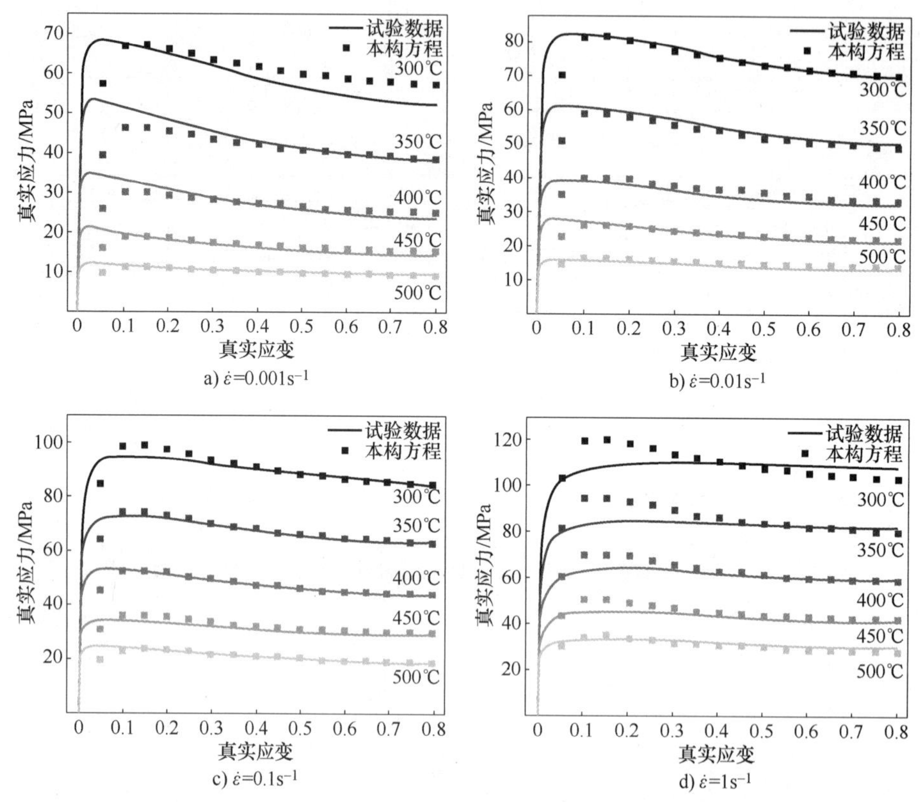

图 3.16　不同应变速率下的试验数据与 Hansel-Spittel 本构模型预测数据比较

3.3　本构模型的适用性

综上所述，简单的乘法形式（如 JC 模型）或加法形式（如 ZA 模型）在模拟材料的加工硬化行为与应变速率和温度的关系方面存在较大的不足，因此为了提高预测精度需要考虑变形条件与流变应力的耦合影响。本构模型的优缺点及适用性见表 3.5。

表 3.5　本构模型的优缺点及适用性

本构模型	优点	缺点	适用性	应用
JC 模型	材料常数少，实现简单	假定应变速率和变形温度对流变应力的影响是相互独立的，且有温度限制	适用于加工硬化速率随应变速率增加而增加的材料	铝合金、钢、OFCH 铜和镍等

（续）

本构模型	优点	缺点	适用性	应用
改进的 JC 模型	考虑应变硬化、应变速率硬化和热软化的耦合效应	描述应变硬化饱和时有一定的局限性	适用于大多数金属材料	20CrMo 合金钢及其他典型高强度合金钢等
FB 模型	形式简单，计算量小	难以准确描述材料的流动软化行为	适用于大多数金属材料	7B04-T6 高强度铝合金、FVS0812 和 2024 铝合金等
FBZ 模型	对流变应力的预测能力优于 FB 模型	在高应变速率条件下描述流变应力存在较大偏差	适用于金属或合金材料在高应变速率下的应变硬化阶段	42CrMo 钢、高钛 6061 铝合金和 AZ80 镁合金等
Arrhenius 模型	适用范围广、预测精度高	没有考虑应变对流变应力的影响	适用于高温变形下的大多数金属材料	钢、铝合金、镁合金和钛合金等
HS 模型	适用范围广、形式简单、计算量较小	在小应变或高温条件下描述流变应力存在较大偏差	适用于大多数金属材料	铝合金、钢、钛合金等
改进的 ZA 模型	预测精度高	材料常数计算耗时长，开发难度大	适用于大多数金属材料	改性 9Cr-1Mo 钢、Ti-6Al-4V 合金和奥氏体型不锈钢等

JC 模型适用于加工硬化速率随应变速率增加而增加的材料，其中应力-应变曲线随应变速率的增加而上升，不适用于任何加工硬化速率随应变速率增加而降低或保持恒定的金属。JC 模型假定应变速率和变形温度对流变应力的影响是相互独立的，因此该模型不适用于高温或高应变速率。改进的 JC 模型由于引入了新的指数变量并考虑了应变硬化、应变速率硬化和热软化的耦合效应，相较于原始的 JC 模型能够更好地预测金属及合金材料的流变应力。

FB 模型只能描述金属或合金材料在高应变速率下应变硬化阶段的流变应力曲线。而包含软化因子的 FBZ 模型可以更好地描述流变应力随变形条件的变化，并在软化阶段提供了较好的表征。

Arrhenius 模型引入了可以描述应变速率和变形温度对流变应力影响的 Zener-Hollomon 参数。该模型综合了应变速率和变形温度对材料高温变形过程的影响，当应变速率和变形温度变化较大时仍具有较高的预测精度，因此该模型具有广泛的适用性。

HS 模型综合考虑了应变、应变速率和变形温度之间关系，与其他唯象模型相比，HS 模型具有更多的参数，并且涵盖了变形下的各种情况，具有较高的预测精度和更广泛的适用范围，但对高温下的应力应变行为的描述存在较大偏差，经过修改后的 HS 模型可以准确预测高温下的应力应变行为。

ZA 模型假定加工硬化率与温度和应变速率无关，而对于大多数金属，加工硬化行为实际上取决于温度和应变速率。因此，ZA 模型不适合模拟具有较高温度和应变速率依赖性材料的加工硬化行为。而确定改进 ZA 模型的材料常数需要很长的计算时间，因此该模型虽然具有较高的精度，但开发难度大。

这些本构模型为预测金属及合金材料在变形条件下的流变行为做出了重要的贡献。因此利用本构模型预测材料的变形条件与变形机制，改善金属及合金材料的组织和性能，获得材料的加工窗口是必然趋势。

第 4 章 塑性成形过程中的摩擦

摩擦是金属成形工艺的影响因素之一，其影响着成形过程中的金属流动、构件的成形质量、生产成本、模具的使用寿命等。摩擦模型及其摩擦条件是金属塑性成形分析中重要的边界条件和参数。摩擦的大小对塑性成形过程中的材料流动有重要影响，通过调控局部区域的摩擦条件可有效控制材料流动。采用合理的摩擦模型、测定准确的摩擦参数与恰当评估塑性成形摩擦条件对体积成形工艺路径制定优化与工装设计十分重要。

由于金属塑性成形过程中的高压、高温、工艺参数多样性及其之间复杂非线性关系，使得塑性成形中工件和模具之间接触面上摩擦描述与评估较为困难。为了适用不同工艺条件，不断发展改进多种形式的摩擦模型与摩擦测试试验。经典的库仑摩擦模型、剪切摩擦模型以及二者的混合摩擦模型（库仑-剪切摩擦模型）被广泛应用于金属塑性成形的分析中。基于黏附理论考虑真实接触面积的 Shaw 摩擦模型、Wanheim-Bay 摩擦模型等也被发展用于改进金属塑性成形中摩擦的描述。目前评估确定塑性成形过程中摩擦系数或摩擦因子的试验方法很多，如用于板料成形过程摩擦测试的板带拉拔试验、拉弯试验、模拟压边圈的摩擦试验、探针法测量等，用于体积成形过程摩擦测试的圆环压缩试验、双杯挤压试验、圆柱压缩试验、T 形压缩试验等。为了更接近描述实际的成形条件，不断发展一些改进型试验方法。

4.1 经典摩擦模型及其数值化

库仑摩擦模型、剪切摩擦模型是金属塑性成形分析采用的经典摩擦模型，应用广泛，基于这两种摩擦模型及二者的混合摩擦模型一些改进模型也被发展。经典的库仑摩擦模型、剪切摩擦模型的结构形式简单，适用于金属塑性成形的解析分析。采用反正切函数引入相对速度描述摩擦剪应力，可实现库仑摩擦模型、剪切摩擦模型的数值化，适用于有限元列式计算。

4.1.1 摩擦模型数学描述

库仑摩擦模型是基于机械摩擦理论发展而来，也称为 Amontons-Coulomb 摩擦模型，其一般数学描述为式（4.1）。库仑摩擦系数的理论上限值取决于所选的屈服准则，对于米泽斯屈服准则，其上限值为 0.577；对于特雷斯卡屈服准则，其上限值为 0.5。虽然库仑摩擦模型更适用于弹性接触，但在金属体积成形的仿真分析中也得到了广泛应用。金属塑性成形也称为压力加工，成形过程中接触面上压力很大，大于屈服应力，甚至大于 2000MPa。而库仑摩擦模型中摩擦剪应力和接触面上压力成正比（见图 4.1a），因此在接触面具有高压力的塑性成形过程或某一变形阶段，库仑摩擦模型的适用性受到较大限制。

$$\tau = \mu p \tag{4.1}$$

式中，τ 是摩擦剪应力；μ 是库仑摩擦系数；p 是正应力。

剪切摩擦模型，也称为Tresca摩擦模型，认定摩擦剪应力和变形材料剪切屈服强度相关，其一般数学描述为式（4.2）。剪切摩擦模型中，摩擦剪应力和接触面上压力不直接相关（见图4.1b），其模型结构形式简单，易于数值化。一般剪切摩擦因子取值范围为$0 \leqslant m \leqslant 1$。当$m=1$时，摩擦模型为黏着摩擦状态，摩擦模型进一步简化，仅与材料塑性参数相关。剪切摩擦模型在初始接触状态或接触压力较小的情况下会有较大的局限性。而实际上，在常规的模具表面和试验条件下，即使采用干摩擦条件，热成形、冷成形条件下的摩擦试验所测定的剪切摩擦因子或库仑摩擦系数很难达到上限值。

$$\tau = mK \tag{4.2}$$

式中，τ 是摩擦剪应力；m 是剪切摩擦因子；K 是材料剪切屈服强度。

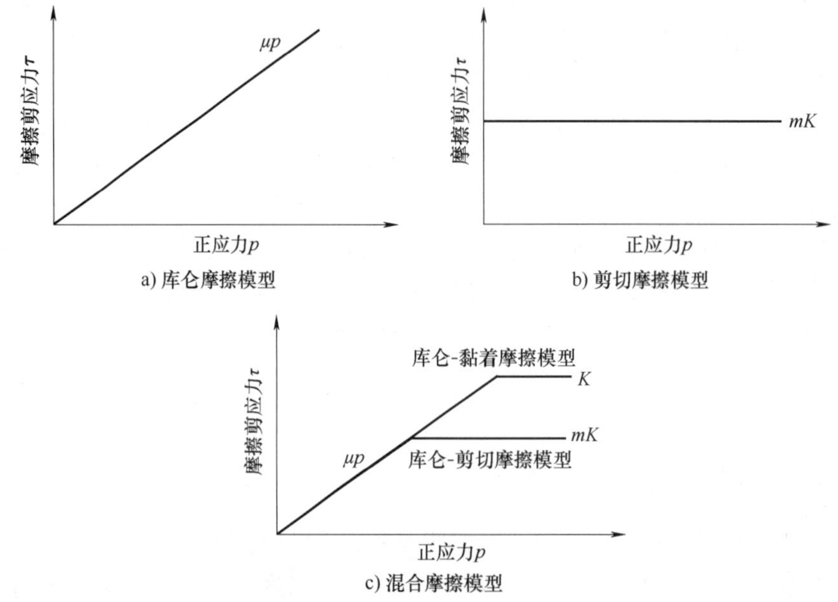

图4.1　摩擦剪应力和正应力的关系

在一些工艺分析中，根据变形特征和模具工件几何参数，在不同区域采用不同的摩擦模型（库仑摩擦模型或剪切摩擦模型），如作者早期采用滑移线场分析花键滚轧成形工艺就是分别采用库仑摩擦模型和剪切摩擦模型描述工件齿侧和齿根不同接触区域。集成库仑摩擦模型、剪切摩擦模型两者特点的混合摩擦模型就可很好地解决这一问题，同时用于描述不同变形特征和应力状态。即可用于成形过程中接触面上局部区域压力较低并存在滑动，且接触面上局部区域存在较高压力的情况。混合摩擦模型（库仑-剪切摩擦模型）的一般数学描述为式（4.3）。在摩擦剪应力小于一临界值时，接触面上的摩擦特征由库仑摩擦模型描述；在摩擦剪应力大于此临界值时，接触面上摩擦特征由剪切摩擦模型描述。

$$\tau = \begin{cases} \mu p, & \mu p < mK \\ mK, & \mu p \geqslant mK \end{cases} \tag{4.3}$$

当剪切摩擦模型采用黏着摩擦条件（$m=1$）时，式（4.3）退化为式（4.4），此时混合摩擦模型可称为库仑-黏着摩擦模型，如图 4.1c 所示。当然除了一些采用黏着摩擦条件（$m=1$）的情况，Orowan 在库仑摩擦模型和剪切摩擦模型的基础上发展的早期混合摩擦模型的数学描述即为式（4.4）。库仑-黏着摩擦模型也称为 Orowan 摩擦模型。

$$\tau=\begin{cases}\mu p, \mu p<K\\ K, \mu p\geqslant K\end{cases} \tag{4.4}$$

4.1.2　摩擦模型数值化

以刚黏塑性有限元法为例，Markov 变分原理求解塑性变形问题的实质是求解泛函极值，在满足变形几何条件、体积不可压缩条件、速度边界条件的一切运动容许速度场中，真实解必然使泛函式（2.56）取驻值。一般，变形几何条件和速度边界条件较容易满足。对于体积不可压缩条件，常采用拉格朗日乘子法、罚函数法构建一个新泛函。

罚函数法具有数值解析的特征，与拉格朗日乘子法相比，其求解的未知量少，节省计算机存储空间、提高计算效率。罚函数法的基本思想是用一个足够大的整数 α 把体积不可压缩条件引入泛函式（2.56）构造一个新的泛函式（2.60）。在金属塑性成形的有限元分析中，可将摩擦条件引入泛函式（2.60）构造一个新的泛函，则真实解满足这个新泛函。例如在刚塑性有限元列式中引入摩擦条件后新的泛函表示为

$$\Pi=\int_V \bar{\sigma}\,\dot{\bar{\varepsilon}}\mathrm{d}V-\int_{S_F} F_i v_i \mathrm{d}S+\frac{\alpha}{2}\int_V \dot{\varepsilon}_V^2\mathrm{d}V+\int_{S_C}\left(\int_0^{|v_r|}\tau \mathrm{d}v_r\right)\mathrm{d}S \tag{4.5}$$

式中，S_C 是接触面；v_r 是相对速度。

然而，对于圆环压缩、锻造、轧制等成形问题，模具坯料之间接触面上的相对滑动速度方向是不确定的，在模具坯料接触面上存在一速度分流点或速度分流区域，此处变形材料相对速度为零。在速度分流位置，摩擦剪应力的方向突然改变，如图 4.2 所示。

当采用式（4.1）~式（4.4）时，速度分流位置附近摩擦剪应力的突然换向会给有限元列式（4.5）带来数值问题。在有限元分析中为了处理这一问题，在靠近中性点或中性区域的地方，可采用与速度相关的修正摩擦模型来描述摩擦剪应力。一般采用反正切函数引入相对速度，也可称为反正切修正摩擦模型。对于剪切摩擦模型其表示为

$$\tau=mK\left[\frac{2}{\pi}\arctan\left(\frac{|v_r|}{v_0}\right)\right]\frac{v_r}{|v_r|} \tag{4.6}$$

式中，v_0 是远小于相对速度的任意常数。

相应地，基于反正切函数引入相对速度的库仑摩擦模型可表示为

$$\tau=\mu p\left[\frac{2}{\pi}\arctan\left(\frac{|v_r|}{v_0}\right)\right]\frac{v_r}{|v_r|} \tag{4.7}$$

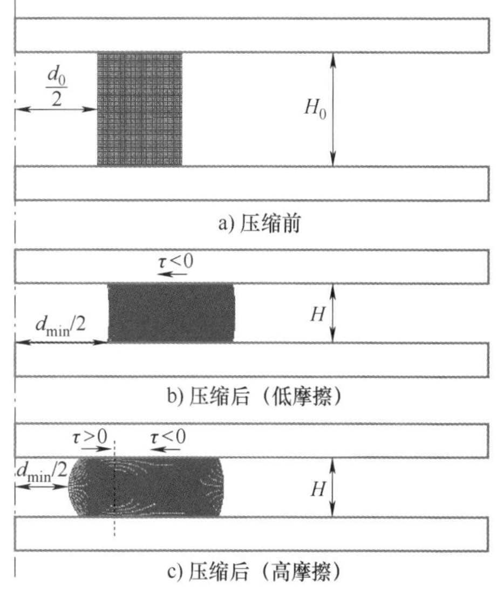

图 4.2　压缩中的圆环几何形状

混合摩擦模型是库仑摩擦模型和剪切摩擦模型的结合，因此对于混合摩擦模型的数值化可综合运用式（4.6）、式（4.7）。

4.2 基于真实接触面积的摩擦模型

Bowden 等于 20 世纪 30 年代指出两平面间亲密接触的真实接触面积（actual area of contact）远小于两物体之间相互覆盖的表观面积（apparent area），也称为表观接触面积（apparent area of contact）。摩擦也仅作用于表面轮廓凸起（hills）处。并认为塑性变形中，表面不平度和施加的载荷密切相关，变形金属很软、压力很大，则真实接触面积和表观接触面积是同一数量级的。

随后也逐渐发展一系列基于真实接触面积的摩擦模型，用于描述金属塑性成形中摩擦情况的变化，且在金属塑性成形过程分析中有所应用。本节简略评述几种基于真实接触面积的摩擦模型。

1. Shaw 摩擦模型

Bowden 和 Tabor 认为塑性变形中，真实接触面积和正应力相关，同表观接触面积是同一数量级。Shaw 等进一步阐述了金属体积成形的摩擦机制，随着正压力的增加，真实接触面积（A_R）增加，其变化趋势可分为 3 个阶段，如图 4.3 所示。第一阶段（见图 4.3 Ⅰ 区域），真实接触面积远远小于表观接触面积（A），即 $A_R \ll A$，符合库仑摩擦模型；第二阶段（见图 4.3 Ⅱ 区域），真实接触面积小于表观接触面积，即 $A_R < A$，摩擦剪应力和正压力之间为非线性关系；第三阶段（见图 4.3 Ⅲ 区域），真实接触面积接近表观接触面积（A），即 $A_R = A$，符合剪切摩擦模型，图 4.3 中 Shaw 等采用黏着摩擦条件，即 $\tau = K$。第二阶段、第三阶段体现的是金属体积变形特征。

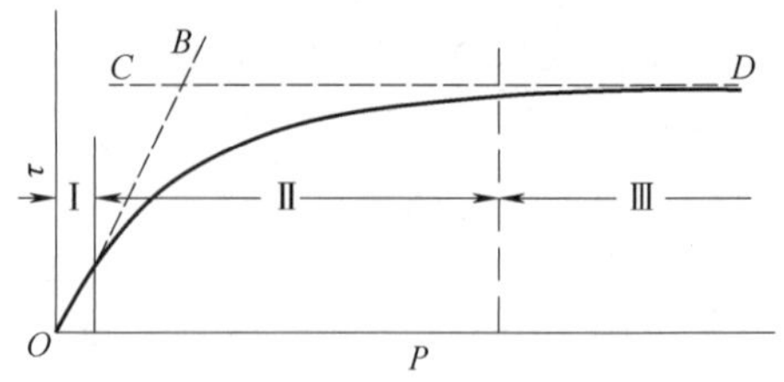

图 4.3 Shaw 摩擦模型

图 4.3 所示的摩擦剪应力变化特征就是 Shaw 摩擦模型，很好地运用经典库仑摩擦模型、剪切摩擦模型解释金属体积成形中的摩擦机制，但缺乏明确的数学表述。Wanheim 采用滑移线场法和试验验证了 Shaw 等提出的真实接触面积和表观接触面积之间的关系，真实接触面积和表观接触面积之比 α 随正压力变化如图 4.4 所示，随着正压力增加在干摩擦条件下 α 增加至接近于 1。α 由式（4.8）计算。

$$\alpha = \frac{A_R}{A} \tag{4.8}$$

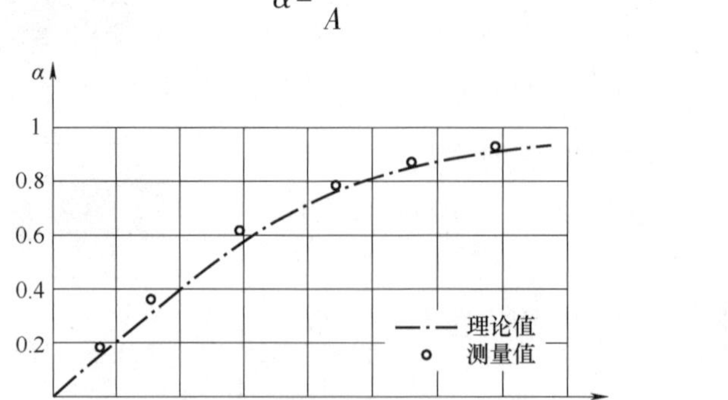

图 4.4 真实接触面积和表观接触面积之比

2. Wanheim-Bay 摩擦模型

Wanheim 等发展了 Wanheim-Bay 摩擦模型，也称为统一摩擦模型（general friction model）。Wanheim-Bay 摩擦模型的实质是将真实接触面积和表观接触面积之比 α 引入经典库仑摩擦模型、剪切摩擦模型，其一般数学描述为式（4.9）、式（4.10）。Wanheim-Bay 摩擦模型中摩擦剪应力的变化类似于 Shaw 摩擦模型，在压力较低时，如 $p/2K<1.3$，符合库仑摩擦模型；压力较大时，符合剪切摩擦模型。将 α 引入式（4.6）、式（4.7）可实现 Wanheim-Bay 摩擦模型数值化，但由于 α 的非线性变化，使摩擦模型数值化极具挑战性。

$$\tau=\mu\alpha p \tag{4.9}$$

$$\tau=m\alpha K \tag{4.10}$$

式（4.10）中的摩擦因子可采用滑移线场法求得其解析表达式，也可由摩擦试验（如圆环压缩试验）的试验结果和摩擦校准曲线比较确定。Wanheim-Bay 摩擦模型中 α 由多个解析表达式确定。这些求解列式中包含接触面上正压力、摩擦因子、变形材料参数，且是非线性关系。

$$m\alpha=\frac{\tau}{K}=\frac{\dfrac{p}{\sigma_s}}{\dfrac{p'}{\sigma_s}}\frac{\tau'}{K}\ ,p\leqslant p' \tag{4.11}$$

$$m\alpha=\frac{\tau}{K}=\frac{\tau'}{K}+\left(m-\frac{\tau'}{K}\right)\left\{1-\exp\left[\frac{\dfrac{\tau'}{K}\left(\dfrac{p'}{\sigma_s}-\dfrac{p}{\sigma_s}\right)}{\dfrac{p'}{\sigma_s}\left(m-\dfrac{\tau'}{K}\right)}\right]\right\}\ ,p>p' \tag{4.12}$$

$$\frac{p'}{\sigma_s}=\frac{1+\dfrac{\pi}{2}+\arccos m+\sqrt{1-m^2}}{\sqrt{3}\,(1+\sqrt{1-m})} \tag{4.13}$$

$$\frac{\tau'}{K}=1-\sqrt{1-m} \tag{4.14}$$

式中，p'是摩擦剪应力和法向正应力之比极限值中的正应力；τ'是摩擦剪应力和法向正应力之比极限值中的摩擦剪应力。

3. IFUM 摩擦模型

上述 Bowden 等、Shaw 等、Wanheim 等的研究都表明，真实接触面积和接触面正应力密切相关。在式（4.6）的基础上，通过引入接触面正压力反映塑性成形中的真实接触面积变化的摩擦模型式（4.15），最早由德国 Neumaier 提出，也可称为 Neumaier 摩擦模型。

$$\tau=mK\left[1-\exp\left(-\frac{p}{\sigma_s}\right)\right]f(v_r) \tag{4.15}$$

其中，与相对滑动速度相关的函数 $f(v_r)$ 表示为

$$f(v_r)=\frac{2}{\pi}\arctan\left(\frac{v_r}{C}\right) \tag{4.16}$$

式中，C 是调控 v_r 对接触面上摩擦剪应力影响的参数。

为了同时考虑接触面局部应力状态对接触面上摩擦剪应力影响的参数，Neumaier 摩擦

模型被改进为

$$\tau=\left\{0.15\left(1-\frac{\sigma_{eq}}{\sigma_Y}\right)p+K\frac{\sigma_{eq}}{\sigma_Y}\left[1-\exp\left(-s_1\left|\frac{p}{\sigma_Y}\right|^{s_2}\right)\right]\right\}f(v_r) \tag{4.17}$$

$$f(v_r)=1.11\times0.9^{\frac{|v_r|}{C}}\left(\frac{|v_r|}{C}\right)^{0.1} \tag{4.18}$$

式中，σ_{eq}是等效应力；σ_Y 是流动应力；s_1、s_2 是未知参数。

可采用统计分析方法，优化确定摩擦模型中相关未知参数 s_1、s_2。

为了进一步改进相对滑动速度对塑性变形中接触面上摩擦剪应力的影响，在上述研究工作的基础上，进一步改进获得式（4.19），即为 IFUM 摩擦模型。

$$\tau=\left[0.3\left(1-\frac{\sigma_{eq}}{\sigma_Y}\right)p+mK\frac{\sigma_{eq}}{\sigma_Y}\left(1-\exp\frac{-|p|}{\sigma_Y}\right)\right]f(v_r) \tag{4.19}$$

$$f(v_r)=\exp\left[-\frac{1}{2}\left(\frac{v_r}{C}\right)\right] \tag{4.20}$$

IFUM 摩擦模型可辨识接触面上正应力高低不同时的应力状态，区别弹性变形和塑性变形。采用 σ_{eq}/σ_Y 作为衡量库仑摩擦模型和剪切摩擦模型的权重，区别弹性、塑性两种应力状态。当等效应力接近材料流动应力时，库仑摩擦定律在 IFUM 摩擦模型中失效。当 $f(v_r)=1$ 时，IFUM 摩擦模型可描述黏着摩擦状态。IFUM 摩擦模型同样引入相对速度描述摩擦剪应力，容易用于有限元列式。从 FORGE 2007 版本起，嵌入 IFUM 摩擦模型，有限元建模时在前处理中可方便地选用。

基于真实接触面积的摩擦模型更确切地反映出体积成形过程中的接触状态，然而其结构形式较为复杂，真实接触面积和表观接触面积之比 α 非线性变化、影响参数多，摩擦模型数值化极具挑战性。IFUM 摩擦模型引入力学参数和相对速度，可区分弹性变形区与塑性变形区，易于实现有限元列式计算。

4.3 金属板料成形摩擦测试方法

成形工序是指板料在不被破坏（破裂或起皱）的条件下产生塑性变形，获得所要求的产品形状，并达到所需尺寸精度和形状精度要求的成形工序，常见的有弯曲、拉深、局部成形、胀形、翻边、缩口、校形、旋压等成形工序。变薄拉深、局部变形、拉和压不等应力状态等成形方式和不同应力状态下的成形对板料成形中摩擦都有一定的影响。为了满足不同板料成形条件，不断发展了多种形式板料成形特征模拟试验，如图 4.5 所示，用于摩擦测试评估。

图 4.5 反映法兰区域变形与摩擦特征的板带拉拔试验、拉深筋试验、切向压缩拉深试验，反映凹模圆角区变形与摩擦特征的拉弯试验、切向压缩弯曲试验，变薄拉深锥形模处变形与摩擦特征的板带减薄试验，凸模圆角区变形与摩擦特征的板带张力试验，冲头下方摩擦特征的半球形拉深试验。此外探针法测量摩擦系数，可通过安装于模具表面探针测量计算不同冲压成形下的摩擦系数。本节简略评述几种典型及其衍生行的板料成形中摩擦评估、测试方法。

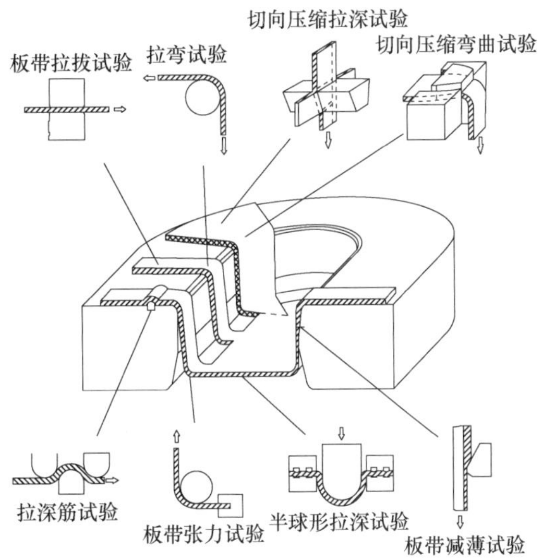

图 4.5　板料成形特征模拟试验

1. 板带拉拔试验

基本的板带拉拔试验是把板带放入两个比板带宽的模具之间进行拉拔，如图 4.6 所示。测定正压力 F_n 和拉拔力 F，可由式（4.21）计算摩擦系数。模具工件间润滑膜的形成同模具入口等相关，需要一定的条件。为了使试验结果具有更好的可比性，模具几何形状和尺寸须进行标准化。

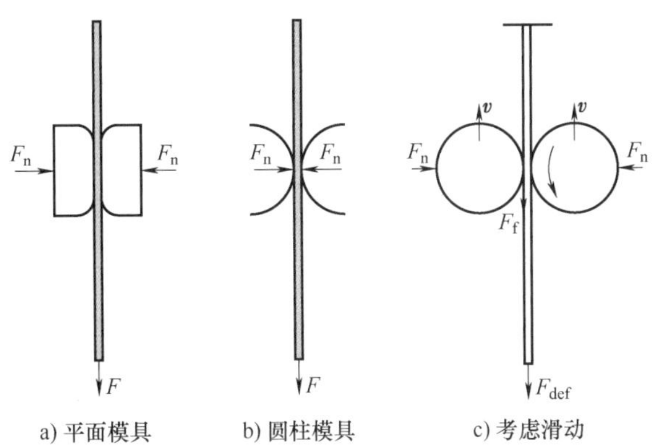

图 4.6　板带拉拔试验

$$\mu=\frac{F}{2F_n} \tag{4.21}$$

式中，μ 是摩擦系数；F 是拉拔力；F_n 是正压力。

为了获得更好的接触压力，可采用圆柱模具替代平面模具。润滑剂润滑效果好，则拉拔力 F 稳定；拉拔力增加反映出润滑剂失效程度，拉拔力减少则表明润滑剂起作用。

为了考虑拉深过程中的滑动现象，设计了图 4.6c 所示的摩擦试验。板带一端夹持固定，另一端拉拔力 F_{def} 作用，作用正压力的圆柱模具同时具有旋转运动和速度 v 的滑动。通过传感器测量正压力 F_n 和摩擦力 F_f。

2. 拉弯试验

拉弯试验是指板料在拉拔的同时也产生弯曲变形。早期研制的试验装置在90°的扇形模具上对带有后张力 F_t 的板带施加拉力 F_p，如图4.7a所示，使之可以在不同的界面压力下进行试验，可用拉力差值大小来评定润滑剂性能，此外模具的黏着也容易观察到。为了提高试验对黏着与磨损现象的敏感性，可在试验板带上施加压力，如图4.7b所示。用圆柱辊替代扇形模具可以测出摩擦系数，如图4.7c所示。拉深筋试验、板带张力试验等都是由拉弯试验发展而来。

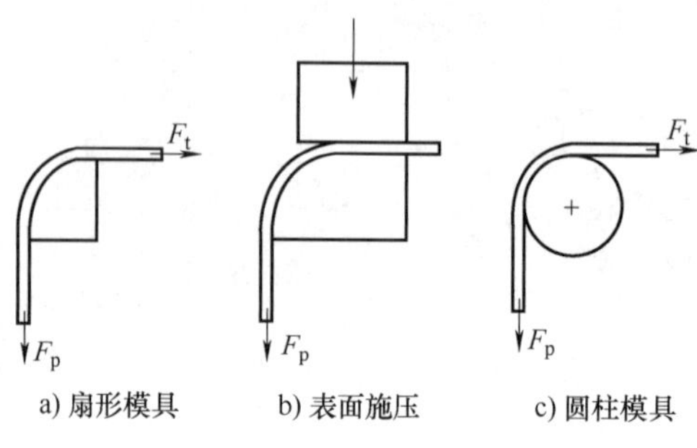

图4.7　拉弯试验

板带绕过可以自由转动的圆柱辊拉伸，测得拉力为 $F_{p,1}$，则弯曲力 $F_{p,0}$ 为

$$F_{p,0}=F_{p,1}-F_t \tag{4.22}$$

然后，锁住圆柱辊，拉力变为 $F_{p,2}$，则摩擦力 F_f 为

$$F_f=F_{p,2}-F_t-F_{p,0} \tag{4.23}$$

如果弯曲的角度为π/2，摩擦系数为

$$\mu=\frac{2}{\pi}\ln\frac{F_{p,2}-F_{p,0}}{F_t} \tag{4.24}$$

3. 模拟压边圈的摩擦试验

压边圈在冲压工艺中，特别是大型覆盖件拉深成形中广泛应用。在压边圈处，板料经受反复弯曲和滑动，变形与应力状态复杂。Nine设计了模拟拉深筋变形与摩擦特征的试验，如图4.8a所示。板料可以在拉伸试验机上进行拉伸试验，模拟的拉深筋可以调整不同的宽度和深度，可以由自由转动的辊代替压边金属块来测得摩擦力，摩擦系数 μ 可以直接得到。

在此基础上，Sanchez与NADDRG建立了类似的试验装置，如图4.8b所示。试验中，至少需两块相同的板料试样，一块从活动的圆柱辊组中拉过，圆柱辊组通过各自的轴承与固定机座相连，由于轴承处的摩擦为滚动摩擦，与滑动摩擦相比较小，可忽略不计。此时，测出的拉力 F_R 和夹紧力 F_{CR} 为板料拉过圆柱辊组而发生弯曲的变形抗力。将另一块试样同样拉过同一个装置，但此时圆柱辊组固定在机座上，不能进行自由滚动，测出的拉力 F_P 和夹紧力 F_C 则既包含板料发生弯曲和反弯曲的变形抗力，同时还包含板料与圆柱辊组之间的滑动摩擦力。

4. 探针法直接测量

通过安装在模具表面上的探针，直接测量被测点的正向力和切向力，并依此计算摩擦系数。如图4.9所示安装于下模的探针，探针的切向传感器与正压力传感器分别位于图4.9中的直梁和横梁上，可测得正向力 N 和切向力 F，则摩擦系数 μ 为

$$\mu = \frac{F}{N} \tag{4.25}$$

探针法测定板料冲压过程中的摩擦系数是一种直接方法，反映出成形过程中的摩擦与润滑变化特征。可同板料冲压成形的模具、设备相耦合，直接测量摩擦系数。如可更能直接、真实地反映拉深过程中坯料法兰处的摩擦状况。

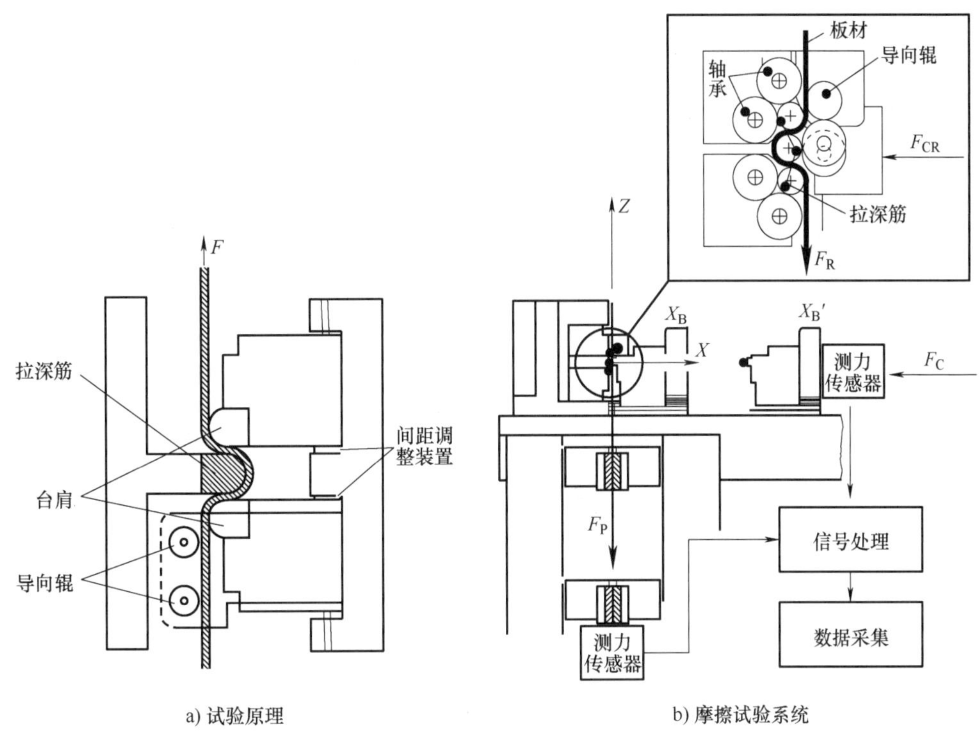

a) 试验原理　　b) 摩擦试验系统

图 4.8　拉深筋摩擦试验

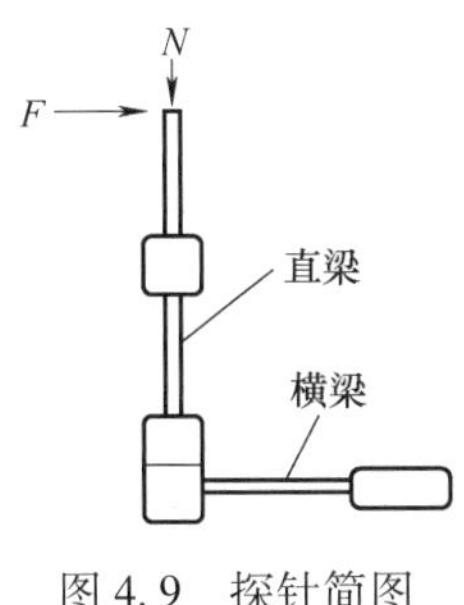

图 4.9　探针简图

4.4　金属体积成形摩擦测试方法

为了适用不同工艺条件，不断发展了多种形式的摩擦测试试验。圆环压缩试验是一种简单高效，用其测量摩擦条件时不需要测量变形载荷和材料属性，特别适用于热成形的摩擦条件测定。双杯挤压过程中接触面压力大、变形剧烈，适用于冷锻成形摩擦条件测定。本节简略评述几种常用的评估、测试金属体积成形中摩擦条件的方法。

1. 圆环压缩试验

圆环压缩过程中金属圆环的几何形状演化对圆环表面和压缩模具之间接触面上的摩擦条件十分敏感。因此根据压缩圆环的几何形状演化来确定接触面上的摩擦条件。在低摩擦条件下，压缩圆环内径扩大；在高摩擦条件下，压缩圆环内径减小。不同摩擦条件，其变化比率不同。一般圆环压缩试验中所测量的圆环内径是最小内径。圆环压缩试验一般采用如图 4.10 所示的普通圆环试样，但内凹、外凸、带台阶的异化圆环试样也被发展用于评估测量不同成形条件下的摩擦条件。

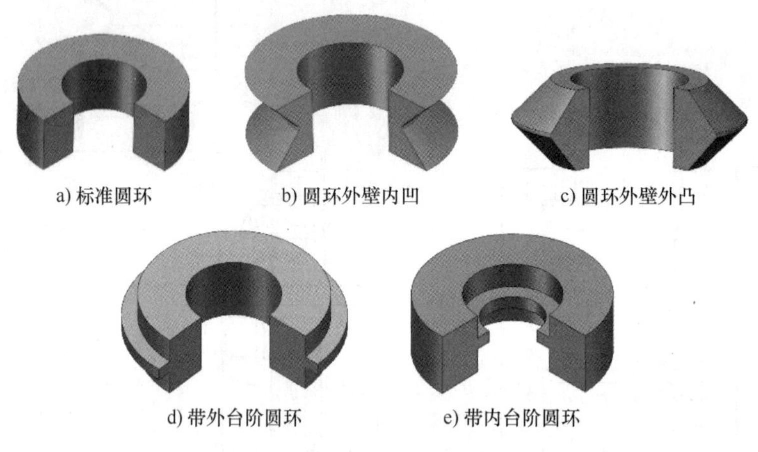

图 4.10　圆环试样形状

金属塑性成形工艺种类繁多，不同成形工艺中接触面上压力大小不一，范围区间较宽。为评测工件模具接触面上正应力较低情况（$p \leqslant \sigma_s$）下的摩擦特征，在标准圆环压缩试样基础上提出了圆环外壁内凹压缩试样。圆环外壁外凸压缩试样用于研究工件模具接触面上正应力较高情况下的摩擦行为，试验和有限元分析表明外壁外凸试样在较低的应变下可获得期望的高正应力，在大应变下效果不理想。

为克服标准圆环压缩试验中尺寸测量困难的缺点，提出了带外台阶圆环压缩试样。外凸台的形状在压缩变形期间基本保持稳定，可以更简单、准确地测量外凸台的直径。在圆环压缩过程中，虽然外凸台的外径变化不如标准圆环试样内径变化敏感，但是当摩擦系数小于 0.5 时，可较准确预测摩擦状态。为了解决外凸台的外径变化对摩擦条件不甚敏感这一问题，提出了带内台阶圆环压缩试样。压缩过程中圆环试样内凸台的内径变化对摩擦敏感，且易于测量。

为了获得摩擦值，压缩的圆环几何形状参数（一般为压缩圆环内径）必须同称作校准曲线的一组指定曲线进行比较。校准曲线是在各种摩擦系数下，成形过程中圆环几何形状演化，如圆环内径同高度之间的关系。圆环初始高度、内径分别为 H_0、d_0；压缩任意时刻圆环的高度、内径分别为 H、d，此时圆环高度变化为 ΔH、内径变化为 Δd 分别按式（4.26）、式（4.27）计算。在采用某一摩擦模型时，通过设置不同的摩擦条件值，可以获取指定成形条件（成形温度、上模压下速度等）下的圆环形状变化，从而建立圆环内径尺寸同高度之间的关系，即为该摩擦模型下的摩擦条件校准曲线。将圆环压缩后的高度、内径变化数据点同摩擦校准曲线比较可以确定摩擦条件的大小。

$$\Delta H=\frac{H_0-H}{H_0}\times 100\% \tag{4.26}$$

$$\Delta d=\frac{d_0-d}{d_0}\times 100\% \tag{4.27}$$

通过前期的试验工作建立了校准曲线，随后发展了几种理论分析方法绘制校准曲线。为了研究校准曲线对材料属性、加载速度等参数的依赖，可应用数值方法（如有限元法）绘制校准曲线。

2. 增量圆环压缩试验

随着我国装备制造业的飞速发展，对高性能、高精度轴类零件（如丝杠、花键、螺杆、蜗杆等）的需求量日益增加，特别是对其性能提出了更高的要求，对我国目前制造业的生产能力提出了严峻的挑战。螺纹、花键轴类零件是装备制造产业的核心传动部件，作为动力件，轴类零件传递系统动力，承载复杂力矩，对装备的正常运行起关键作用；作为紧固件，轴类零件更是影响着装备的安全运行。采用塑性成形工艺成形具有复杂特征的轴类零件，特别是滚轧成形轴类零件，相比于传统的切削加工工艺，零件精度高、力学性能好、生产率高、材料利用率高，是一种高效精确体积成形技术。

复杂型面冷滚轧以及楔横轧过程，是一个局部加载工艺过程，在局部加载区域不断变换的同时，润滑油（液）或冷却油（液）连续注入时，加载区域变换间隙形成再次润滑，不同于传统锻造、挤压成形的润滑特征。在持续注入润滑油的振动挤压过程中也会出现这种现象，当然振动场本身也会改进摩擦条件。以复杂型面冷滚轧成形为例简单介绍这种再润滑现象。

尽管这些具有螺纹、花键（齿轮）等复杂型面的轴类零件滚轧成形用的模具型面特征不同，运动方式迥异，但成形过程的润滑特征相同。一般喷油或注油润滑在整个滚轧过程中被执行，如图 4.11 所示，当然这些油（液）同时起到冷却作用。冷却润滑油（液）管道接近滚轧区，冷却润滑油（液）被喷射或注入滚轧区，在滚轧模具和工件之间形成油膜。

复杂型面轴类零件滚轧过程是一个局部加载变形过程，局部加载区域不断变换，相同的变形区域被不同的滚轧模具间断压缩。变形区被一滚轧模具轧制变形（即加载），接着被卸载，然后这一变形区旋转 $1/N$ 圈（N 为滚轧模具个数）后被另一滚轧模具加载变形，“加载-卸载-加载”不断循环。在“加载”和“卸载”之间，进入下一个“加载”之前，旋转$1/N$ 圈时间内，滚轧变形区会被重新润滑。在“卸载”间隔，变形区会形成新的油膜。也就是说，一滚轧模具轧制变形区域的油膜会在被下一个滚轧模具轧制前重新形成。

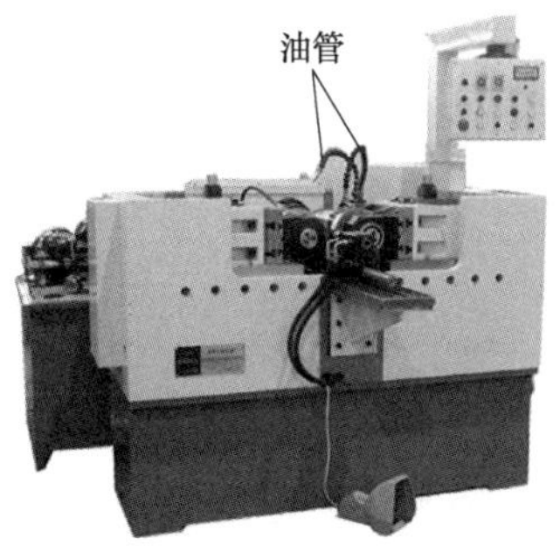

a) 采用两滚轧模具的花键滚轧机

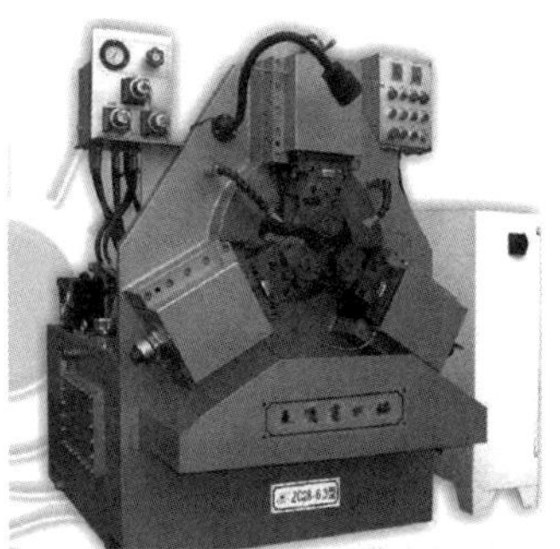

b) 采用三滚轧模具的螺纹滚轧机

图 4.11　复杂型面冷滚轧过程的润滑

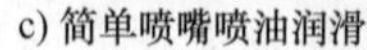

c) 简单喷嘴喷油润滑

d) 多柱注油润滑

图 4.11　复杂型面冷滚轧过程的润滑（续）

采用传统圆环压缩试验显然无法反映这一润滑特征。因此基于圆环压缩，结合加载区域在加载-卸载时间间隔中被重新润滑、新的油膜重新形成这一特点，笔者发展了增量圆环压缩试验（incremental ring compression test，IRCT）以确定此类再润滑特征的金属塑性成形工艺。改变温度等成形条件，增量圆环压缩试验可适用于复杂型面冷、温滚轧以及楔横轧热成形等工艺的摩擦评估。

增量圆环压缩试验原理如图 4.12 所示，包括上模、下模和润滑系统。图 4.12 中的圆环试样采用标准圆环试样，也可根据需求变化圆环试样形状。选择一个较小的位移量 h 作为压缩增量。每一个增量压缩之后，模具和圆环表面会被连续不断注入的冷却润滑油（液）重新润滑，下模也通过辅助操作得到充分润滑。增量圆环压缩很好地模拟了轴类零件滚轧过程中反复加载和反复润滑的工艺特点。因此，增量圆环压缩中的模具与圆环之间的摩擦条件和轴类零件滚轧成形过程中滚轧模具与工件之间的摩擦条件类似。增量圆环压缩试验可以反映螺纹、花键等复杂型面轴类零件滚轧成形过程中的润滑特征。

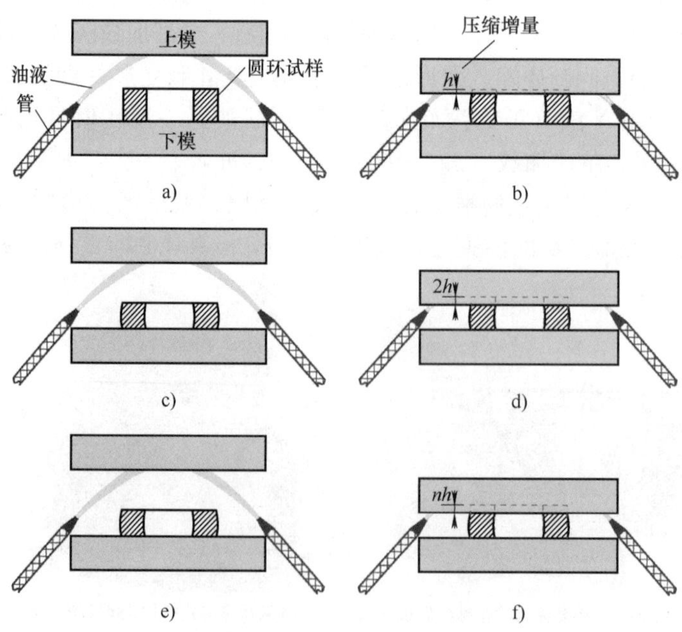

图 4.12　增量圆环压缩试验原理

根据增量圆环压缩试验原则，在 100kN 材料试验机上搭建了相关试验装置，如图 4.13 所示。围绕 INSTRON 材料试验机搭建的润滑系统包括供油系统、油液注射管、油液回收盒、油液回收管。每一个增量压缩之后，油液注射到压缩区域，模具表面和圆环试样被重新润滑。随后，执行一个手动辅助操作以避免圆环内部存储油液并保证圆环和下模之间的接触面充分润滑。

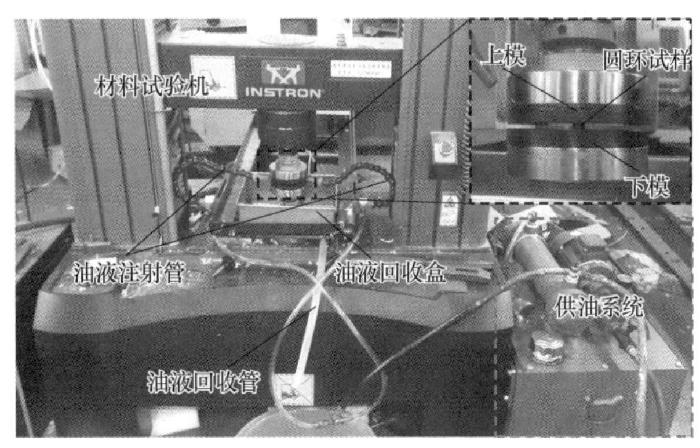

图 4.13　增量圆环压缩试验装置

当 $h=0$ 时，上述增量圆环压缩（IRCT）过程中不会出现反复润滑行为，则增量圆环压缩退化为传统圆环压缩（RCT）。同样，获得某一圆环压缩样本数据最大压缩量为 ΔH_{max}，若 $h=\Delta H_{max}$，则增量圆环压缩也退化为传统圆环压缩。

采用标准比例 $D_0 : d_0 : H_0 = 6 : 3 : 2$ 的圆环试样，在图 4.13 所示增量圆环压缩试验平台上，采用相同的润滑油进行三组不同润滑条件的圆环压缩，三组试验条件如下：

第一组润滑条件（LC-1）：$h=0$mm，即为传统圆环压缩试验（RCT）。

第二组润滑条件（LC-2）：$h=0.1$mm，即为增量圆环压缩试验（IRCT）。

第三组润滑条件（LC-3）：$h=0.25$mm，即为增量圆环压缩试验（IRCT）。

圆环在试验前清理表面，压缩至不同高度，圆环高度减少量为 25%~45%。虽然采用相同的润滑油，但由于压缩增量 h 不同，压缩过程的润滑效果不同，其摩擦条件也不同。在上述三组试验中采用的润滑油和加载速度是相同的，试验结果如图 4.14 所示。

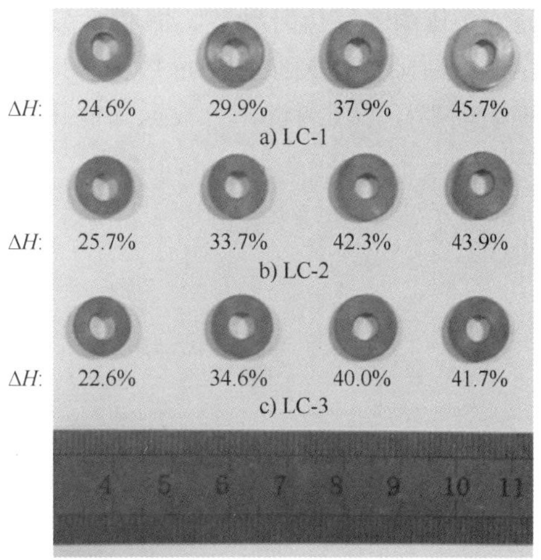

图 4.14　不同润滑条件下的圆环样本形状

测量最小内径（d_{min}）和高度的变化，结合有限元法绘制校准曲线，可确定摩擦条件。沿圆周方向多次测量，取平均值计算圆环高度、内径变化量（率）。

剪切摩擦模型和库仑摩擦模型是金属塑性分析中常用的摩擦模型，两种摩擦模型分别用于圆环压缩过程的分析。不同剪切摩擦因子 m、库仑摩擦系数 μ 下圆环内径和高度的变化可由一系列的有限元分析预测，进而可绘制剪切摩擦模型和库仑摩擦模型的校准曲线。两种摩擦模型的校准曲线和试验结果如图 4.15 所示。

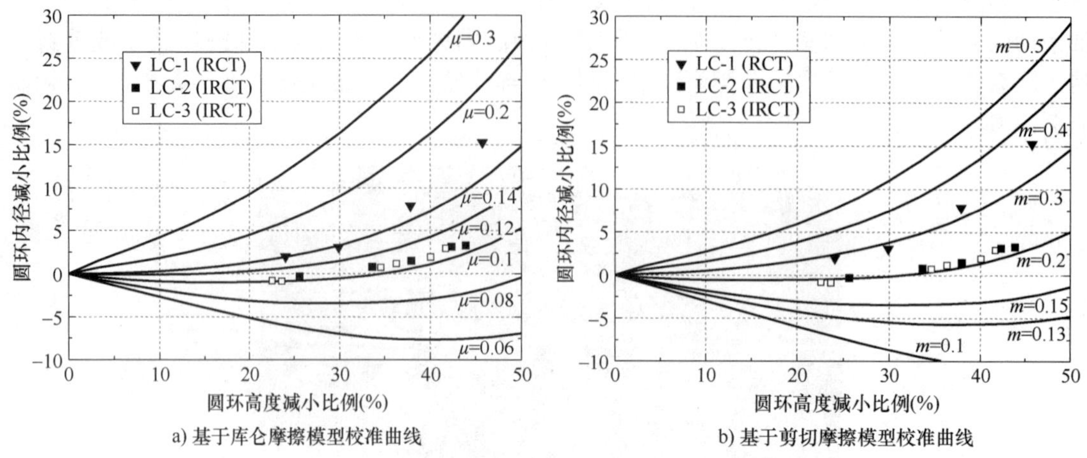

a) 基于库仑摩擦模型校准曲线　　b) 基于剪切摩擦模型校准曲线

图 4.15　两种摩擦模型的校准曲线和试验结果

图 4.15a 所示试验结果和基于库仑摩擦模型的摩擦校准曲线，所确定的平均摩擦系数为：润滑条件 LC-1 下有 $\mu=0.16$、润滑条件 LC-2 下有 $\mu=0.11$、润滑条件 LC-3 下有 $\mu=0.11$；图 4.15b 所示试验结果和基于剪切摩擦模型的摩擦校准曲线，所确定的平均摩擦系数为：润滑条件 LC-1 下有 $m=0.32$、润滑条件 LC-2 下有 $m=0.21$、润滑条件 LC-3 下有 $m=0.21$。

3. 圆柱压缩试验

镦粗是典型的自由锻基本工序，由于工件和模具之间的摩擦，变形不均匀，圆柱镦粗（压缩）之后侧表面鼓起，利用这一现象可评估成形过程中的摩擦。圆柱压缩之后侧表面鼓起形状和圆柱样本的规格尺寸也密切相关，因此无量纲的鼓起形状参数被引入圆柱压缩试验。

引入圆柱侧面鼓起形状参数 b，见式（4.28），其主要反映压缩圆柱最大外径。基于上限法建立了压缩圆柱几何参数、形状参数同剪切摩擦模型中摩擦系数的关系，见式（4.29）。根据压缩后圆柱相关参数测量数据，应用式（4.29）即可求得相应的摩擦系数。压缩后圆柱上表面半径不便测量，可根据其他几何参数应用式（4.31）计算 R_T。

$$b=4\frac{\Delta R}{R}\frac{H}{\Delta H} \tag{4.28}$$

其中，

$$\begin{cases}\Delta R=R_M-R_T\\ R=R_0\sqrt{\dfrac{H_0}{H}}\end{cases} \tag{4.29}$$

式中，H_0、H 分别是初始圆柱高度、压缩后圆柱高度；R_M、R_T 分别是压缩圆柱最大鼓起半径、上表面半径；R_0 是初始圆柱半径；压缩圆柱相关几何参数如图 4.16 所示。

$$m=\frac{\dfrac{R}{H}b}{\dfrac{4}{\sqrt{3}}-\dfrac{2b}{3\sqrt{3}}} \tag{4.30}$$

$$R_T=\sqrt{3\frac{H_0}{H}R_0^2-2R_M^2} \tag{4.31}$$

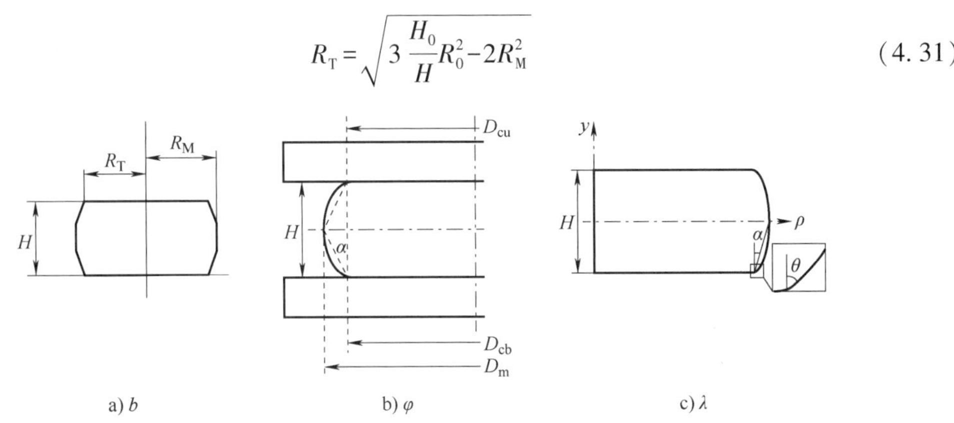

图 4.16　圆柱压缩侧面鼓起形状参数用压缩圆柱几何形状描述定义

式（4.28）定义的形状参数 b 难以描述圆柱侧面鼓起的曲面形状，重新引入新的鼓起形状参数 φ。以形状参数同应变之间关系为摩擦校准曲线（φ-ε 曲线），采用有限元法建立摩擦校准曲线。应用该方法评测了剪切摩擦模型中的摩擦参数。

$$\varphi=\frac{D_m-\dfrac{D_{cu}+D_{cb}}{2}}{H}=\tan\alpha \tag{4.32}$$

式中，φ 是鼓起形状参数；D_m、D_{cu}、D_{cb}分别是压缩圆柱中部直径、上表面直径、下表面直径；H 是初始圆柱高度；α 是压缩圆柱鼓起处角度参数。

上述研究一般采用圆弧曲面描述压缩圆柱鼓起形状，然而接触面处的变形直接受摩擦影响，在接触面附近的压缩圆柱侧面的误差增大，因此樊晓光等采用近接触面处局部压缩圆柱侧面形状评估摩擦条件。采用指数函数，见式（4.33），描述近接触面处局部区域侧面轮廓，定义了新的鼓起形状参数 λ，见式（4.34）。可用形状参数同圆柱高度变化之间的关系为摩擦校准曲线（λ-δH 曲线），采用有限元法建立摩擦校准曲线。应用该方法评测了剪切摩擦模型中的摩擦参数，并校正基于压缩试验的材料本构模型。

$$\rho=\rho_0+a\exp\left[c\left(y+\frac{H}{2}\right)\right] \tag{4.33}$$

式中，ρ_0、a、c 是拟合参数。

$$\lambda=ac=\tan\theta \tag{4.34}$$

式中，θ 是压缩圆柱侧面近接触面处角度参数。

4. T 形压缩试验

基于载荷对摩擦的敏感性，发展 T 形压缩试验以评估塑性成形中的摩擦，试验原理如图 4.17 所示。采用圆柱试样，扁平冲头和 V 形槽模之间压缩变形；压缩后试样截面为 T 形。T 形压缩试验可反映镦粗与挤压变形特征，提供较大表面扩展率（可高达 50%）和接触面压力（可达材料屈服强度的 4 倍）。该试验以压缩过程中载荷曲线斜率 k 为参数，通过有限元分析方法构建压缩载荷曲线参数和摩擦参数之间的关系式（4.36），根据试验结果可直接评测库仑摩擦系数、剪切摩擦系数等。

$$k=\tan\alpha \tag{4.35}$$

式中，α 是 T 形压缩第一阶段载荷斜度参数。

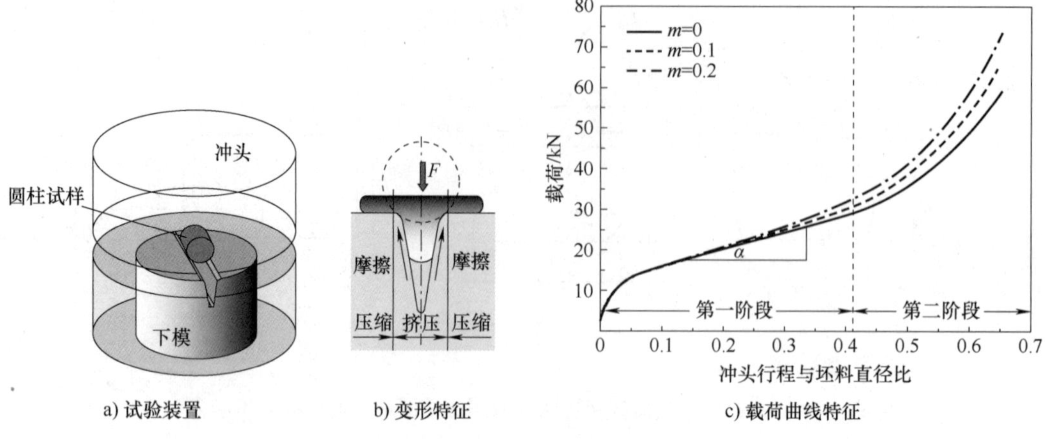

图 4.17　T 形压缩试验原理

$$\begin{cases} k=5.8+15.2\mu \\ k=5.7+6.8m \end{cases}, 0.2\leqslant \text{冲头行程与圆柱初始直径之比} \leqslant 0.4 \tag{4.36}$$

5. 双杯挤压试验

双杯挤压试验也是基于零件几何形状对接触面摩擦条件敏感性而设计的，其成形过程中变形更剧烈、接触面压力更大，更接近于冷锻成形条件。双杯挤压试验原理如图 4.18 所示，采用圆柱试样，根据挤压后上下杯高评测摩擦条件。可用上下杯高比（λ）同上冲头行程（δH）之间关系为摩擦校准曲线（λ-δH 曲线）。存在摩擦的情况下，上杯的高度 H_1 大于下杯的高度 H_2；若无摩擦，$H_1=H_2$。

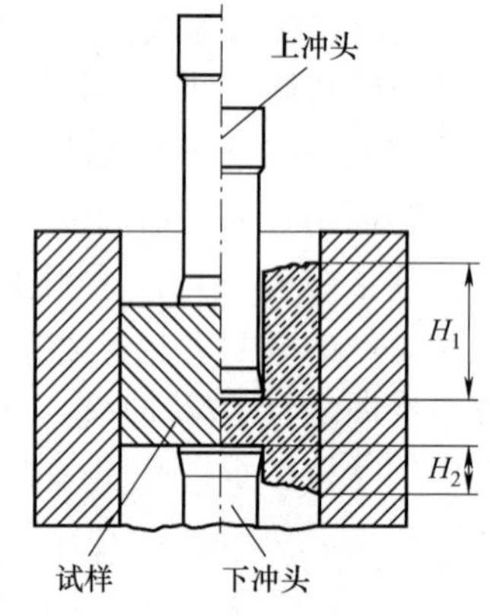

图 4.18　双杯挤压试验原理

摩擦测试试验应当简单高效、便于数据采集和摩擦标定。圆环压缩试验十分符合这一原则，虽然发展不同圆环形状表征不同压力下的变形特征，但圆环压缩试验中表面压力普遍偏小，适用于局部加载和热成形过程的摩擦条件测定。T 形压缩试验综合反映了挤压和压缩变形特征，也可提供较大表面扩展率和接触面压力。双杯挤压过程中接触面压力大、变形剧烈，适用于高接触压力的冷锻成形过程摩擦条件测定。

第 5 章 商用有限元分析软件建模流程与基本操作

5.1 商用有限元分析仿真软件介绍

5.1.1 DYNAFORM 仿真软件介绍

DYNAFORM 软件是美国 ETA 公司和 LSTC 公司联合开发的板料成形数值模拟软件，采用 LS-DYNA 求解器与 ETA/FEMB 前后处理器相结合的方式进行模拟，是当今流行的板料成形与模具设计的 CAE 工具之一。

DYNAFORM 软件基于有限元方法建立，被用于模拟钣金成形工艺。DYNAFORM 软件包含 BSE、DFE、Formability 三个大模块，几乎涵盖冲模设计的所有要素，包括：坯料的设计、工艺补充面的设计、拉深筋的设计、凸凹模圆角设计、最佳冲压方向设置、冲压速度的设置、压力机吨位、压边力的设计、摩擦系数、切边线的求解等。该软件可以预测成形过程中板料的裂纹、起皱、减薄、划痕、回弹、成形刚度、表面质量，评估板料的成形性能。仿真分析的步骤和流程如图 5.1 所示。

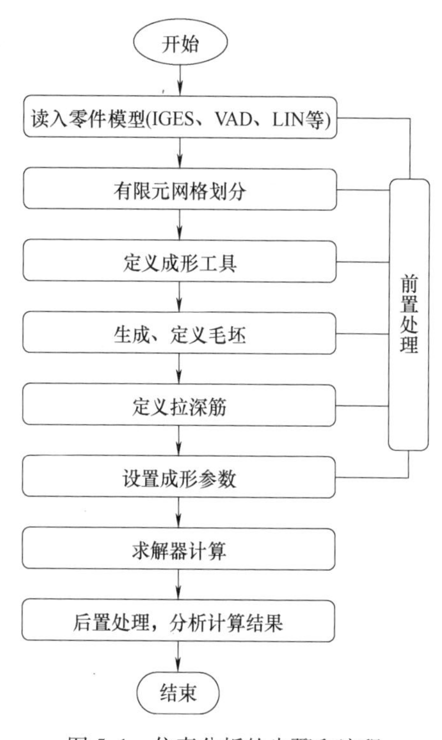

图 5.1 仿真分析的步骤和流程

该软件适用的设备有：单动压力机、双动压力机、无压边压力机、螺旋压力机、锻锤、组合模具和特种锻压设备等。它主要应用于板料成形工业中模具的设计和开发，可以帮助模具设计人员显著减少模具开发设计时间和试模周期。

DYNAFORM 软件的设置过程与实际生产过程一致，操作上手容易。设计可以对冲压生产的全过程进行模拟：坯料在重力作用下的变形、压边圈闭合过程、拉延过程、切边回弹、回弹补偿、翻边、胀形、液压成形、弯管成形。基于该软件的仿真结果，可以预测板料冲压成形中出现的如破裂、起皱、回弹、翘曲、板料流动不均匀等各种问题，分析如何及时发现问题。

5.1.2 Simufact 仿真软件介绍

Simufact 仿真软件是一款基于 MSC. Software 的 MSC. Manufacturing（原 MSC. superform 和

MSC. superforge）软件开发出来的先进的材料加工及热处理工艺仿真优化软件。1995 年，Michael Wohlmuth 和 Hendrik Schafatall 博士成立了一家名为 FEMUTEC engineering GmbH 的工程公司，从事金属仿真解决方案的开发和销售，特别是热锻和冷成形的仿真解决方案。2002 年开始，FEMUTEC 工程有限公司被指定为 MSC 服务和分销合作伙伴，并获得产品 MSC SuperForm 和 MSC SuperForge 的独家销售许可。2005 年 Simufact 公司收购 MSC. Software 的 MSC. Manufacturing 软件，并在此基础上经过高度整合研发出 Simufact. forming 软件，产品性能极大提升，使得高度复杂的金属成形工艺仿真成为现实。此后，Simufact 公司相继推出 Simufact. welding 和 Simufact additive 等软件，分别为金属工艺设计领域尤其是焊接领域和增材制造仿真领域提供了极大的帮助。

Simufact 仿真软件采用纯 Windows 风格和 Marc 风格两种图形交汇界面，操作简单、方便，用户可自行选择。相对于其他类型的仿真软件，Simufact 软件具备以下特点：

1）该仿真软件使用专业化语言，便于专业人士使用。

2）对于多种材料，Simufact 软件提供专用的材料数据库，便于使用者根据需要选择合适的材料类型。

3）Simufact 软件更便于选择压力加工机器模块化，并且软件分析计算的自动化程度更高，使用者不需要输入很多复杂的计算控制参数。

在 Simufact Forming 软件中内置两种高质量的求解器（Marc、Dytran），并且将两种全球领先的非线性有限元求解器 MSC. Marc 和瞬态动力学求解器 MSC. Dytran 融合在一起。其中基于 MSC Marc 的隐式非线性有限单元求解器可以适用于所有的仿真工艺，而基于 MSC Dytran 的显式非线性有限体积求解器，在仿真计算热锻造工艺方面具有相当明显的优势，为使用者提供有限元法（FEM）和有限体积法（FVM）两种建模求解方法，具备快速、强健和高效的求解能力，该求解器具有以下特点：

1）可自动产生和重新产生网格，避免大变形时的网格畸变。

2）可局部产生自适应网格以提高计算精度。

3）可分析弹塑性、各向异性、超弹性等非线性材料。

4）可对不同场问题作耦合分析，如温度场和力场的分析。

5）可作温度和力场的耦合分析。

6）可作并行计算，提高计算速度。

Simufact 软件主要可用于模拟多种材料加工工艺过程，包括环件轧制、径向锻造、开坯锻、挤压、钣金成形、机械连接等模块。以自由锻造过程为例，在自由锻的设计阶段，必须尽可能匹配自由锻温度，以尽可能使用小的锻造力得到目标几何形状和材料特性，例如钛合金、镍基合金等高性能材料都只能在某一狭小的温度范围内进行锻造。针对上述可能存在的问题，Simufact 软件开发了有针对性的模块，该模块可适用于大多数自由锻工艺仿真，且模块中内置了包括马杠扩孔、径向锻造在内的众多自由锻设备，用户无须亲自建立复杂的自由锻设备模型，只须按照各自需求进行匹配即可，大大简化了仿真工程师的建模工作，提高了仿真工作效率。使用 Simufact 仿真软件仿真自由锻工艺可获得以下优势：

1）更短的工艺开发时间。

2）更少的实际试验。

3）全面的工艺过程虚拟可视化。

4）不同工艺流程的最佳化调整。

5）有效的成形缺陷预测。

Simufact 仿真软件从 Simufact Forming12 软件开始使用 AFS（模块功能集）技术，将各种工艺仿真过程进行分类，如图 5.2 所示。利用 AFS 技术，该软件能够利用用户所使用的模块进行特殊参数的预设，例如网格划分及重划分参数设置、模具几何及运动学等设置。

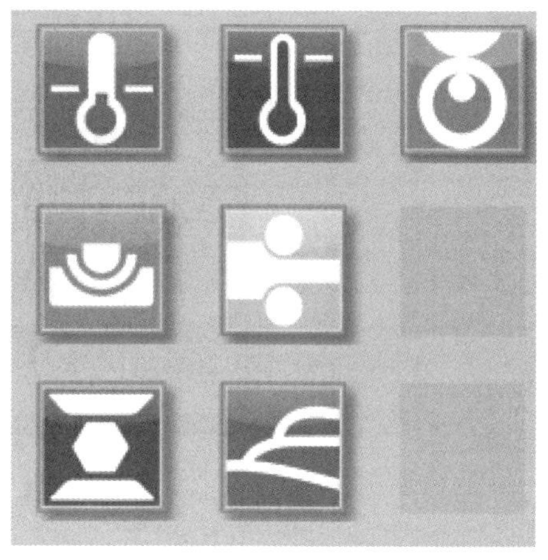

图 5.2　Simufact 软件的模块功能集技术

自 Simufact Forming14.0 版本之后，Simufact 软件的 GUI 界面依靠更新的交互界面以及交互逻辑，使使用者可以非常方便地对全局设置参数进行浏览和修改。同时新的交互界面也对使用鼠标和触控板建模提供了相当好的支持。在建模阶段，Simufact Forming 仿真软件能够对成形过程的每一步骤进行详细的划分，因此通过该软件进行成形过程的仿真，其结果与实际生产中的工艺结果高度相似。在 Simufact Forming 软件中内置两种高质量的求解器（Marc、Dytran）。除此以外，Simufact 仿真软件继承了两种不同的并行计算方式以提高仿真求解的效率，基于分域方式（DDM）的并行计算方式适用于计算模型网格数较多的工艺过程，基于共享内存（SMP）的并行计算方式则适用于计算模型网格数较少的工艺过程。

对于塑性成形过程的仿真计算而言，Simufact 软件中的 Simufact Forming 软件是一款成形技术人员的有效仿真工具。Simufact Forming 软件具有优良的使用性能及良好的交互逻辑、简短的建模时间和优异的后处理优势：优良的用户交互界面（类似 Windows 风格）；成形技术整合完整；集建模、前处理、后处理为一体，操作简单易懂；强大的数据库功能，集合常见的多种压力机、材料等；完整的仿真参数预设，使用者只须关注工艺仿真过程，而不需要对求解器内部参数进行干预。

Simufact 软件由于其工艺仿真结果具有高度的准确性和高效性，因此广泛应用于汽车、航空航天、重工、轨道交通等多个领域。以汽车行业为例，过去几年随着汽车行业对于技术要求的急剧提升，轻型车辆的发展、模型的多样性、质量的高要求性以及全球市场覆盖率日益成为人们的期望，在车身、底盘、动力传动系统以及排气系统中的轻量化设计尤其重要，从成形到焊接到增材制造贯穿到汽车领域的方方面面来验证和优化车身结构的连接工艺，为汽车制造商、机器供应商提供足够的支持，在生产计划的早期阶段使用 Simufact 软件提供的模拟解决方案可以加速连接工艺验证，并且大大减少耗时和高成本的传统验证程序，帮助客户在产品和工艺设计的早期阶段对装配进行实际的模拟。

Simufact Forming 的图形用户界面采用的是 Windows 软件布局方式，具有简单、高效、容易上手等优点。随着软件的不断更新，它在各项交互逻辑上有了重大改进，极大地方便用户的使用。Simufact Forming 软件的总体操作界面由进程树窗口、对象目录窗口、模型视图窗口三个主要区域组成。除此以外，在主要区域的上下侧还有菜单栏、计算控制栏、工具栏三个条状区域。Simufact Forming 主界面如图 5.3 所示。

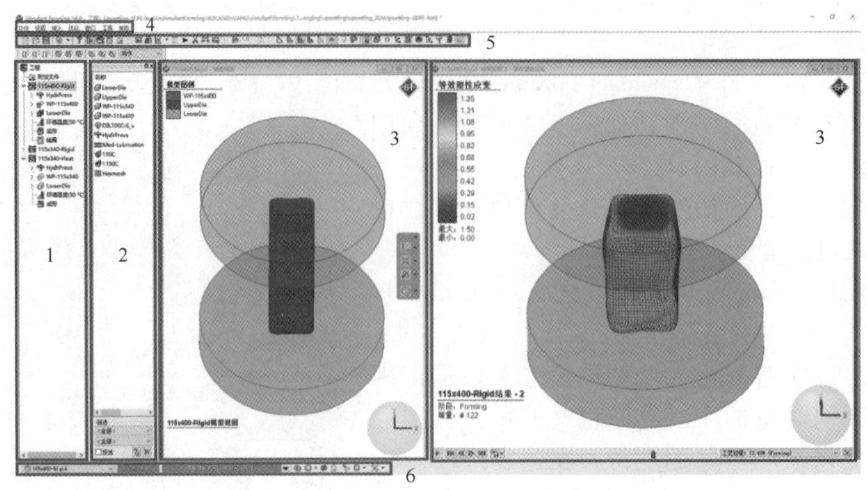

图 5.3　Simufact Forming 主界面

进程树窗口用于显示该仿真案例中的所有工艺进程。在每个完整的进程树中都包含至少 5 个项目，分别为压力机、模具、工件、环境温度以及成形控制，该软件的工艺数值模拟过程可以理解成完善进程树的过程。对象目录窗口也被称作备品区，该窗口指用来存放数值模拟过程中仿真过程所使用的对象，它主要包括几何形状、材料、压力机、摩擦属性、加热属性等。模型视图窗口主要用于仿真模型的查看以及后处理的显示。该窗口中使用者可以对需要查看的视图进行移动、旋转、缩放等操作，还可以对视图等进行显示效果控制、显示剖视面、测量等一系列基于仿真模型或者结果的处理。相较于传统软件，Simufact 软件界面的左上角为菜单栏，使用者可以在这里进行软件的各种操作，包括案例的打开与保存、视图调整、软件设置等功能。而计算控制栏是工具栏的独立分支，由于它存在一定的特殊性，Simufact 软件将模型的实时计算集成在最下方的计算控制栏里。

5.2　DYNAFORM 软件建模操作

DYNAFORM 数值模拟分析流程总的来说分为前处理、求解计算和后处理三个主要部分。其中，前处理可细分为读入零件几何模型、有限元网格划分、定义成形工具、生成及定义毛坯、定义拉深筋和设置成形参数等几个部分。前处理的好坏直接影响到求解计算，关系到数值模拟结果的精确性。下面以某典型钣金件冲压成形为例，阐述基于 DYNAFORM 的建模分析流程。

1. 前处理

在前处理器（Preprocessor）上可以完成产品仿真模型的生成和输入文件的准备工作。求解器（LS-DYNA）采用的是世界上最著名的通用显示动力为主、隐式为辅的有限元分析程序，能够真实模拟板料成形中各种复杂问题。后处理器（Postprocessor）通过 CAD 技术生成形象的图形输出，可以直观地动态显示各种分析结果。

（1）读入零件模型

DYNAFORM 软件可以直接读入由 UG、CATIA 和 Pro/E 等软件生成的 IGES、VGA 等

格式文件。以某典型钣金件为例，将零件的数学模型等格式文件导入 DYNAFORM 中，如图 5.4 所示。

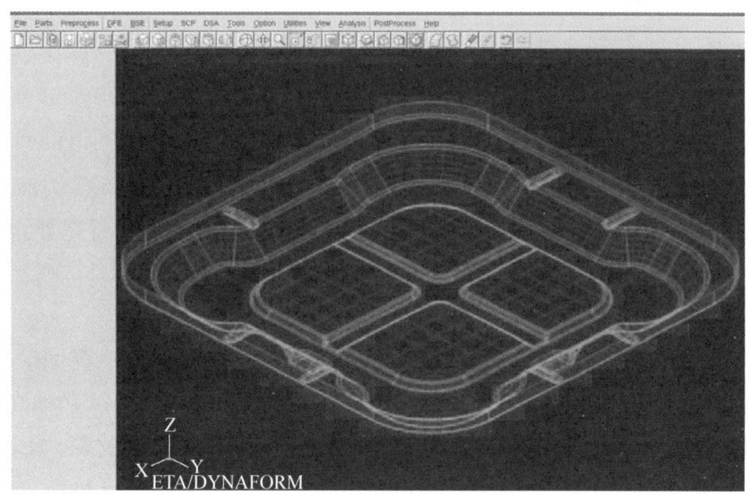

图 5.4　导入 DYNAFORM 的零件数学模型

（2）确定冲压方向

DYNAFORM 默认的冲压方向为-Z 方向。

（3）创建零件的单元模型

选择菜单“Preprocess/Surface”按钮，单击“Generate Middle Surface”按钮，进行零件中性层的抽取。可删除原导入的零件模型，并编辑抽取中性层后的零件，重新命名为零件“Part”，将其 ID 序号数值设置为 1，保存 ∗. df 文件。

（4）创建零件

首先，分析此零件的几何模型。由于该零件的翻边工序在最后，因此在本模拟中不考虑翻边工序。打开菜单栏“BSE/Preparation”，单击“Unfold Flange”按钮，选择零件的翻边部位（单击后翻边部分呈白色显示），如图 5.5 所示。

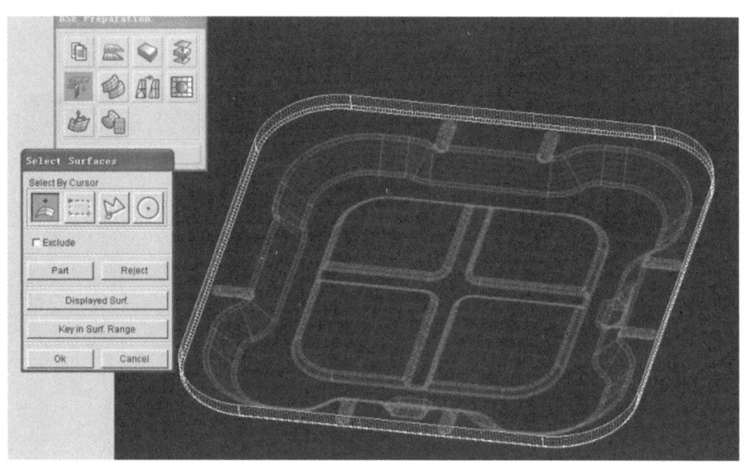

图 5.5　选择零件翻边部位

单击“Accept”按钮，输入弯曲角度“Bent Angle = 180”。单击“Delete Original Flanges”按钮，删除零件原有的翻边工艺，单击“Done”完成。此时系统会自动创建一个新零件“Unfolded”，选择菜单栏“Part/Add…To Part”按钮，单击“Surface (s)”，单击“Part”按钮，选择系统新创建的零件“Unfolded”，返回“Add…To Part”，单击“Apply”。至此零件“Part”创建成功。

将右下角的当前零件改为“Part”，选择菜单“Preprocess/Element”按钮，选择“SurfaceMesh/Part Mesh”按钮，最大网格尺寸设置为8，其他尺寸为默认值。单击“Select Surfaces”按钮，选择“Displayed Surf.”，此时零件“Part”呈白色高亮显示，单击“OK”按钮和“Apply”按钮，并单击“Yes”加以确认，退出对话框。

(5) 创建 Blank

创建毛坯轮廓打开零件“Part”，用工具栏的“Surface Mesh/Part Mesh”对零件进行网格划分。选择菜单栏“BSE/Preparation”按钮，选择“Blank Size Estimate”按钮，设置“Material”选项下的“NULL”按钮，单击“Material Library”，选择材料“Europe/DX54D”，输入板料厚度“Thickness = 1.2”，单击“Apply”按钮，进行毛坯展开计算。

生成的毛坯轮廓，系统会自动创建 Outline 零件。在“Parts/Edit Part”下修改零件名称“Outline”为“BLANK”，单击“Modify”按钮，单击“OK”按钮，如图 5.6 所示。注意：右下角当前零件不能为“Outline”，应改为其他零件名，不能对当前零件名进行修改和编辑。

考虑毛坯余量，扩展毛坯轮廓，选择菜单“Preprocess/Line/Point”，单击“Offset”进行偏移，选择边界轮廓，输入偏移距离为 90mm。

划分毛坯网格。将右下角的当前零件设为“BLANK”，对毛坯进行网格划分。在工具栏选择“Blank generator”按钮，选择“Boundary line”，此时鼠标指针变成“+”符号，单击毛坯轮廓线选择，此时轮廓线会呈白色高亮显示，单击“OK”按钮。输入毛坯网格尺寸“Mesh Size/Element Size = 8”，单击“OK”按钮，如图 5.7 所示。单击“Yes”确认网格大小。毛坯划分网格后的模型如图 5.8 所示。

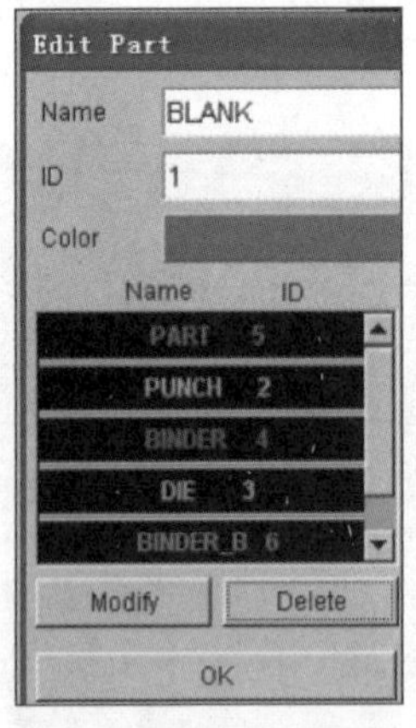

图 5.6　编辑毛坯零件名

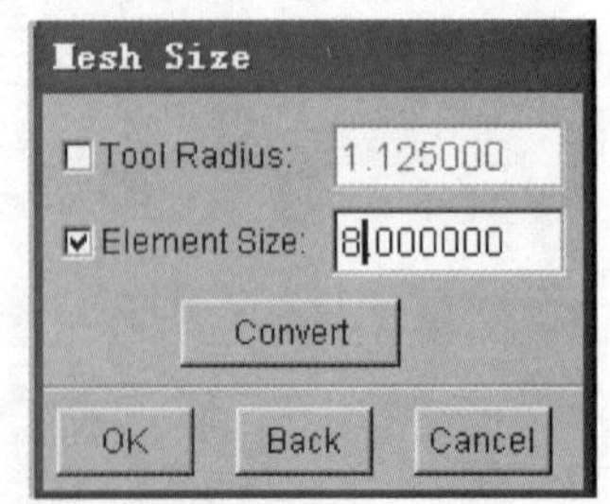

图 5.7　毛坯网格尺寸

(6) 创建 Punch

选择菜单“Parts/Create”，输入“Name = Punch”，编辑颜色，单击“OK”按钮，如

图 5.9 所示。在屏幕右下方会自动出现“Current Part=PUNCH”。

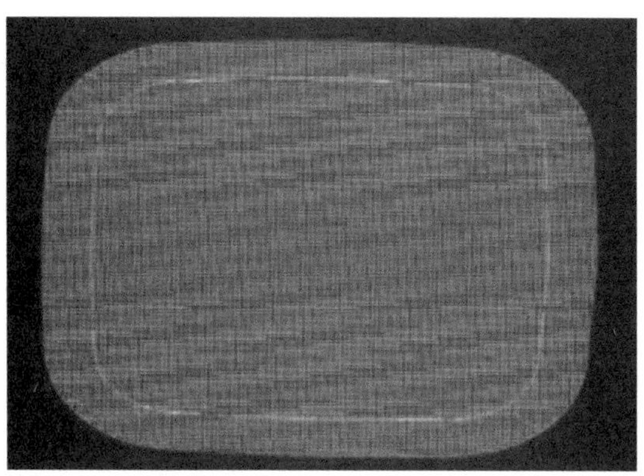

图 5.8　毛坯的网格模型

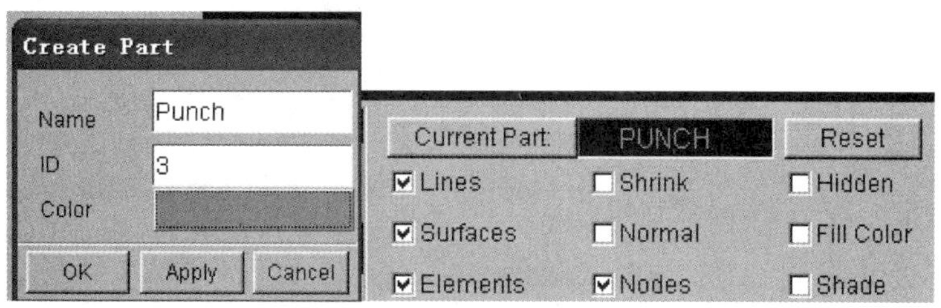

图 5.9　创建 Punch 零件

首先是创建零件网格。将“Part”零件的单元网格显示，选择“Parts/Add…To Part”，单击“Element (s)”按钮，选择“Displayed”，此时当前的零件网格会呈白色高亮状态，单击“OK”按钮确认。将所选网格加入到“To Part: PUNCH”，单击“…”选择刚创建的“Punch”，确认后关闭对话框，如图 5.10 所示。此时“Part”零件的单元网格被添加到“Punch”零件中。“Part”零件只剩下 Surface (s)。

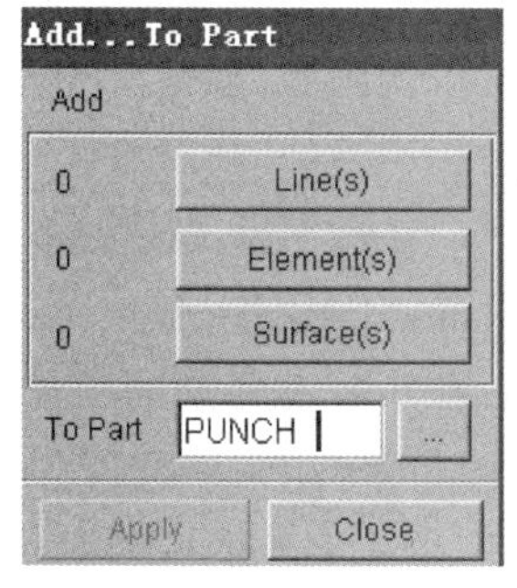

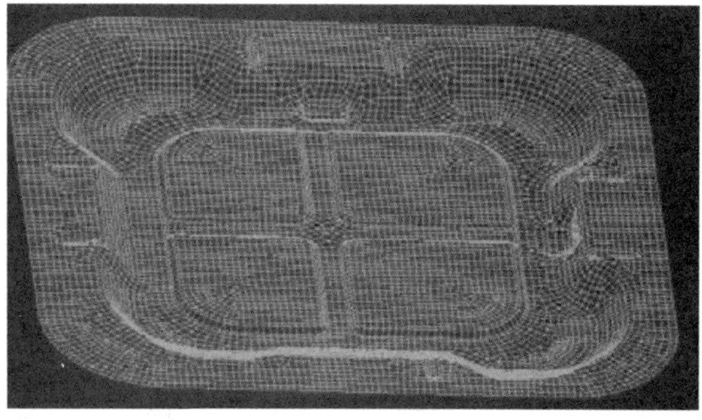

图 5.10　Punch 的网格模型

然后对 Punch 网格模型的法线方向进行检查。单击菜单栏“Preprocess/Model Check/Repair”按钮，单击“Auto Plate Normal”按钮进行法线方向检查。选择其中任一单元，观察法线方向，单击“YES”按钮或“NO”按钮。注意，法线方向的设置总是由模具指向与坯料的接触面。

接下来是网格边界检查。单击菜单栏“Preprocess/Model Check/Repair”按钮，单击“Boundary Display”按钮进行边界检查。通常只允许除边缘轮廓边界呈白色高亮显示外，其余部位均保持不变。如果其余部分的网格有白色高亮显示，则说明在白色高亮处的单元网格有缺陷，须进行修补或重新划分网格。修补可单击“Gap Repair”按钮。完成边界检查后，若网格边界无缺陷，可单击工具栏中的“Clear Highlight”，清除边缘轮廓高亮显示部位。

（7）创建凹模 Die

首先是偏置得到 Die 的单元网格。选择菜单“Parts/Create”，输入零件名称“Name”为凹模“Die”，则右下角的当前零件自动变为“Die”。打开零件“Punch”，选择菜单“Preprocess/Element”下的“Offset”按钮，关闭“In Original Part”复选框，使得新生成单元放置在当前零件中，关闭“Delete Original Element”复选框，保留原始零件中的单元。“Copy Number”为 1，板料厚度“Thickness”的设定值为 1.32（即为 1.1t，其中 t 为板料厚度）。显示“Select Element”对话框，单击“Displayed”，则所有被选单元呈白色高亮显示，单击“OK”按钮返回，则复制后的单元自动生成到“Die”中。关闭零件“Punch”显示。新建的 Die 网格模型如图 5.11 所示。

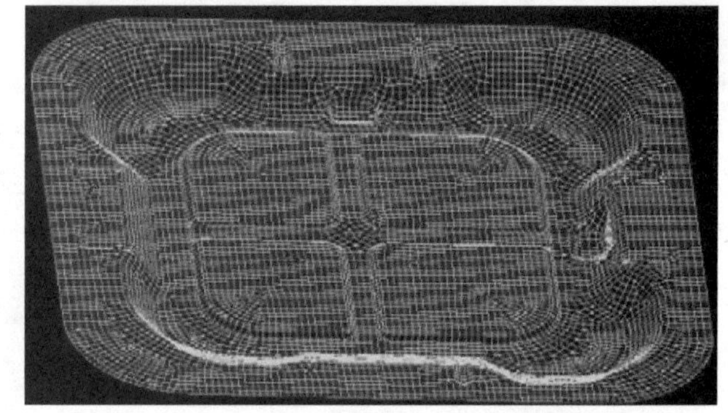

图 5.11　偏置得到的 Die 网格模型

（8）创建 Binder

首先设置 Die 为工具。选择菜单栏“DFE/Preparation”的“Define”按钮，将“Tool/Tool Name”添加“Die”为工具。选择“Dfe/Binder”，在“Create”按钮下选择“Binder Type”为“Flat Binder”，并输入“Binder Size”的尺寸，单击“Apply”，如图 5.12 所示。此时右下角自动创建新零件“C_Binder”，关闭零件“Die”的显示，生成压边圈轮廓表面。

其次划分网格。在工具栏“Surface Mesh”下选择“Tool Mesh”，输入最大网格尺寸为 20mm，选择压边圈的轮廓表面，单击“Apply”按钮和“YES”按钮，关闭右下角的 Surface 显示，则得到压边圈网格模型。

然后调整 Binder 与 Die 的位置。具体操作是：打开零件“Die”与“C_Binder”的显示，在工具栏选择“X-Z View”视图。选择菜单“Utilities/Distance between nodes/points”，选择 Die 上任一节点和压边圈的任一节点，测量两节点之间在 Z 方向上的距离，如图 5.13a 所示，DZ = 47.034mm。选择菜单“Preprocess/Element”下的“Transform”选项，在“Translate”下框选“Move”，在“Direction”下框选“Z Axis”，输入“Distance”的值为 DX 的值，即-47.034mm，使凹模向 Z 的负方向下移 47.034mm。选择 Die 的所有单元，单击“OK”按钮和“Apply”按钮，退出对话框。调整后 Die 与 Binder 的位置如图 5.13b 所示。

最后是切除 Die 与 C_Binder 的重合区域，得到实际的压边圈轮廓。选择菜单“Dfe/Modification”，单击“Binder Trim”，选择“Boundary”下的“Outer”，单击“Select”，选择剪切线，单击“Apply”按钮和“Yes”按钮。

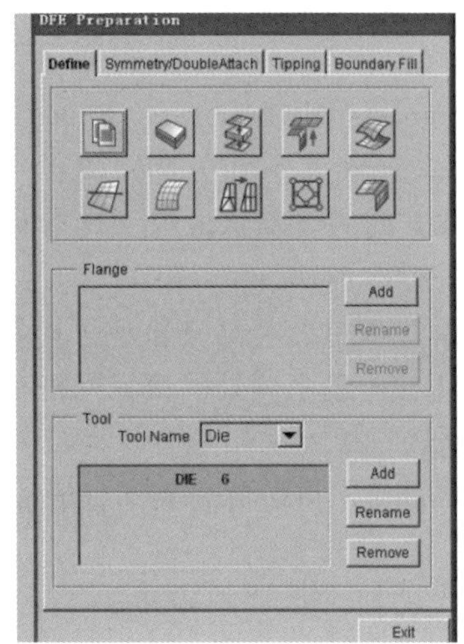

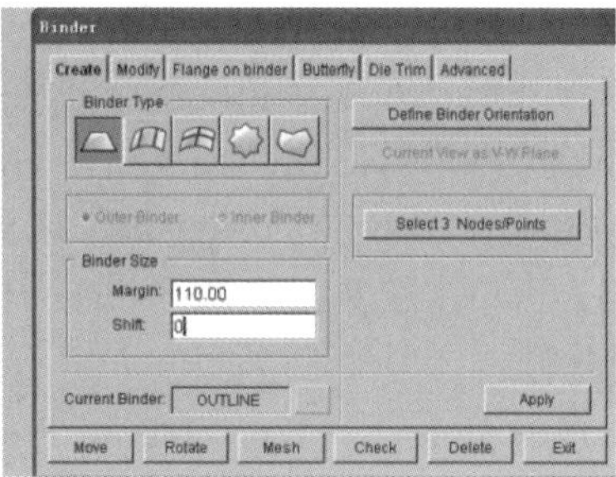

图 5.12　创建 Binder 过程图

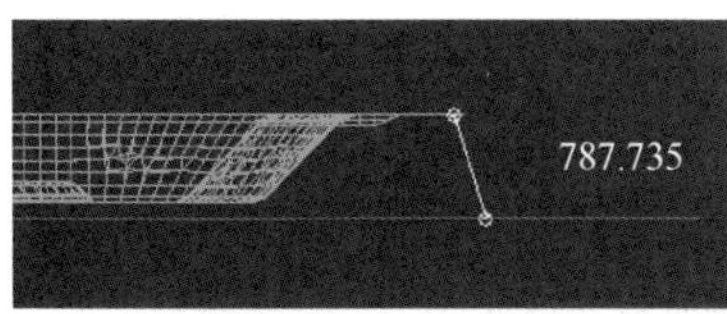

NODE 29657 IS SELECTED
SELECT POINTS/NODES
NODE 36724 IS SELECTED
DISTANCE= 787.735 ,DX= 15.027 ,DY= 786.186 ,DZ= 47.034
SELECT POINTS/NODES

a) Die与C_Binder在Z方向的距离

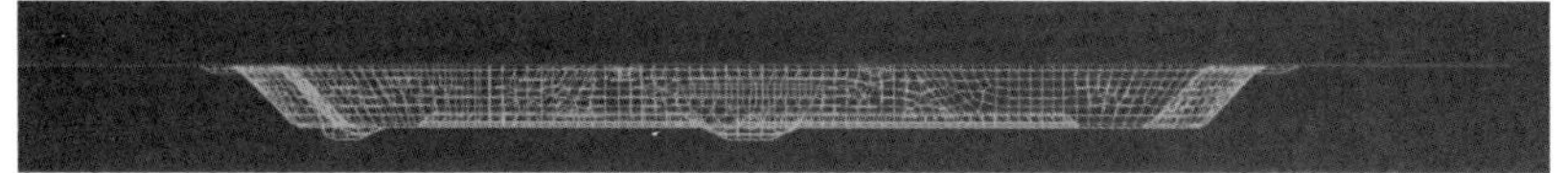

b) 调整位置后的Die与C_Binder

图 5.13　调整 Binder 与 Die 的位置

接下来是偏置 C_Binder 单元，创建实际 Binder。为创建 Die 的工艺补充面，可将剪切后 C_Binder 的轮廓作为 Die 的工艺补充面。此时须将 C_Binder 单元偏置重新创建 Binder 单元。关闭零件“Die”显示，在菜单栏“Parts/Create”输入新零件名称为“Binder”，则右下角会自动显示当前零件名为“Binder”。选择菜单栏“Preprocess/Offset Elements”，输入“Thickness”值为 1.1t，即 1.32mm，选择 C_Binder 当前 Displayed 单元，单击“Apply”按钮，退出对话框，则偏置后的 C_Binder 单元自动添加到零件 Binder 中，实际压边圈 Binder 的网格模型如图 5.14 所示。关闭 Binder 显示。

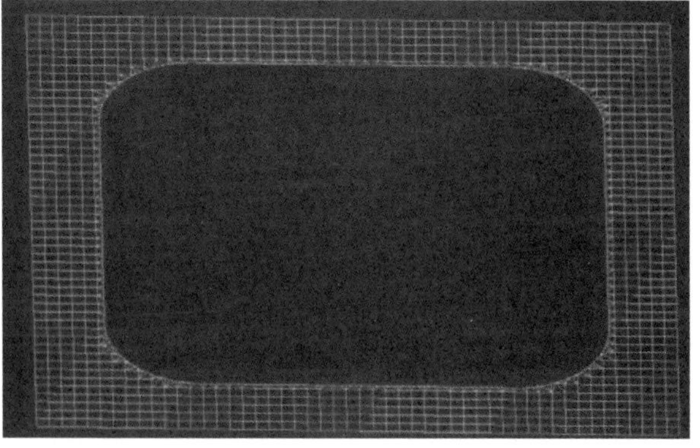

图 5.14　实际压边圈的网格模型

打开零件“Die”的显示，选择菜单栏“Parts/Add … To Part”，将 C_Binder 单元添加到零件“Die”中，单击“Apply”按钮，关闭对话框，则创建工艺补充面后的 Die 的网格模型。

（9）网格模型检查

将零件设为当前零件，选择菜单栏“Preprocess/Model Check/Repair”按钮，单击“Auto Plate Normal”按钮，选择零件的任意网格，观察其法线方向，单击“Yes”按钮或“No”按钮，直至确定网格法线方向。注意，法线方向的设置总是由工具指向与坯料的接触方向。对于毛坯 Blank 而言，无须对其法线方向进行检查。

网格模型的边界检查通常只允许零件的外轮廓边界呈白色高亮显示，其余部位均保持不变。如果其余部分的网格有白色高亮显示，则说明在白色高亮处的单元网格有缺陷，须对有缺陷的网格进行相应的修补“Gap Repair”或重新进行单元网格划分。完成边界检查后，若网格边界无缺陷，可单击工具栏中的“Clear Highlight”，将白色高亮部分清楚显示。

（10）参数设置

工具的定义选择菜单栏“Tools/Define Tools”按钮，在“Tool Name”的下拉菜单中分别选择工具名 Die，单击“Add”按钮，选择零件 Die，单击“OK”按钮。不关闭该对话框，继续定义 Punch 和 Binder，单击“OK”按钮关闭对话框，如图 5.15 所示。

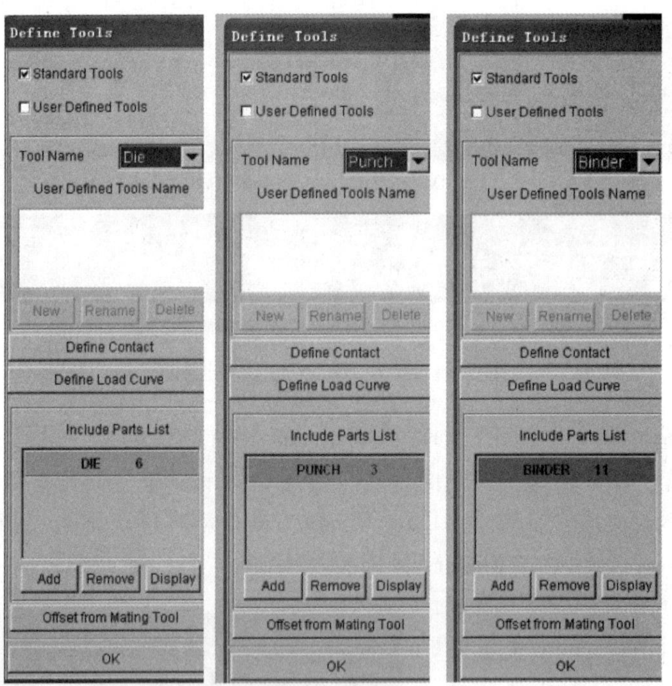

图 5.15 工具的定义

毛坯 Blank 的定义选择菜单栏“Tools/Define Blank”按钮，单击“Add”按钮选择“Blank”，单击“OK”按钮。在“Material”选项下单击“None”按钮，在“Material Library”选择“Europe/DX54D”的材料，“Type”为 36，单击“OK”按钮。在“Property”选项下单击“None”按钮，默认“Name”为“PQS1”，输入“Uniform Thickness”值为板料的厚度“1.2”，其余采用默认值，单击“OK”按钮返回。

选择菜单栏“Tools/Position Tools/Auto Position”按钮，在“Master Tools (fixed)”下选

择“BLANK”，在“Slave Tools”下选择“PUNCH、DIE 和 BINDER”，输入“Contact Gap”的值为板料厚度的 1/2，即 0.6mm，单击“Apply”按钮。定位后毛坯与工具的位置如图 5.16 所示。

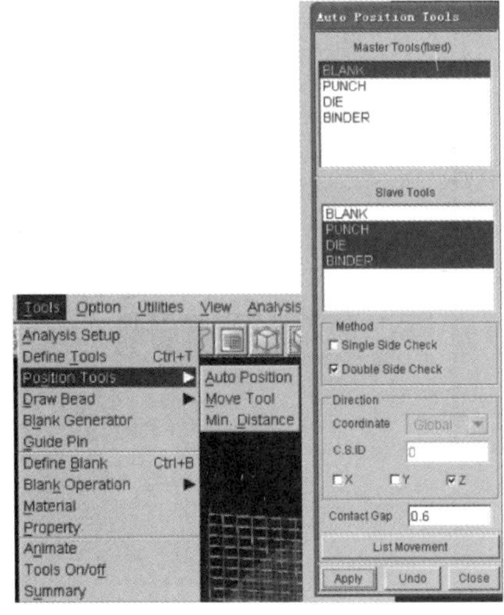

a) 操作界面

b) 毛坯和模具的相对位置

图 5.16　工模具自动定位

测量 Punch 与 Die 之间的最小距离，计算 Punch 拉深深度。选择菜单栏“Tools/Position Tools/Min. Distance”按钮，在“Select Mater Tools”下选择“Punch”，在“Select Slave Tools”下选择“Die”，在“Direction”下选择 Z 方向，测得“Distance”为 41.919mm。由于零件模型采用中性层建模，实际的冲头行程需考虑板料厚度。因此实际的拉深深度=测得的距离-板料厚度 t，即 41.919-1.2=40.719（mm）。

定义 Punch 行程与 Binder 压边力大小。Punch 运动参数设置在菜单栏“Tools/Define Tools”下选择“Tool Name”为“Punch”，单击“Define Load Curve”按钮，出现“Tool Load Curve”对话框，选择默认的“Curve Type”为“Motion”，单击“Auto”按钮，出现“Motion Curve”对话框，选择“Velocity”，输入“Velocity”的值为 5000mm/s，实际冲头速度要小，主要是为了提高计算速度。输入“Strok Dist.”的值为 40.719，即 Punch 拉深深度，单击“OK”按钮返回。

设置 Binder 压边力大小。初始压边力可采用公式：$F=QA$ 来计算。其中 A 为压边圈与毛坯实际接触的面积，关闭其他零件的显示，只显示压边圈 Binder。在菜单栏“Utilities/Area of Selected Elements”按钮下选择 Binder 所有单元网格，单击“OK”按钮，则在下方的按钮栏中出现 Binder 的面积大小为 411471.00mm^2，约为 0.412m^2。查找工艺手册，Q 一般为 2~2.5MPa，试选 $Q=2.4$MPa，则初始压边力 $F=0.412\times2.4\times10^6=988800$N，约为 1000000N。

在菜单栏“Tools/Define Tools”下选择“Tool Name”为“Binder”，单击“Define Load Curve”按钮，出现“Tool Load Curve”对话框，选择“Curve Type”为“Force”，单击“Auto”按钮，出现“Force/Time Curve”对话框，输入“Force”的值为 1000000N，如图 5.17 所示，单击“OK”按钮返回。

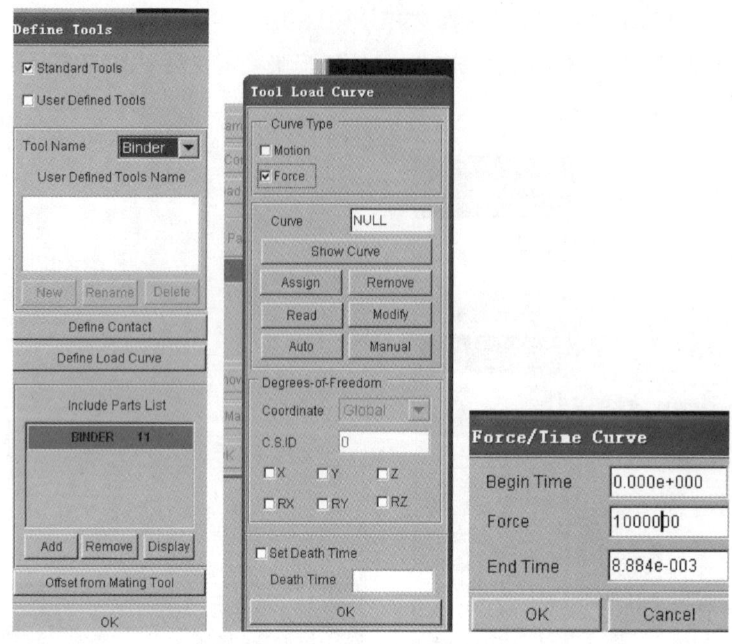

图 5.17　Binder 压边力设置对话框

选择拉深类型。选择菜单栏“Tools/Analysis Setup”按钮，在“Draw Type”的下拉菜单下选择双动“Double action”，输入“Contact Gap”值为 $t/2$，即 0.6mm，如图 5.18 所示。单击“OK”按钮返回。

工模具运动规律的动画模拟演示。在菜单栏选择“Tools/Animate”按钮，单击“Play”按钮，可以观看工具运动的动画模拟演示。通过观察动画，可以判断工模具设置是否正确合理，如图 5.19 所示。

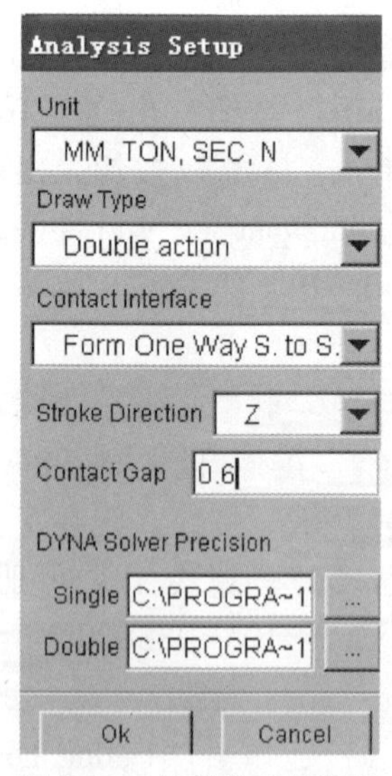

图 5.18　拉伸类型的设置

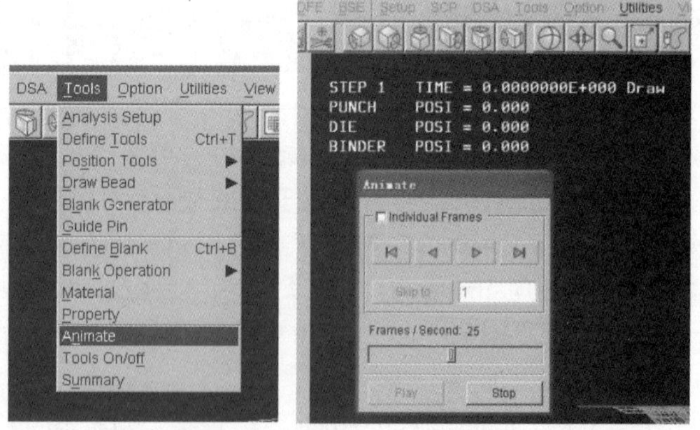

图 5.19　“Animate”对话框

2. 求解计算

在提交计算前，先保存好已经设置的文件。再在菜单栏中选择“Analysis/LS-DYNA”

按钮。在“Analysis Type”的下拉菜单下选择“Full Run Dyna”，求解器开始在后台进行计算。选择“Specify Memory”，将“Memory（Mb）”的值改为“1000”。其余默认值不变。单击“Control Parameters”按钮，在“TIMESTEP（DT2MS）”中将“-1.200000E-006”改为“-1.200000E-007”，以减小计算过程中的质量增量，提高计算的精确度。单击“OK”按钮返回，如图 5.20 所示。再次单击“OK”按钮开始进行计算。

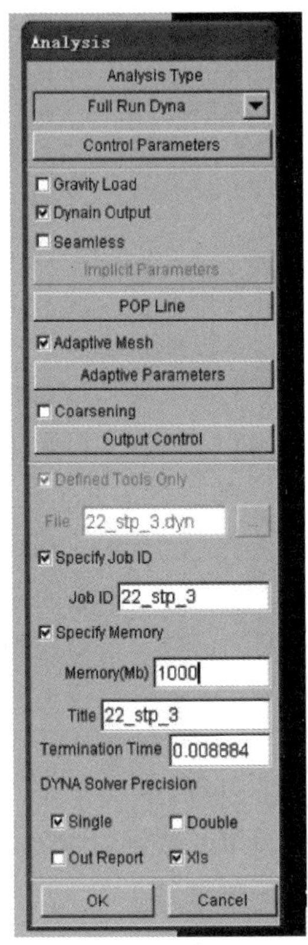

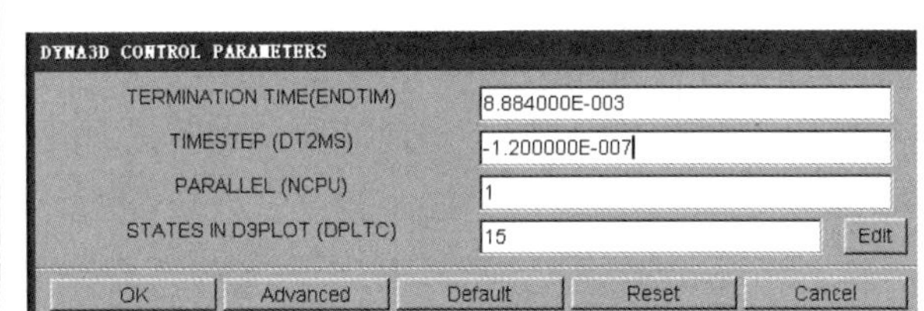

图 5.20　求解参数的设置

3. 后处理

计算后的结果文件为＊.d3plot。单击菜单栏“Post Process”按钮，进入 DYNAFORM 后处理程序。在菜单中选择“File/Open”菜单项，选择＊.d3plot 文件。可观察成形零件的成形极限图、厚度分布云图、应力应变等结果信息。

连续成形与单步成形的不同点在于前者需要用到上一道次模拟后的结果文件，这个文件就是 Dynain。用 Prepost 打开 Dyhain 进行必要的编辑后，保存为 Nastran 格式文件（后缀为 dat），待用。新建一个目录，此后的操作针对第二道成形。我们可以把第一道的 df 文件直接 copy 到新建目录下，改名、保存。之所以这么做是因为前后道次成形板料的材料性能是一样的，可以节约时间，防止输入错误。当然也可以新建 df 文件作为第二道成形。第二道成形建模的关键是导入第一道的结果文件作为板料后，再来定义第二道成形的 Tools。都定义好后，把板料的单元和节点全部删除，保存。更改 analysis type 选项，运行完毕后进入这个新建的目录下，用记事本打开后缀为 dyn 的文件，编辑后保存。再用 Prepost 运行这个 dyn 文件。

5.3 Simufact 软件数值模拟案例

5.3.1 铝合金半固态齿轮模锻的数值模拟

半固态这一概念，最初来自于美国麻省理工学院。Flemings 教授领导的研究小组发现金属材料在凝固过程中经强力搅拌后，枝晶网络骨架被打碎，成为近球状组织，此时的半固态金属具有成形时所需要的优异性能，易于通过普通加工方法制成制品，并冠以半固态成形，一直沿用至今。所谓半固态成形（Semi-Solid Forming），是指将含有非枝晶固相的固液混合物在凝固温度范围内加工成形的一种材料成形新技术。

铝合金半固态模锻技术主要应用之一是汽车摩托车行业，通过半固态模锻技术生产出来的汽车或摩托车轮毂，成品率高、力学性能好、生产率高、材料利用率高。此外，铝合金半固态模锻也应用于齿轮生产，通过半固态模锻生产出来的齿轮力学性能优异、生产率高、材料利用率高。因半固态模锻具有所需成形力较小、力学性能好、生产率高、材料利用率高等优点，故本书使用 6061 铝合金对直齿圆柱齿轮进行半固态模锻过程的模拟和优化。通过查阅资料可知，6061 铝合金的半固态温度范围为 600.7~663.7℃。使用 Simufact Forming 软件模拟半固态铝合金齿轮模锻过程，研究所使用的材料为 630℃下保温 5min 的 6061 铝合金，其液相分数为 8.48%。通过对开式模锻和闭式模锻的成形结果进行比较，选择更佳的模锻方式，并优化模具形状。使用最终的模具形状，探索出最佳的工艺参数，并对三种不同的模锻工艺进行比较。

在 UG 中可建立闭式模锻模具模型，在 Simufact Forming 软件中闭式模锻模具的显示效果如图 5.21 所示。该模具包含两个凸模和一个凹模，其中上下凸模的形状相同。对坯料进行网格划分，网格类型为四面体网格，单元尺寸设置为 1.2mm，单元数量为 5670。

a) 坯料几何模型及网格划分

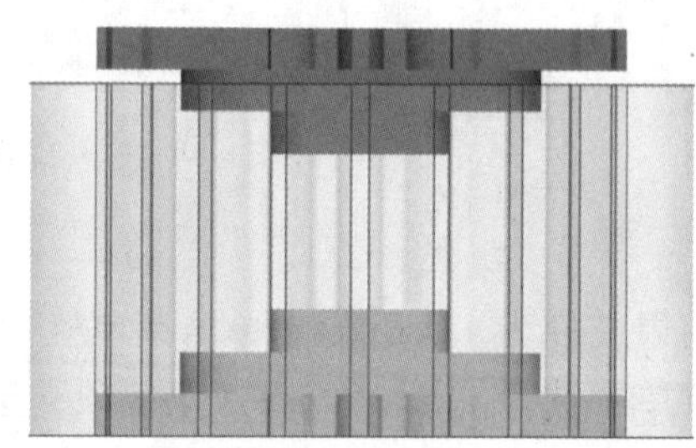

b) 闭式模锻模具

图 5.21　几何模型

仿真所使用的材料为在 630℃下保温 5min 的 6061 半固态铝合金，但在 Simufact Forming 软件中，对于 6061 铝合金只定义了 300~550℃下，应变速率为 $0.01s^{-1}$、$0.1s^{-1}$、$1s^{-1}$的流变曲线，故需对半固态温度下的 6061 铝合金流变曲线进行补充。通过参考试验，补充 620℃、630℃和 640℃下，保温 5min，应变速率为 $0.01s^{-1}$、$0.1s^{-1}$、$1s^{-1}$的流变曲线，如图 5.22 所示。

在闭式模锻中，齿轮的齿面在凹模里连续成形，成形精度较高，成形效果及最终接触应力如图 5.23 所示。当模具温度较高时，坯料的冷却速度较慢，材料的流动性好，齿轮齿廓部分充型饱满；当模具温度较低时，坯料的冷却速度快，材料流动性差，齿轮齿廓部分精度较差。

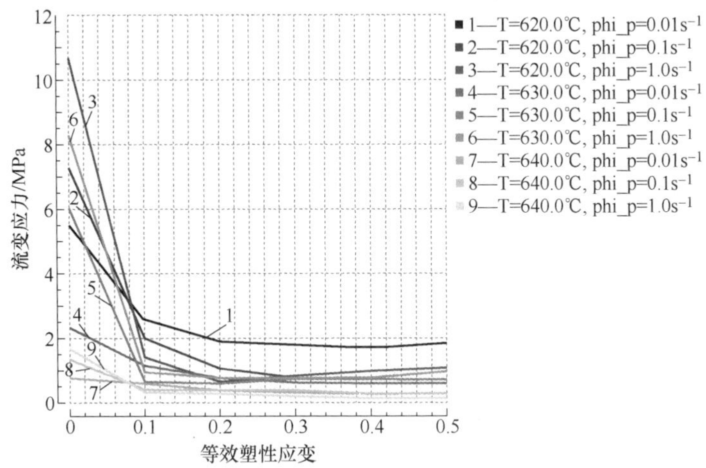

图 5. 22　6061 半固态铝合金部分流变曲线

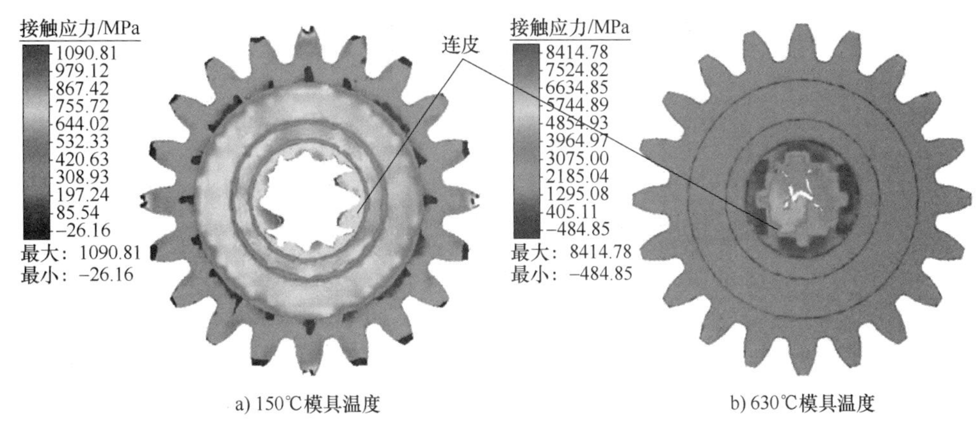

a) 150℃模具温度　　b) 630℃模具温度

图 5. 23　闭式模锻成形效果及最终接触应力示意图

图 5. 24 所示为不同温度下闭式模锻设备吨位示意图。结合图 5. 23 和图 5. 24 可以看出，当模具温度为 150℃时，因坯料冷却较快，液压机压力逐渐上升，最高需要约 63t 的压力；当模具温度为 630℃时，坯料冷却较慢，可在长时间内保持一个较小的流动应力，在第 10s 时（整个成形过程共 11. 044s），液压机压力仅为 3. 9t，这也符合半固态成形的特点。但在 10s 以后，液压机的压力迅速上涨，最高涨到 123. 8t，这是因为在 630℃的模具温度下，材料流动性好，形成的连皮要比在 150℃模具温度下更加致密，液压机最终压力作用于连皮部分，导致连皮部分的接触应力快速上升，进而导致液压机压力的迅速上涨。在闭式模锻中形成的连皮，后续须通过机械加工进行处理。

闭式模锻成形件具有无飞边、材料利用率高等优点，但由于连皮的影响，成形的最后阶段，设备所需吨位会迅速提升，且温度越高，提升越快、峰值越大，这会大大增加齿轮模锻所需设备的吨位。为解决上述问题，对闭式模具结构进行优化，使在整个模锻过程中无连皮出现。改进后的闭式模具结构示意图如图 5. 25 所示。

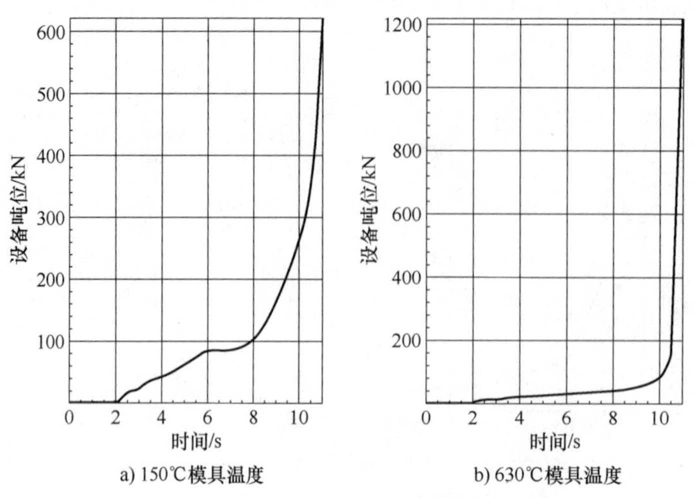

图 5.24　不同温度下闭式模锻设备吨位示意图

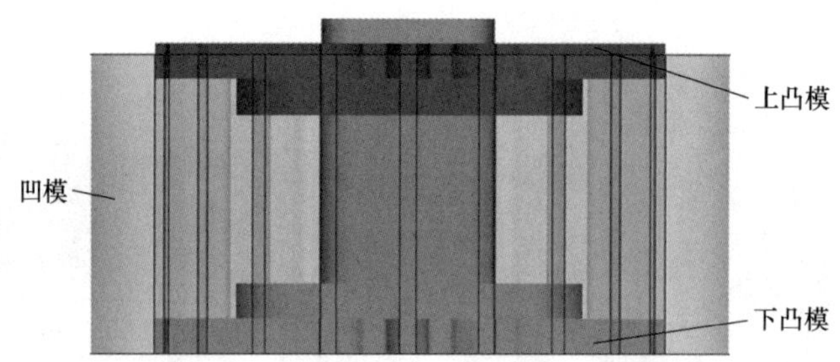

图 5.25　改进后的闭式模具结构示意图

采用优化后的闭式模具，针对不同的模具温度，对初始状态为 630℃半固态铝合金坯料闭式模锻齿轮成形的过程进行对比分析。不同模具温度下的成形效果及最终等效应力如图 5.26 所示。可以看出，随着模具温度的提升，齿轮轮齿部分成形度越来越好，这也与坯料温度越高，材料充型能力、流动性越好相匹配；在模锻过程中，工件的最大等效应力，随着温度的升高呈现先增大后减小的趋势。

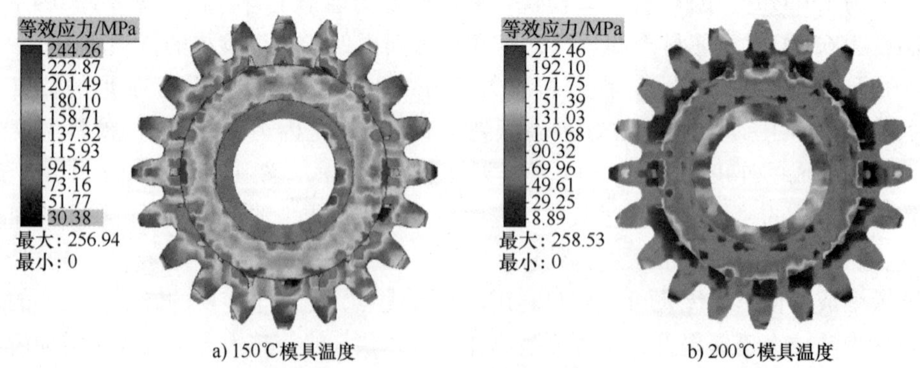

图 5.26　不同模具温度下的成形效果及最终等效应力示意图

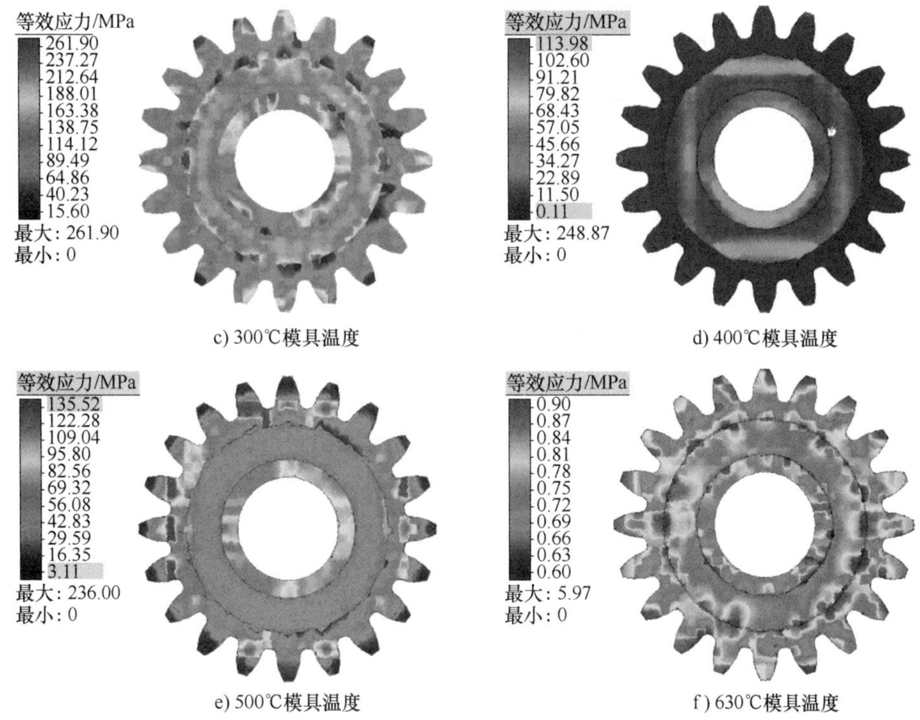

c) 300℃模具温度　d) 400℃模具温度

e) 500℃模具温度　f) 630℃模具温度

图 5.26　不同模具温度下的成形效果及最终等效应力示意图（续）

考虑材料在压缩完毕后会有一定的体积收缩，故需要对毛坯体积进行补偿。根据之前的试验结果，半固态等温模锻成形件的体积约占毛坯体积的 98%，故对毛坯高度进行补偿：补偿后的高度=原高度/98%。体积补偿前后成形效果如图 5.27 所示。

a) 体积补偿前的成形效果　b) 体积补偿后的成形效果

图 5.27　体积补偿前后成形效果示意图

图 5.28 所示为半固态等温锻造接触应力变化示意图。在 7.2s 前，接触应力均处于一个较小的状态（小于 100MPa），在 7.2 ~ 8.1s 内，接触应力突增至 758.17MPa，造成设备吨位在最后阶段突然剧增。

闭式模锻则无飞边产生，且成形精度较好，但闭式模锻产生的连皮组织，会随着温度的升高而变得更加致密，进而增加了成形所需液压设备的吨位。为了克服连皮组织引起的设备吨位的增长，对闭式模锻模具结构进行优化，设置了一种无连皮组织的模具；使用优化后的

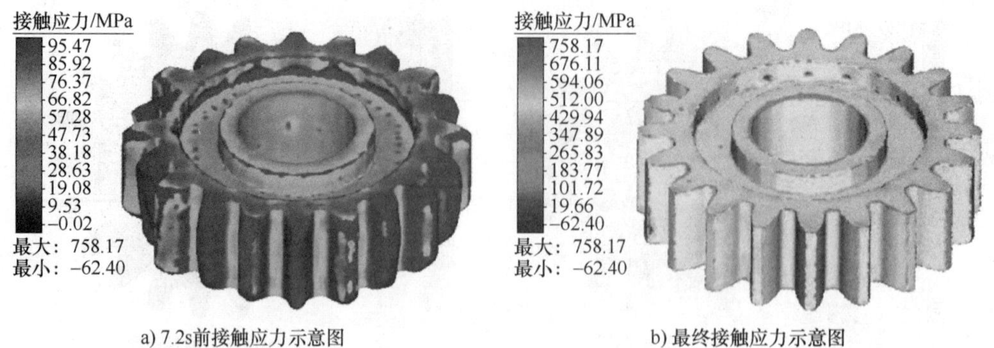

a) 7.2s前接触应力示意图　　b) 最终接触应力示意图

图 5.28　半固态等温锻造接触应力变化示意图

模具，对不同模具温度、坯料初始状态为 630℃的半固态铝合金闭式模锻齿轮成形结果进行了对比分析。在本小节所设定的工艺参数下，半固态闭式模锻齿轮的最佳成形模具温度为 630℃。由此可以看出，在进行齿轮等复杂件锻造成形时，半固态模锻方式有着成形效果好、内部应力低、所需成形力较小等优点。

5.3.2　环件轧制的数值模拟

环件轧制工艺简称环轧，也称为辗环、辗扩、扩孔。环轧工艺既有冷轧也有热轧，工艺成品效率高、能源利用率高、质量好，且该工艺对环件尺寸的适用范围广，小到 10cm 的轴承零部件，大到 10m 以上的环件，都可采用该工艺进行生产。环件轧制是通过使环件毛坯产生连续的局部塑性变形积累，从而使其壁厚减薄、直径增大、截面轮廓成形的特种轧制技术。如各种轴承环、法兰环等，轧制后环件与轧制前环件毛坯相比壁厚变薄、直径变大。因此，环轧工艺广泛应用于汽车、轨道交通、航空航天、机械、建筑等众多行业。

环轧设备类型众多，皆是在环件壁厚减小的基础上扩大直径，进而实现环件的轧制。按照轧件的生产方式可分为卧式环轧和立式环轧两种；而按照详细环轧工艺分类，可以分为径向环轧、径轴向环轧等。本节数值模拟实例采用径轴向环轧工艺，如图 5.29 所示。

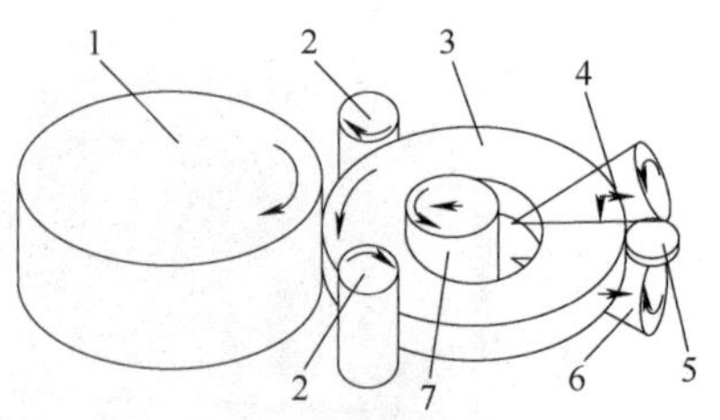

图 5.29　径轴向环扎原理示意图

1—主动辊　2—导向辊　3—环件　4—上锥辊　5—测量辊　6—下锥辊　7—芯辊

径轴向环轧在径向环轧的基础上加上了两个锥辊，用于保证端面的平整度，在径向与轴向同时对环件轧制，使得环件力学性能更为优越，环件表面质量更好，且对于成形复杂截面的环件也更为有利。在轧制过程当中，主动辊定速旋转，芯辊径向进给，上锥辊向下进给，下锥辊没有轴向位移，跟着环件直径的扩展，上下锥辊以环件半径扩大速度后退，同时匹配环件的线速度做旋转运动。导向辊随着环件直径的增长向外张开，并以一定的力抱紧环件，使得轧制过程保持稳定。环件在芯辊的径向进给及锥辊的轴向进给下，产生持续的局部塑性变形，使得环件产生高度减小、壁厚减薄、直径扩展的转变。当测量辊检测到环件直径达标时，轧制终止。

本节对一种某机械设备的具有凹槽的滑轮轮毂（见图 5.30）进行环轧成形模拟和优化。本次研究使用 Simufact Forming 软件对滑轮轮毂的环轧成形过程进行模拟分析。通过对闭式孔型环轧的结果进行对比分析，并对相关轧制参数与模具形状进行优化，以得到最佳的轧制结果。

图 5.30　滑轮轮毂模型示意图

毛坯选择圆环形工件，该工件的内径为 50mm、外径为 90mm、高为 25mm、体积为 109955.74mm^3，如图 5.31 所示。导向辊与芯辊均选为圆柱体模具。芯辊是直径为 42mm、高为 184mm 的圆柱状模具。导向辊是直径为 40mm、高为 50mm 的圆柱状模具。端面锥辊是大端直径为 41.6mm、小端直径为 10mm、高为 49.6mm 的圆台状模具。

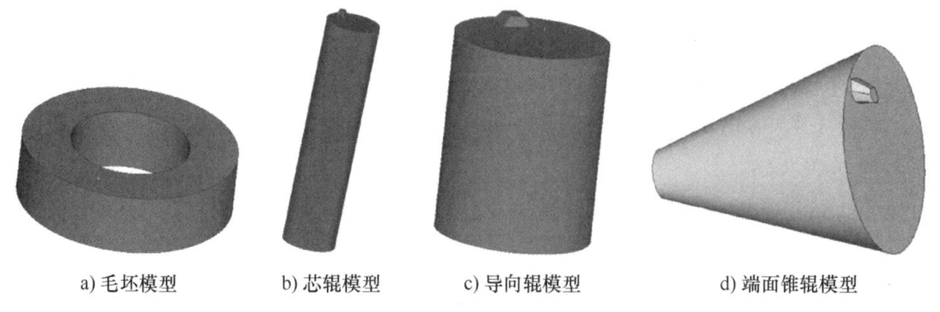

a) 毛坯模型　b) 芯辊模型　c) 导向辊模型　d) 端面锥辊模型

图 5.31　毛坯及模具几何模型

考虑该类型滑轮在航空航天、石油化工和金属冶炼等领域的应用。滑轮材料应具有高强度、耐磨性与高温下的稳定性。故本次仿真所使用的材料选用 16CrMo4_h1 合金结构钢。在 Simufact 的材料库中选择该材料，其流变曲线如图 5.32 所示。

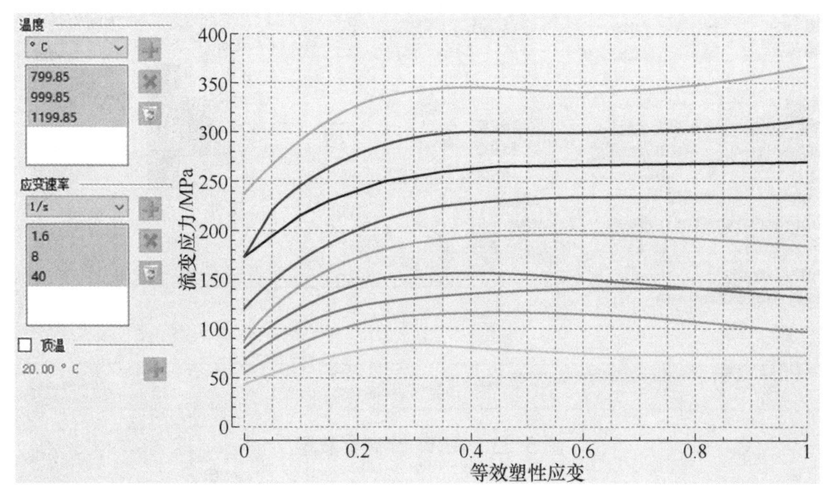

图 5.32　16CrMo4_h1 的流变曲线

在径轴向轧制设备中，包含主辊、芯辊、两个导向辊和两个端面辊，需要为每一个辊子定义设备进行驱动。其中，主辊、芯辊和两个端面辊使用表驱动压力机进行控制，两个导向辊使用自带的 RAW 设备进行控制。主动辊在轧制过程中绕着自身旋转轴主动旋转进行驱动运动，因此表驱动须定义主动辊的运动时间与转速。轧制过程共 35s，主动辊转速为 3.0r/min。在环轧过程中，芯辊做进给运动，使环件进行厚度方向的减厚成形。将芯辊的进给运动分为快速进给阶段、精轧阶段以及最后的停止进给阶段。根据阶段的划分定义不同的进给速度。上下端面轧辊设备起到环件轴向端面的整形作用，上下端面辊的平移需要与环件直径长大的规律相符，且上辊子通常会有少量的轴向进给量。在本案例中，采用高度不变的轧制方式，因此上端面轧辊没有轴向进给，仅起端面整形与稳定轧制过程的作用。

两个导向辊起到环件直径长大过程的稳定作用，导向辊既需要沿着自身做被动旋转，也需要沿着非自身圆心进行圆弧运动，因此难以依靠表驱动定义设备。使用 Simufact Forming 内置的 RAW 径轴向环轧设备来控制导向辊的运动。

RAW 设备参数定义如图 5.33 所示，首先定义主辊、芯辊、两个导向辊和两个端面辊，然后确定主辊的直径和导向辊的直径和位置参数。其中，主辊直径为 298.5mm，选择边界工具箱测量环件直径。依据 Simufact 所定义的径轴向轧制设备参数图，定义导向辊的直径 1 为 40mm，半径 1 为 385mm，高度 1 为 380mm，长度 1 为 50mm。芯辊的切换力阈值设为 0，自动步长控制选择 1/3。

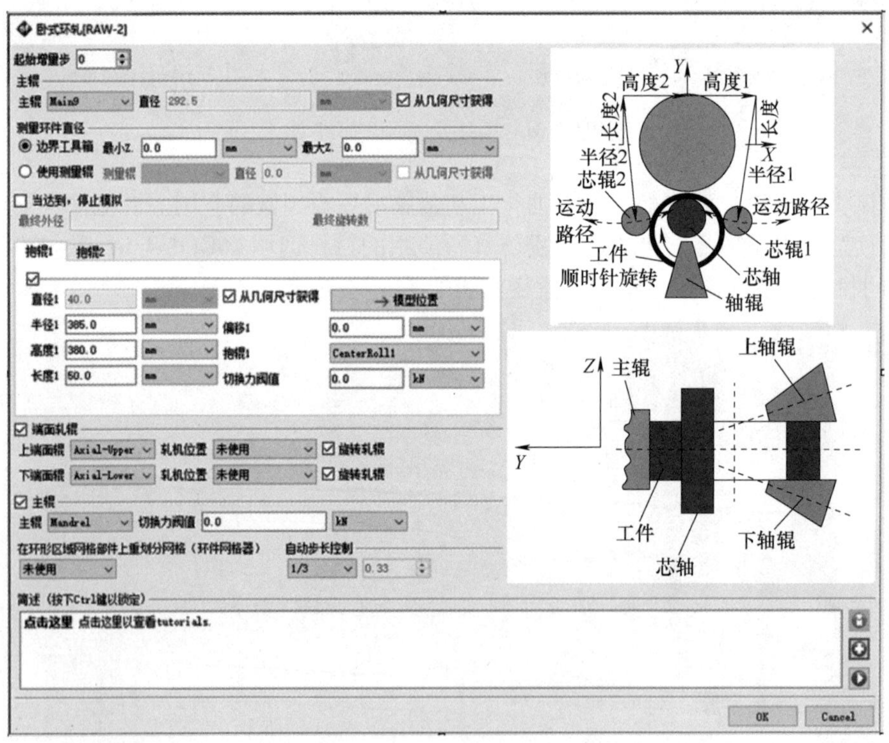

图 5.33 RAW 设备参数定义

在处理好相关模具的设置后，对于此次的数值模拟过程，所有辊子的摩擦系数定义为 0.6。温度参数包括坯料温度、模具温度和环境温度三部分。在本案例中，模具初始温度设置为 150℃，环件的初始温度设置为 1240℃，环境温度为 20℃。最后对环件进行网格的划分，选择“Ringmesh”网格生成器和六面体单元类型。“环轴”为“z”，“环中心”为“自动定义 360°几何体”；单元尺寸为“轴向 4mm、径向 4mm、切向 3mm”；单元尺寸变化为“最大细化级别为 1、最大粗化级为 2”。创建初始网格，共 4512 个单元。

图 5. 34 所示为此数值模拟环件轧制工艺仿真过程的半闭式孔型环件轧制有限元模型。该模型采用加长芯辊与较短的主动辊轴向挡板，既可以对环件进行轴向约束又可以避免轧制飞边的产生。在轧制完成后，环件会充满整个模具。

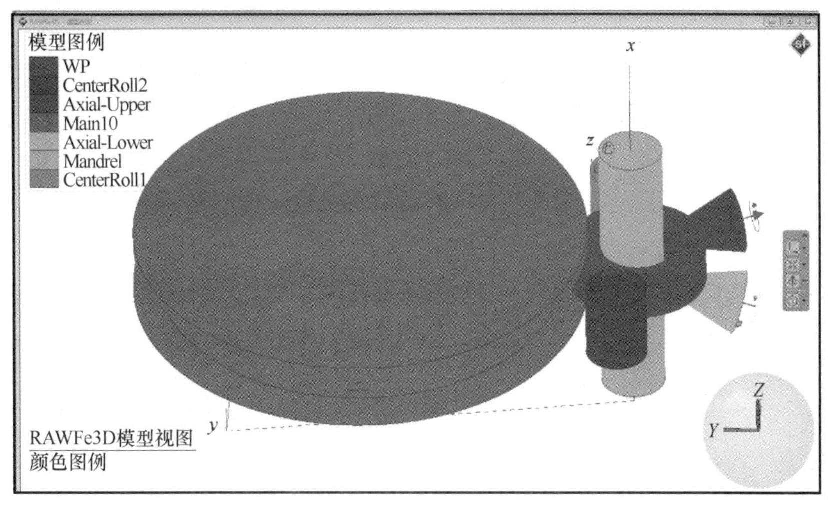

图 5. 34　半闭式孔型环件轧制有限元模型

图 5. 35 所示为半闭式孔型环件轧制几何模型示意图。环件整体成形效果好，上下端面的平整度较开式孔型的环件轧制结果有了明显的提升。对环件的直径进行测量，环件内径为 76. 5mm，外径为 109. 7mm，尺寸误差为 0. 6%，且环件的圆度较好。因此，半闭式孔型环件轧制可以获得比开式孔型环件轧制更好的结果。

图 5. 35　半闭式孔型环件轧制几何模型示意图

图 5. 36 所示为环件轧制过程中等效塑性应变。在初始阶段，芯辊的进给速度较快，充分利用高温下环件较小的变形抗力，快速将凹槽填满。可以看到环件外凹槽小径及环件内径边缘处等效塑性应变较大，这是由于芯辊进给过程中，环件外径率先与主动辊台阶大径接触。图 5. 36a ~ d 阶段芯辊快速进给，充型基本完成，环件外表面与主动辊充分接触。这一阶段环件的等效塑性应变主要集中在与模具凸台相贴合的凹槽处，其余部分的等效塑性应变较小。环件内表面由于受到芯辊的轴向进给作用，其等效塑性应变也逐渐增大，但始终小于外表面。此外，环件上下端面由于受到模具约束，限制了材料的轴向流动，材料只能径向、环向流动。因此可以看到环件外边缘处等效塑性应变明显大于环件内径边缘处的等效塑性应变。

图 5. 36d ~ e 阶段，芯辊进给速度较充形阶段小很多。这个阶段环件直径增长，壁厚减薄。图 5. 36e ~ g 阶段，轧制进入精轧阶段，此时芯辊的进给速度继续减小。这个阶段环件直径增长速度开始减慢，环件壁厚持续减薄，环件圆度及表面质量提高。在此阶段内，由于环

件受到模具的挤压与摩擦，环件外表面上下边缘的等效塑性应变开始逐渐增大。图5.36g~h阶段，芯辊停止进给，等效塑性应变略微上升，环件的圆度与表面质量进一步提高。轧制过程中环件外边缘受到主动辊轴向约束，而内边缘轴向不受约束，材料会有轴向流动形成凸起，当材料进入轴向孔型时凸起消失加大了环件内边缘处的等效塑性应变。轧制完成后，环件与芯辊接触的内边缘有轻微的凸起。

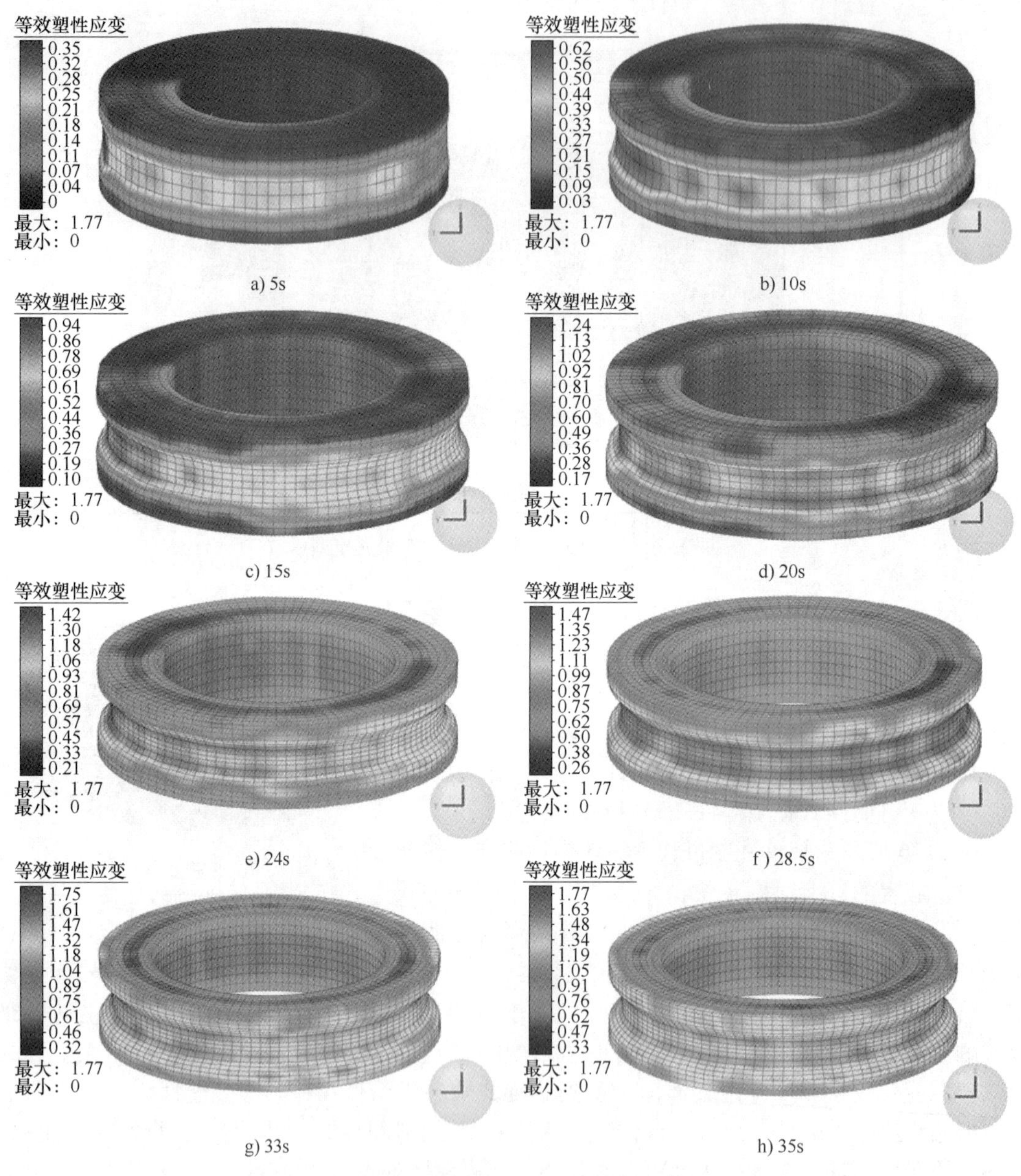

图5.36 环件轧制过程中等效塑性应变

图5.37所示为环件轧制过程中的温度变化。在初始阶段，环件处于1240℃的高温状态。在开始轧制后，由于环件与模具发生接触，产生了热交换，环件的温度开始逐渐下降。到轧制结束时，环件的温度下降到大约800℃。

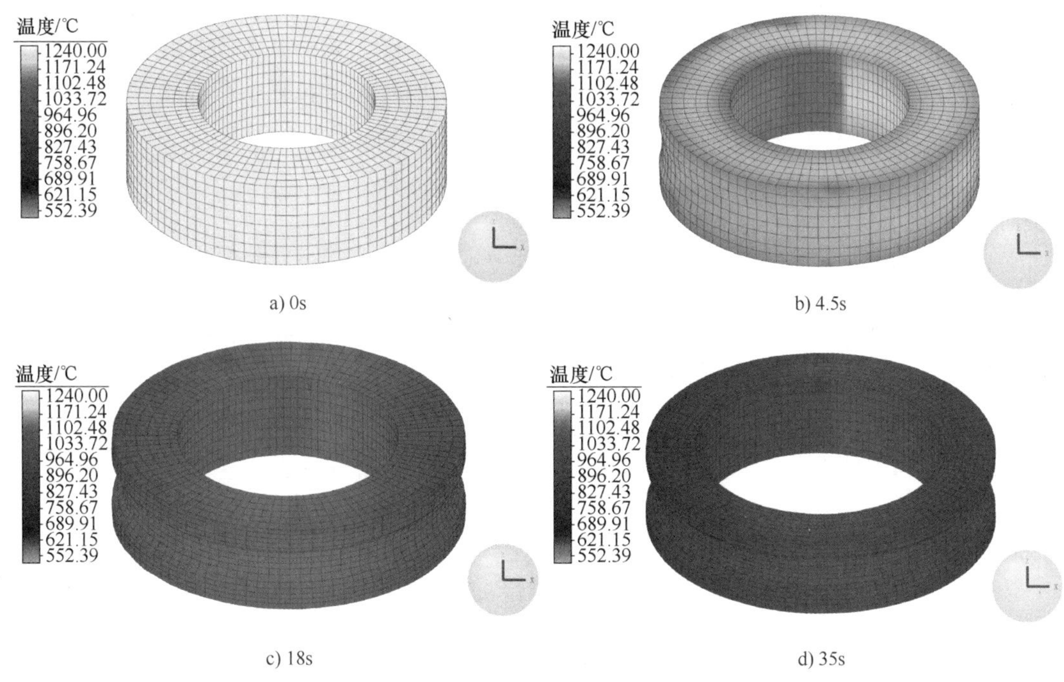

a) 0s　b) 4.5s　c) 18s　d) 35s

图 5.37　环件轧制过程中的温度变化

图 5.38a 所示为主动辊和芯辊在径向上轧制力随轧制时间的变化过程。可以看出，主动辊和芯辊的轧制力随时间逐渐增大，到 24s 后逐渐趋于平稳。结合芯辊的进给速度，可以发现在初始阶段，轧制力逐渐增大使环件在径向进给。当环件与模具完全接触后，进入精轧阶段，此时轧制力趋于稳定，维持在 50kN。

图 5.38b 所示为锥辊轧制力随时间的变化过程，轧制力随时间增大。锥辊由于无轴向进给，轧制力维持在一个较低的水平，上下锥辊受力都比较对称，轧制力随时间增大，最终可以达到 19kN。

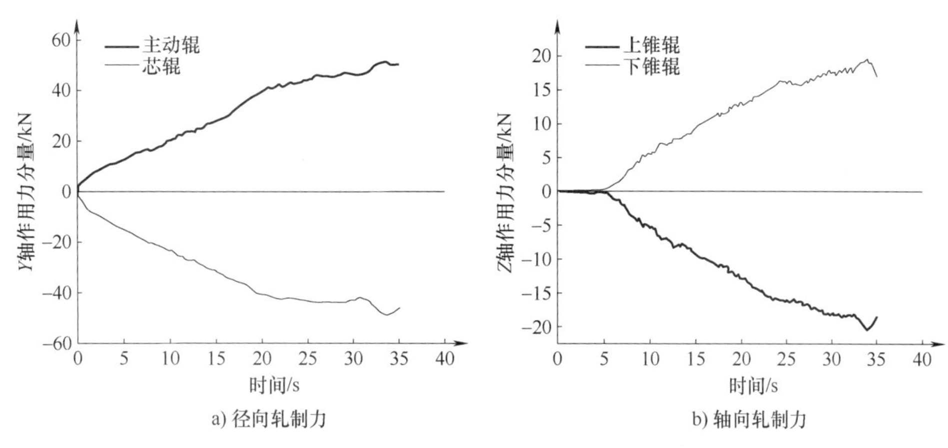

a) 径向轧制力　b) 轴向轧制力

图 5.38　环件轧制过程的轧制力

通过对半闭式孔型环件轧制的仿真，可以发现半闭式孔型轧制的成品质量较闭式孔型与开式孔型有着显著提升。半闭式孔型同时避免了开式和闭式的缺点，能够较好地成形零件。环件无飞边，端面平整度好。轧制过程中环件温度逐渐下降，无明显的应力集中，是加工导向轮轮毂类具有外凹槽环件的有效加工方法。因此，半闭式孔型轧制可以用来大规模生产具有外凹槽的环件。

5.3.3 热处理工艺的数值模拟

渗碳淬火属于表面强化工艺，由于其可以使得工件表面变硬，而芯部仍然可以保持一定的韧性，已经广泛应用于齿轮、轴承等关键零部件的制造过程。目前在工业生产中对于齿轮、轴承等关键零部件渗碳主要以气体渗碳为主，使用可控气氛渗碳炉等设备对工件进行渗碳处理，使得其表面碳含量提高，而芯部仍保持原始成分不变。渗碳工艺就是将需要渗碳的工件放在富含渗碳气氛的介质中加热到奥氏体化温度，通常为 800~950℃。在此温度下保温使得碳原子进入工件表面，进而提取其碳浓度。渗碳后的工件需要进行淬火处理。渗碳工件表面的碳浓度通常为 0.70%~1.05%，碳浓度的高低取决于材料本身的合金元素种类和含量，而渗碳所采用的碳势和渗碳温度有关。

对主动传动齿轮的渗碳淬火热处理工艺进行数值模拟仿真。在建模软件中建立主动传动齿轮的三维模型，再利用 Simufact Forming16.0 软件对该齿轮进行二维的仿真模拟过程，进而探究渗碳工艺参数对齿轮表面碳含量及渗碳层厚度的影响。图 5.39 所示为在三维建模软件中建立的主动传动齿轮模型。

a) 主动传动齿轮三维模型示意图

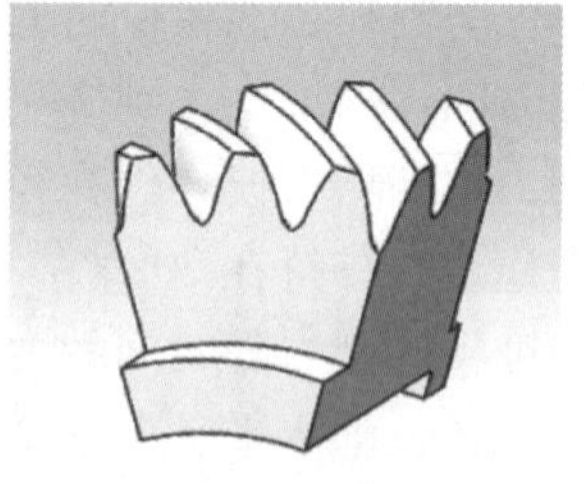

b) 主动传动齿轮仿真模型示意图

图 5.39　在三维建模软件中建立的主动传动齿轮模型

齿轮应用于航空航天、石油化工和金属冶炼等领域。齿轮材料应具有高强度、好的耐磨性与高温下的稳定性。本次仿真所使用的材料为 20CrNiMo 齿轮钢，是一种常见的低碳合金结构钢，一般在调制或者渗碳淬火状态下使用，广泛应用于汽车和航空产业，其在热处理后表面具有相当高的硬度、耐磨性和接触疲劳强度，同时芯部还保留良好的韧性。在 Simufact 的材料库中选择该材料。其在 25~1050℃温度下且应变速率从 0.001~1000s^{-1}条件下的流变曲线如图 5.40 所示。

对本次渗碳仿真的工件进行网格划分，在网格生成器中选择 Advancing Front Quad 网格类型，同时单元尺寸设置为 0.15mm，在此条件下本次二维仿真的单元数量是 25690 个，如图 5.41 所示。

渗碳工艺路线图如图 5.42 所示。在 890℃的条件下持续加热 7200s 后进行渗碳过程。在强渗阶段，持续时间达到 14400s，此时设置碳势为 1.25%。在扩散阶段，持续时间达到

5400s，此时设置碳势为 0.9%。淬火阶段持续时间为 2700s，环境温度设置为 100℃，最后经过冷却阶段冷却至 80℃。

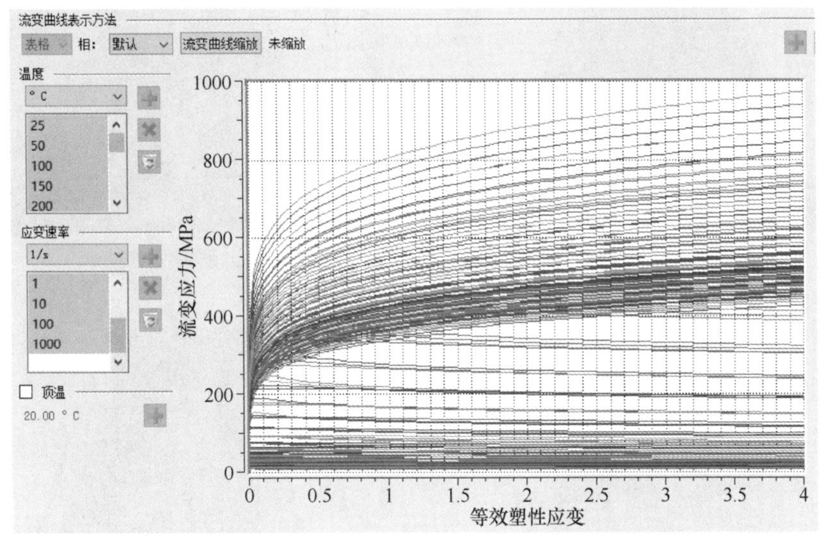

图 5.40　不同条件下 20CrNiMo 的流变曲线

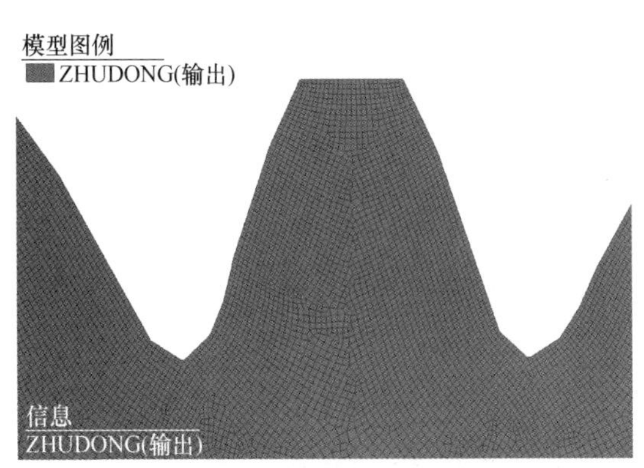

图 5.41　对渗碳齿轮进行网格划分

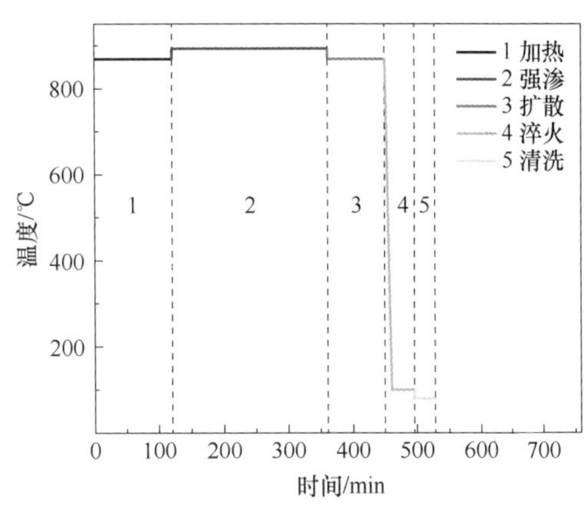

图 5.42　渗碳工艺路线图

图 5.43~图 5.45 所示为主动传动齿轮渗碳淬火工艺仿真后的碳质量百分比分布云图。根据此图显示可得出在强渗碳阶段，齿轮表面的碳质量百分比为 1.25%，和工艺参数中的环境碳势设置值相同。如将碳质量百分比为 0.4%设置为渗碳层厚度的临界碳质量百分比，那么此时该齿轮模型的渗碳层厚度为 0.8367mm。在扩散阶段，齿轮表面的碳质量百分比从初始的 1.25%逐渐下降为 0.9%，这是由于扩散阶段的环境碳势设置为 0.9%，此前经过强渗碳阶段后的齿轮表面的碳会向齿轮内表面扩散，进而增加渗碳层厚度。扩散阶段结束时，齿轮模型表面碳质量百分比为 0.9%，同样的将碳质量百分比为 0.4%设置为渗碳层厚度的临界碳质量百分比，那么此时渗碳层厚度为 0.9649mm，相较于强渗碳阶段，渗碳层厚度有了明显的提升，同时齿轮模型的芯部仍然保持 0.23%的碳质量百分比，和初始材料的碳含量相同。

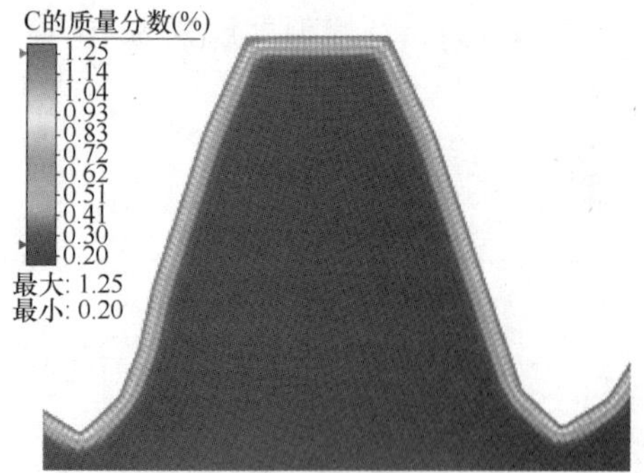

a) 强渗碳阶段3600s

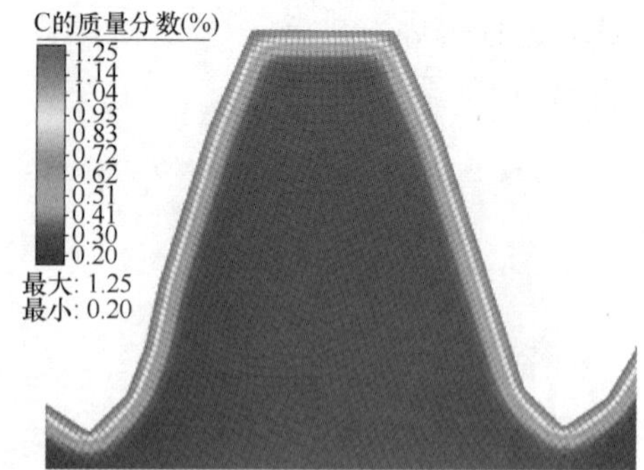

b) 强渗碳阶段7200s

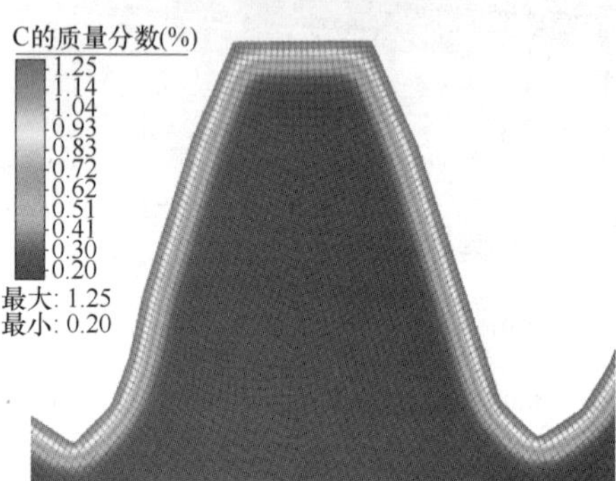

c) 强渗碳阶段10800s

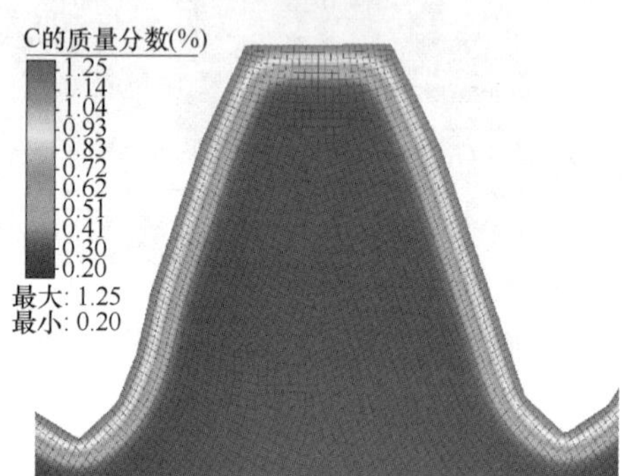

d) 强渗碳阶段14400s

图 5.43　强渗碳阶段表面碳质量百分比

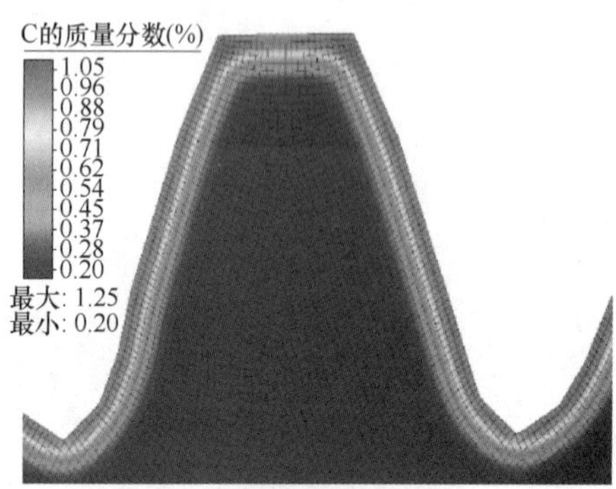

a) 扩散阶段1800s

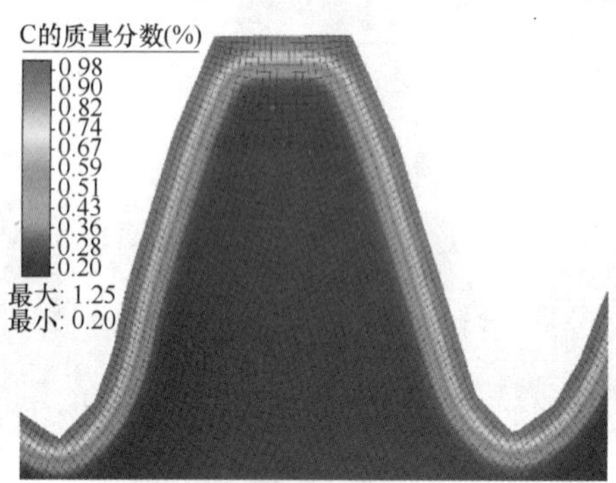

b) 扩散阶段3600s

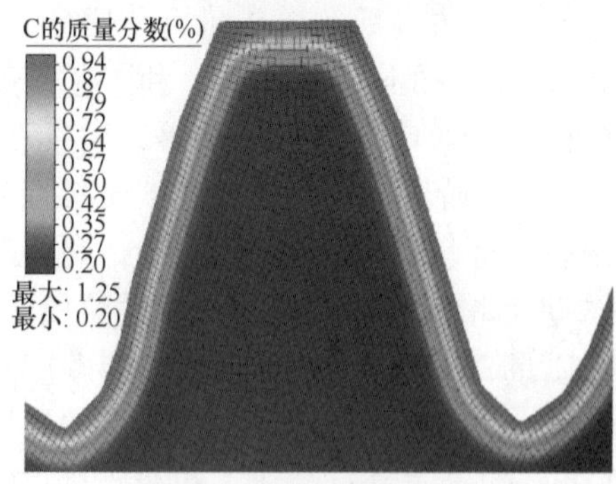

c) 扩散阶段5400s

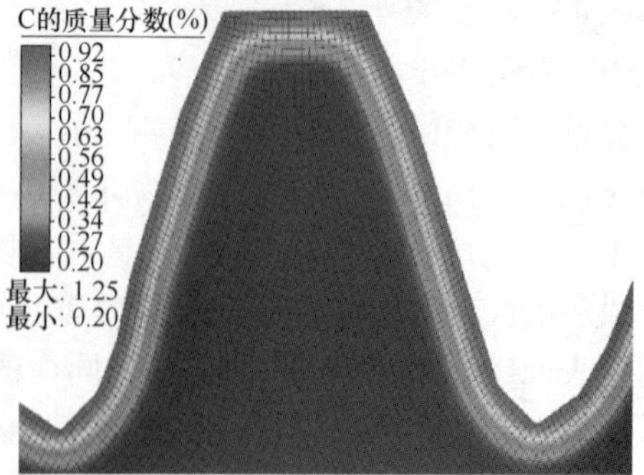

d) 扩散阶段7200s

图 5.44　扩散阶段表面碳质量百分比

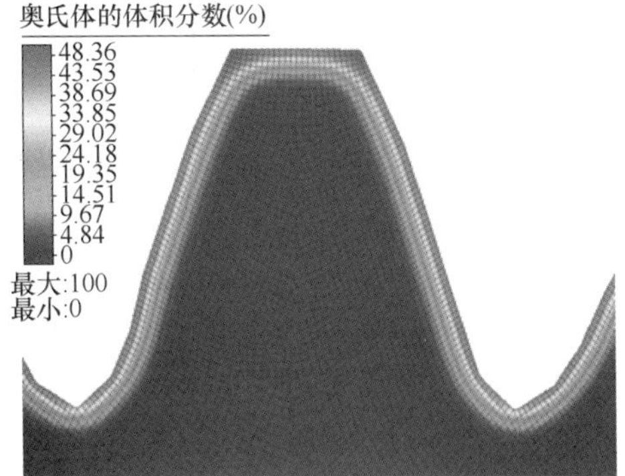

a) 淬火1350s时奥氏体的体积分数

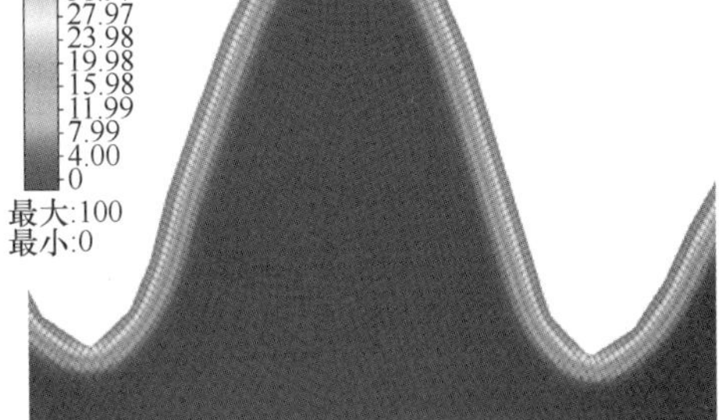

b) 淬火2700s时奥氏体的体积分数

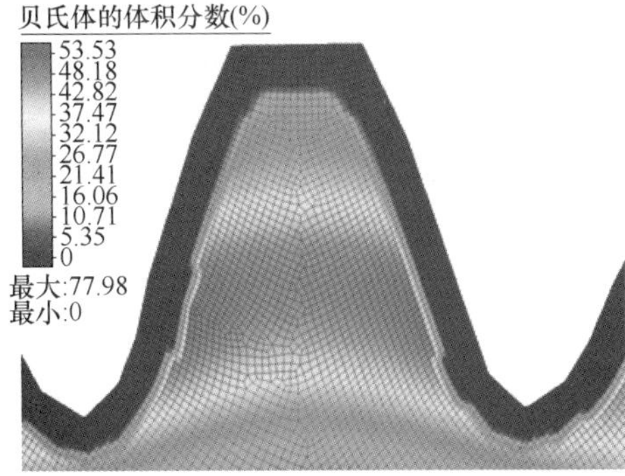

c) 淬火1350s时贝氏体的体积分数

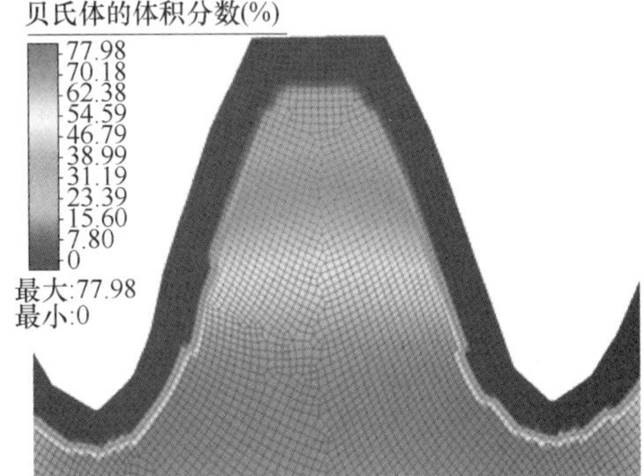

d) 淬火2700s时贝氏体的体积分数

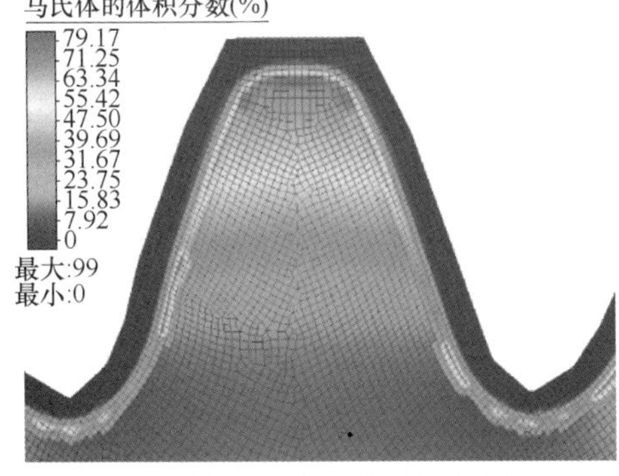

e) 淬火1350s时马氏体的体积分数

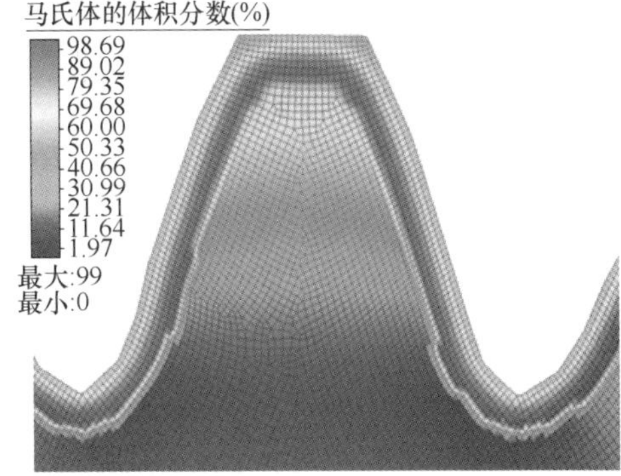

f) 淬火2700s时马氏体的体积分数

图 5.45　淬火阶段各组织体积分数示意图

在强渗碳阶段，随着加热过程中温度的不断上升直至超过奥氏体转变的临界速度后，齿轮模型表面及内部的组织全部是奥氏体。随着淬火冷却过程的开始，齿轮表面及内部的组织开始发生转变。图 5.45 所示为淬火阶段各组织体积分数示意图。在淬火冷却阶段的初始阶段，虽然齿轮表面及芯部温度会急剧下降，但是仍然在相变临界转变温度之上，因此此时仍然以奥氏体组织为主，随着冷却过程的进一步进行，奥氏体组织的体积分数会不断下降，在淬火冷却过程的最后会在齿轮模型的表面形成残留奥氏体组织。当冷却温度达到贝氏体组织转变的临界温度时，部分组织会生成贝氏体，由于此时冷却速率并不能达到马氏体转变的临界冷却速率，因此贝氏体组织体积分数会不断增加。对于马氏体组织而言，奥氏体转变为马氏体必须满足两个条件：第一是过冷奥氏体的冷却速率必须大于马氏体临界转变速率，以抑制其发生珠光体或贝氏体转变；第二是奥氏体必须深度过冷以获得足够的转变驱动力，所以只有低于马氏体转变温度后才能发生马氏体转变。由图 5.45e、f 可以看出随着淬火冷却的进行，在满足上述条件后马氏体组织会逐渐开始生成，随着冷却温度的进一步降低，马氏体组织的体积分数会不断增加。

本次齿轮热处理工艺过程中各后处理质点的示意图如图 5.46 所示。可以看出，后处理质点 1~后处理质点 10 分别为从齿轮表面按照 0.1mm 间隔设置的 10 个追踪点，即质点 1 为齿轮表面的追踪点，其所在处的碳质量百分比随着强渗碳以及扩散阶段的进行先增加至 1.25%，此时的碳质量百分比同工艺设置中的碳势相等，并一直保持到强渗碳过程结束。而随着扩散过程的进行，质点 1 所在处的碳质量百分比会出现“低头”现象，即由于扩散阶段的环境碳势为 0.9%，故经过强渗碳阶段处理后，此点处的碳质量百分比会随着扩散阶段的进行不断下降，直至同环境碳势相等时达到稳定。对于其他后处理质点处的碳质量百分比规律同上述分析类似，但由于不同质点所处位置距离齿轮模型表面的距离不同导致在强渗碳阶段以及扩散阶段的最大碳质量百分比会有所不同。总体而言，随着所处位置到齿轮表面距离的增加，其碳质量百分比会相应下降，直至在扩散阶段达到稳定值，其稳定碳质量百分比的数值也会随着距离的增加而不断减少。

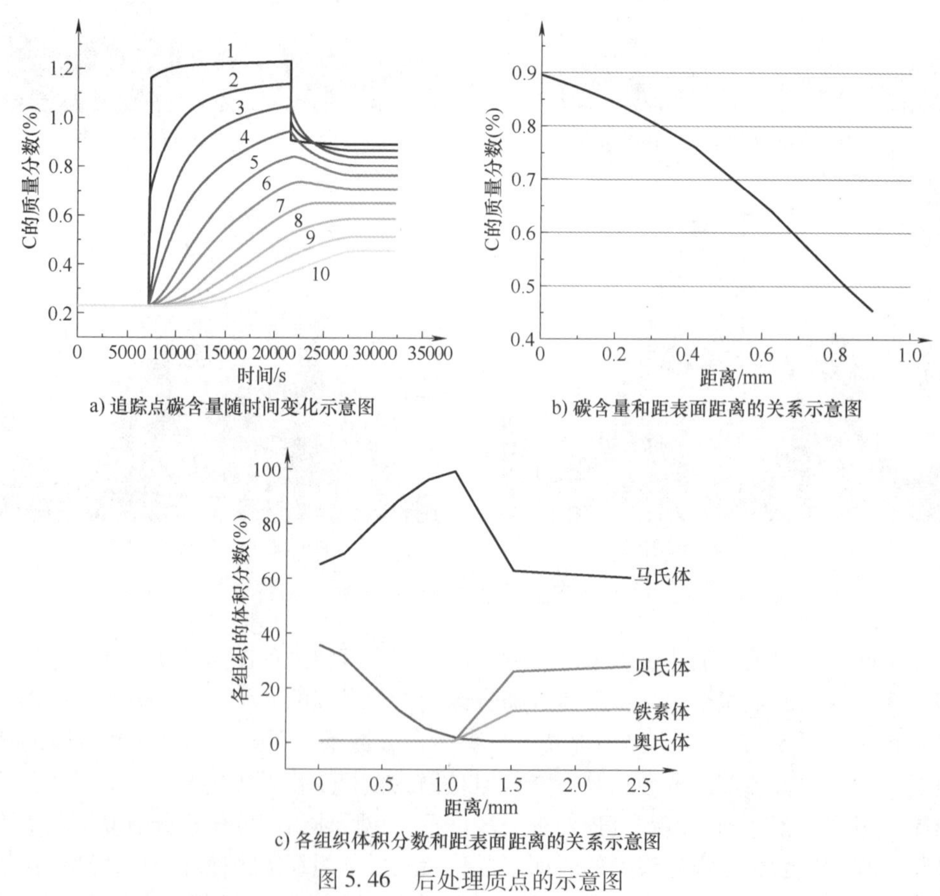

a) 追踪点碳含量随时间变化示意图

b) 碳含量和距表面距离的关系示意图

c) 各组织体积分数和距表面距离的关系示意图

图 5.46　后处理质点的示意图

图 5.47 所示为渗碳淬火过程后各种应力分布云图，由于渗碳过程属于热化学反应，碳

原子的进入会使得材料晶格发生畸变，淬火过程中材料表面和芯部成分不同，并且冷却速率差异以及相变引起的体积变化等众多因素都会引入残余应力。残余应力的分布及大小对试样疲劳性能有着重要的影响，其中残余拉应力会降低材料的力学性能，残余压应力能够提升材料的疲劳性能。

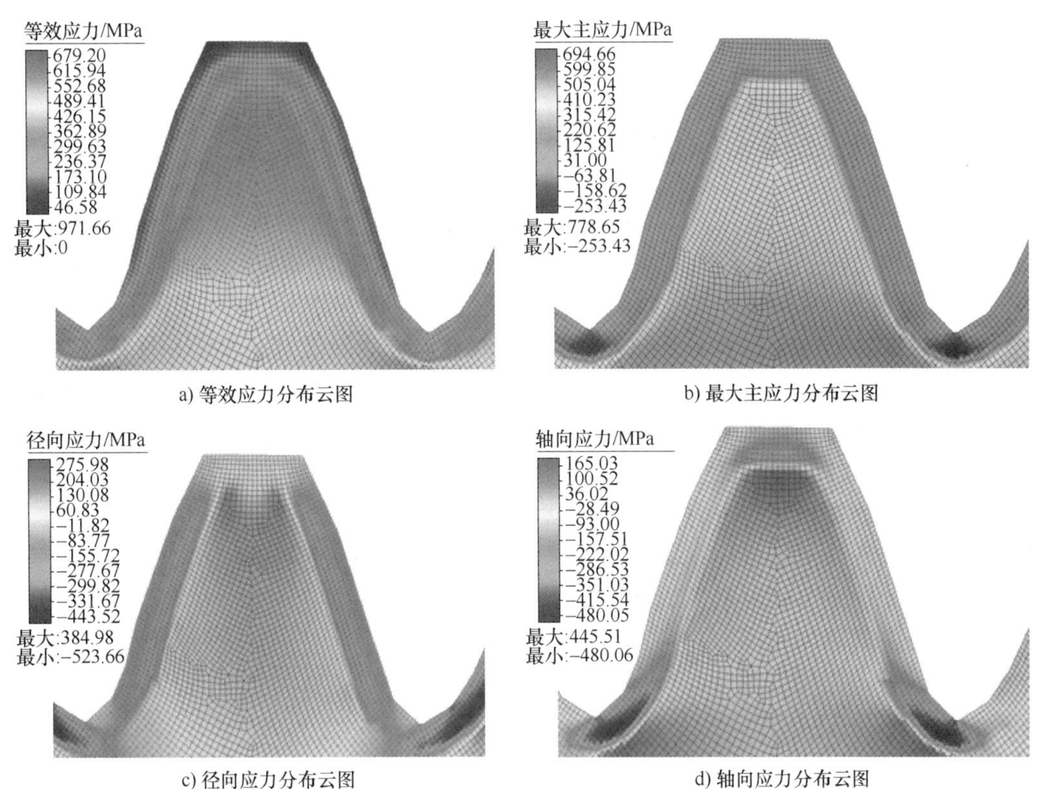

a) 等效应力分布云图　　b) 最大主应力分布云图

c) 径向应力分布云图　　d) 轴向应力分布云图

图 5.47　渗碳淬火过程后各种应力分布云图

第 6 章 钣金机匣冲压成形过程有限元分析

6.1 钣金机匣精密成形工艺

航空发动机是飞机的“心脏”，被誉为现代工业“皇冠上的明珠”。钣金机匣是航空发动机的重要零件之一，它是整个发动机的基座，是航空发动机上的主要承力部件。机匣的外形结构复杂，不同的发动机、发动机的不同部位，其机匣形状各不相同。但他们的基本特征是由圆筒形或圆锥形的壳体和支板组成的构件。钣金机匣的形貌复杂，大多具有薄壁结构，而且尺寸也较大。因此，加工方法的选取对于机匣的成形精度与力学强度有着重要的影响。冲压成形方法是制造这种大尺寸、薄壁、高精度金属壳体件的有效途径。

在冲压成形中，回弹是模具设计中要考虑的关键因素，工件的最终形状取决于成形后的回弹。当工件的回弹量超过允许偏差后，就会成为成形缺陷，影响工件的几何精度。因此，回弹是影响模具和产品质量的重要因素。随着航空工业的发展，对钣金机匣的成形精度要求越来越高，特别是近来在高强度薄钢板与铝合金板材的应用过程中，回弹问题尤为突出，成为航空行业中的热点问题。

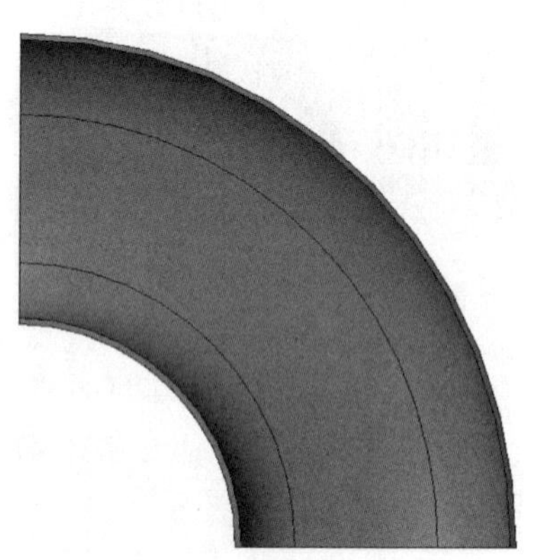

图 6.1 某型钣金机匣模型

图 6.1 所示的某型钣金机匣具有大弯管内壁的形状特征，通过冲压成形的方法对其大弯管内壁进行精密成形。该钣金机匣的内壁具有较大的弧度，且壁厚较薄，选取冲压成形的方法进行精密成形加工。由于冲压回弹对零件成形精度的影响，必须在机匣的冲压成形工艺中对回弹进行补偿，以满足最终的精度要求。

对于该钣金机匣的精密成形过程采取如图 6.2 所示的工艺路线。选用圆环形板料作为坯料，经过冲压、翻边、裁剪三个工艺后可以获得最终零件。

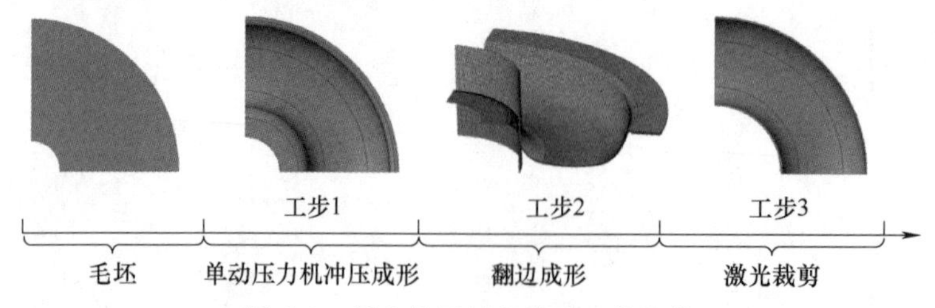

图 6.2 钣金机匣精密成形工艺路线

各工步的具体加工过程如下：

工步 1 是坯料冲压成形阶段。在该阶段，将毛坯冲压出弧形面。首先，以零件的下表面作为凹模的型面，并在两端增加工艺补充面，使其比原始坯料稍大。然后，以零件的上表面作为凸模的型面。使用单动压力机将坯料冲压成形。

工步 2 是翻边的塑性成形过程。以最终零件的上表面作为型面，并在两端增加工艺补充面，使其比原始坯料稍大。翻边工艺中冲头的圆角与该工步中凹模的圆角相同。使用冲头对零件进行翻边成形加工。

工步 3 是激光裁剪过程。以最终零件外轮廓线作为激光裁剪轨迹线，使用激光对零件进行裁剪，获得成品零件。

使用 DYNAFORM 软件对该机匣的精密成形过程进行模拟分析。通过分析冲压成形效果与零件的回弹量，对相关参数进行优化与回弹补偿，明确相关加工参数的设置，并对生产中的模具加工与补偿修模提供技术指导。

6.2　难变形材料的性能测试

6.2.1　材料的拉伸性能测试

钣金机匣常选用高温合金作为材料，该材料具有优异的高温强度、良好的抗氧化性和耐蚀性、良好的疲劳性能、断裂韧性等综合性能，但是变形能力较差。为了测定钣金机匣相关材料的性能，构建冷成形下的本构模型，进行钣金机匣材料的拉伸性能测试。通过试验测定不同金属板材拉伸时的位移-载荷数据并计算得出相应的应力-应变数据；绘制不同金属板材的应力-应变曲线；通过拟合得出不同金属材料的应变硬化指数（n 值）和厚向异性指数（r 值），并将试验获得的本构参数导入 DYNAFORM 软件中，生成相应的材料数据。

为了获取板料的硬化指数和厚向异性指数，采用 INSTRON 5982 电子拉伸试验机和 XJTUDIC 三维数字散斑动态应变测量分析系统进行板料拉伸试验，如图 6.3 所示。

图 6.3　板料拉伸试验系统

XJTUDIC 三维数字散斑动态应变测量分析系统是一种光学非接触式三维形变测应变量系统，采用散斑数位影像相关法和双目立体视觉测量技术。通过对试样变形前后表面的散斑图像进行分析，应用专用软件进行图像处理，获取精确的应变数据。INSTRON 5982 材料试验机的最大载荷为 100kN，载荷测量精度为±0.5N，其速度范围为 0.00005～1016mm/min，可以实现多种加载方式。其配备了可以自动识别载荷的传感器与精确测量应变的引伸计，可以有效地同 XJTUDIC 三维数字散斑动态应变测量分析系统相结合。

为了充分了解各种难变形材料的拉伸性能，分别对 GH600（厚度 $t=0.5$mm）、GH625（厚度 $t=0.8$mm）、GH4169（厚度 $t=1.0$mm）、GH3030（厚度 $t=1.0$mm）、GH1140（厚度 $t=1.0$mm）、06Cr19Ni10（厚度 $t=1.0$mm）、1Cr18Ni9Ti（厚度 $t=1.0$mm）、12Cr18Mn9Ni5N（厚度 $t=1.0$mm）、GH3044（厚度 $t=0.8$mm）这 9 种难变形材料进行试验。为了确保拉伸试验结果的准确性，分别在板料 0°、45°与 90°方向分别取样 3 个，并制成单轴拉伸试验试件。取样方向与试件图样如图 6.4 所示。在制好单轴拉伸试验试件后，分别进行拉伸试验，试验步骤如下：

1）测量试样尺寸，测定试样的初始厚度，并记录。测定厚度时，需要在试样中部量取多个数据取平均值。

2）试件喷涂随机散斑，漆干后，将其放入拉伸试验机工作台面上。

3）设置试验条件，试样的拉伸速率为 2mm/min，常温条件下拉伸，直到试样被拉断，XJTUDIC 三维数字散斑动态应变测量分析系统采样频率设为 300ms/帧。

4）进行拉伸试验，记录散斑应变场。

5）XJTUDIC 配套软件对记录图像进行处理生成应力应变曲线、长度和宽度随时间的变化曲线。

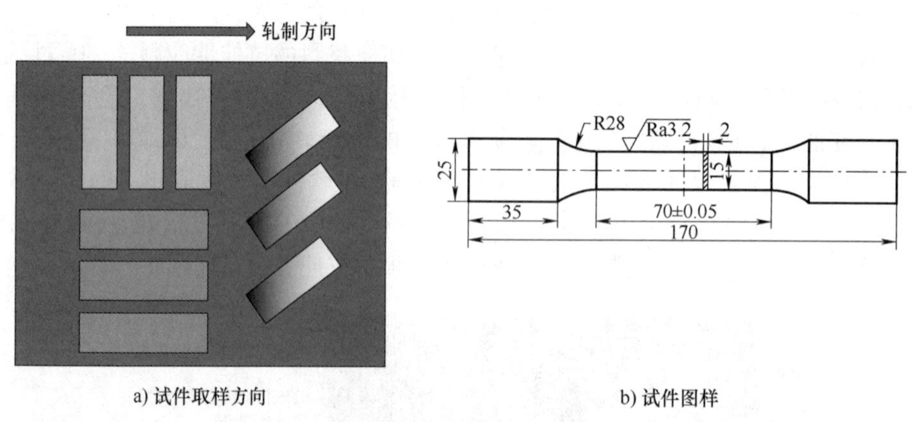

a) 试件取样方向　　b) 试件图样

图 6.4　单轴拉伸试验试件加工方法

以 GH600 材料为例，通过单轴拉伸试验获得材料的原始试验数据。试件在 0°方向的应力应变曲线如图 6.5 所示。试件在 0°方向、45°方向与 90°方向的 r（厚向异性指数）值应变曲线如图 6.6 所示。

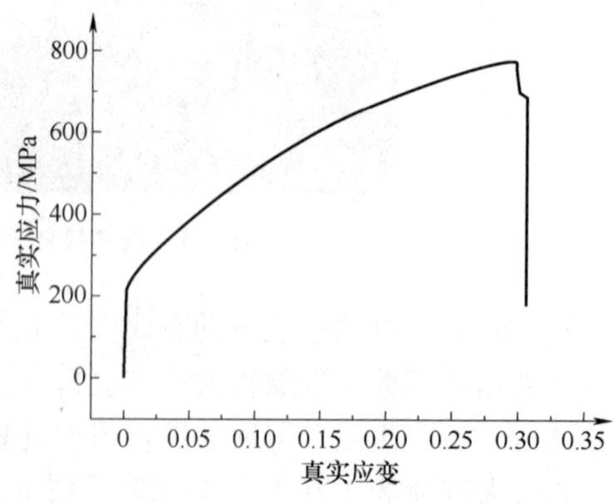

图 6.5　试件在 0°方向的应力应变曲线

由于 XJTUDIC 三维数字散斑动态应变测量分析系统所处理的数据为载荷-标距长度-标距宽度曲线，需要将其转换为真实应力应变曲线和 r 值应变曲线。将试验测得的应力应变曲线的塑性阶段起始点平移到应力坐标轴获得如图 6.7 所示的有效应力应变曲线。由于在试验中测得的

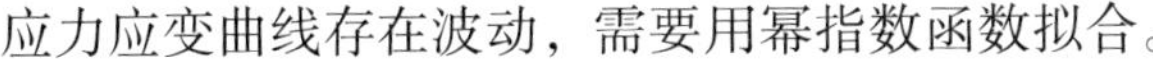

应力应变曲线存在波动，需要用幂指数函数拟合。

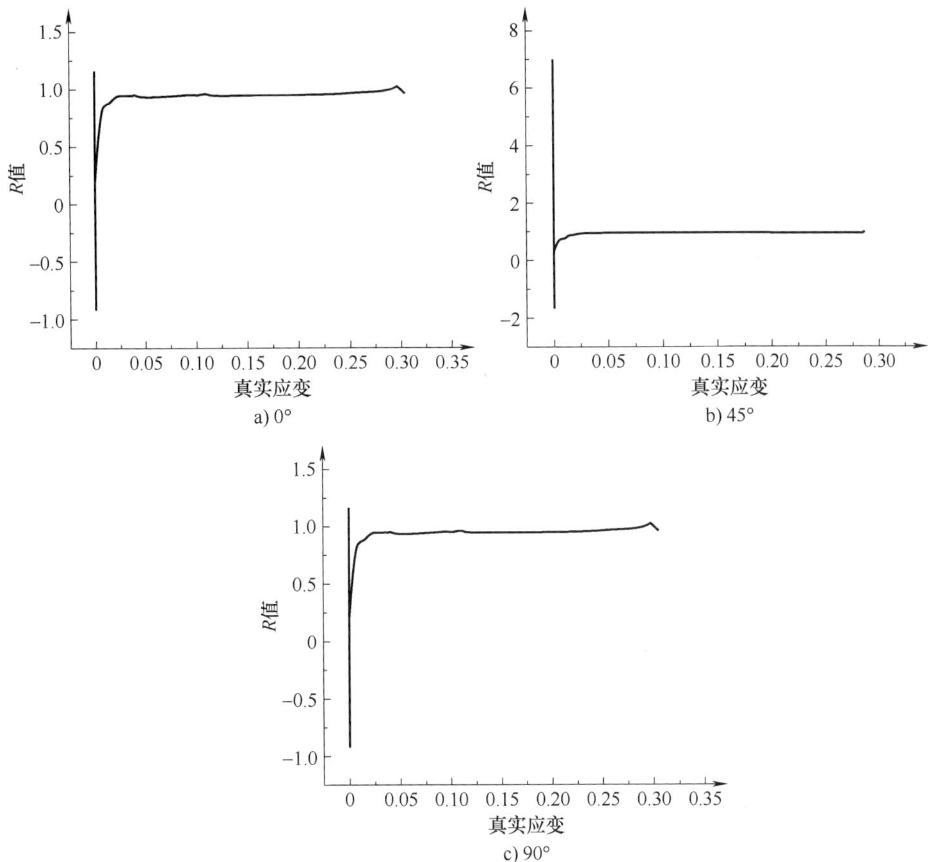

图 6.6　试件在 0°方向、45°方向与 90°方向的 r 值应变曲线

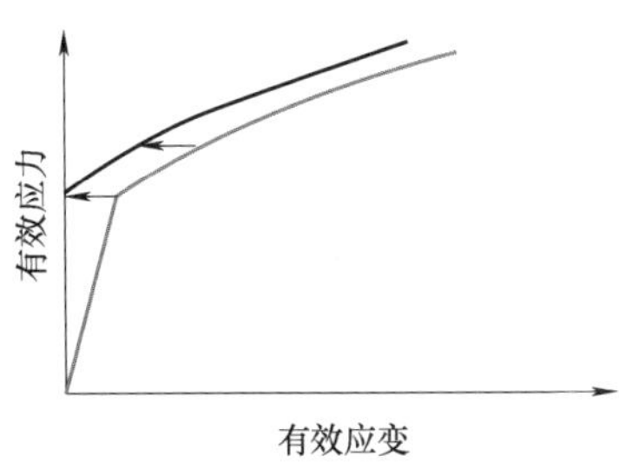

图 6.7　有效应力应变曲线

在金属材料尤其是金属板料实际应用中，应变硬化指数（n 值）是一个很重要的参数。它反映了金属材料抵抗均匀塑性变形的能力，是表征金属材料应变硬化行为的性能指标。将真实应力应变值取对数后进行线性拟合，拟合的曲线斜率即为 n 值，拟合过程如图 6.8 所示。

r 值是评定板料压缩成形性能的一个重要参数。r 值是板料试件单向拉伸试验中宽度应变 ε_b 与厚度应变 ε_t 之比，即 $r=\varepsilon_b/\varepsilon_t$。板料 r 值的大小反映了板平面方向与厚度方向应变能力的差异。选择如图 6.9 所示的应变曲线图中中段平缓处 r 值计算其平均值，即可获得厚向异性系数。

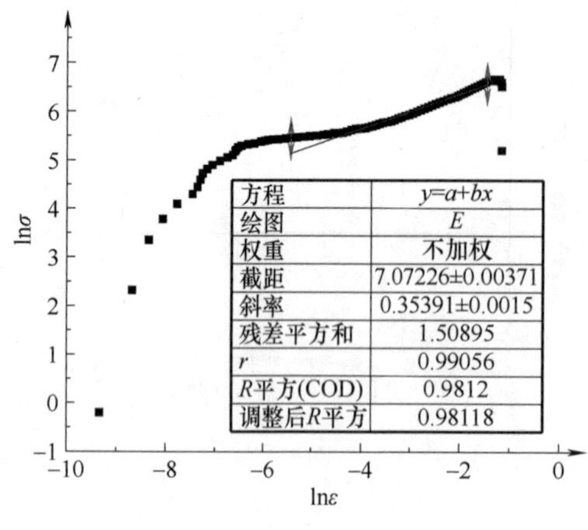

图 6.8　应变硬化指数拟合

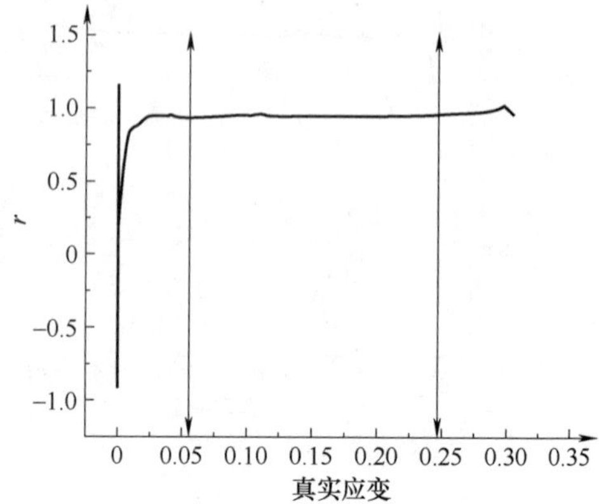

图 6.9　r 值统计区域

通过对各个材料进行试验，获得材料性能参数，见表 6.1。

表 6.1　材料性能参数

材料	n 值	r（0°）	r（45°）	r（90°）
GH600（厚度 t=0.5mm）	0.358	0.958	0.910	0.958
GH625（厚度 t=0.8mm）	0.340	0.930	0.948	1.022
GH4169（厚度 t=1.0mm）	0.334	0.826	1.006	0.975
GH3030（厚度 t=1.0mm）	0.326	0.915	0.958	1.019
GH1140（厚度 t=1.0mm）	0.364	0.900	0.962	0.986
06Cr19Ni10（厚度 t=1.0mm）	0.497	0.913	1.068	0.852
1Cr18Ni9Ti（厚度 t=1.0mm）	0.486	0.878	1.188	0.877
12Cr18Mn9Ni5N（厚度 t=1.0mm）	0.370	0.970	1.050	0.781
GH3044（厚度 t=0.8mm）	0.344	0.940	0.962	0.986

6.2.2　材料的成形极限测试

成形极限图（Forming Limit Diagrams）常用 FLD 表示，是判断和评定金属薄板成形性能最为简便和直观的方法，是对板料成形性能的一种定量描述，是解决板料冲压问题的一个非常有效的工具，也是对冲压工艺成败性的一种判断曲线。GH600（厚度 t=0.5mm）、GH625（厚度 t=0.8mm）、GH4169（厚度 t=1.0mm）、GH3030（厚度 t=1.0mm）、GH1140（厚度 t=1.0mm）、06Cr19Ni10（厚度 t=1.0mm）、1Cr18Ni9Ti（厚度 t=1.0mm）、12Cr18Mn9Ni5N（厚度 t=1.0mm）材料制取如图 6.10 所示的试样，并分别进行成形极限试验。

采用杯突试验机和 XJTUDIC 三维数字散斑动态应变测量分析系统进行板料成形极限试验，具体步骤如下：

1）试件喷涂随机散斑，待涂料干燥后，背面涂抹润滑脂，将其放入杯突试验机工作台面上。

2）设置试验条件。冲压速率为 40mm/min，在常温条件下冲压，直到试件冲破，摄像头采样频率设为 200ms/帧。

3）通过配套软件对记录图像进行处理生成成形极限曲线。

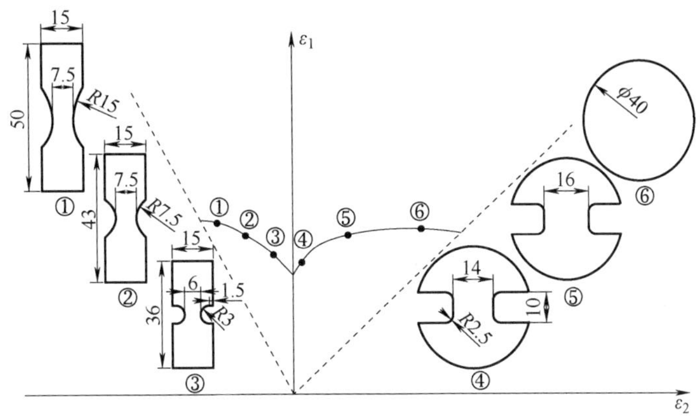

图 6.10　成形极限试验试件示意图

以 GH600 为例，杯突试验机配套软件对记录图像进行处理可直接生成成形极限曲线，但是因生成的曲线的最小主应变未在-0.3~0.5 范围内，故需要对曲线进行拟合，重新截取数据点，选择-0.3~0.5 范围内的 20 个数据点导入 Dynaform。拟合时最小主应变中大于 0 的部分采用幂指数拟合，小于 0 的部分采用线性拟合。

通过试验，获得各个材料的成形极限图，如图 6.11 所示。将试验数据生成材料文件，将材料文件导入 DYNAFORM 的材料数据库中，供后续有限元分析使用。

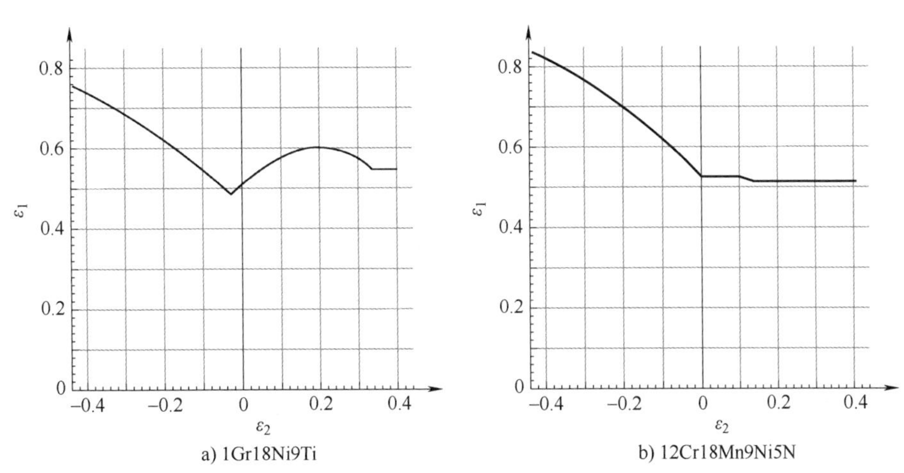

图 6.11　材料成形极限图

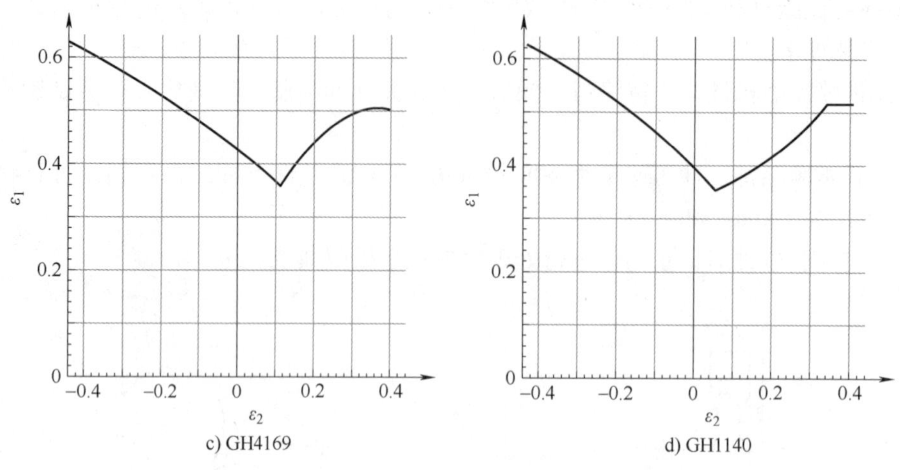

图 6.11　材料成形极限图（续）

6.3　钣金机匣大弯管内壁精密成形过程有限元建模

该型钣金机匣具有大弯管内壁特征，选用冲压成形方法进行精密成形。通过对成形过程的数值模拟可了解机匣的成形情况与回弹量，对模具进行改进，进而对实际生产加工提供指导。钣金机匣精密成形的数值模拟过程主要根据零件的成形特点而定，通常采用分步成形的方法，相对应的有限元分析流程如图 6.12 所示。

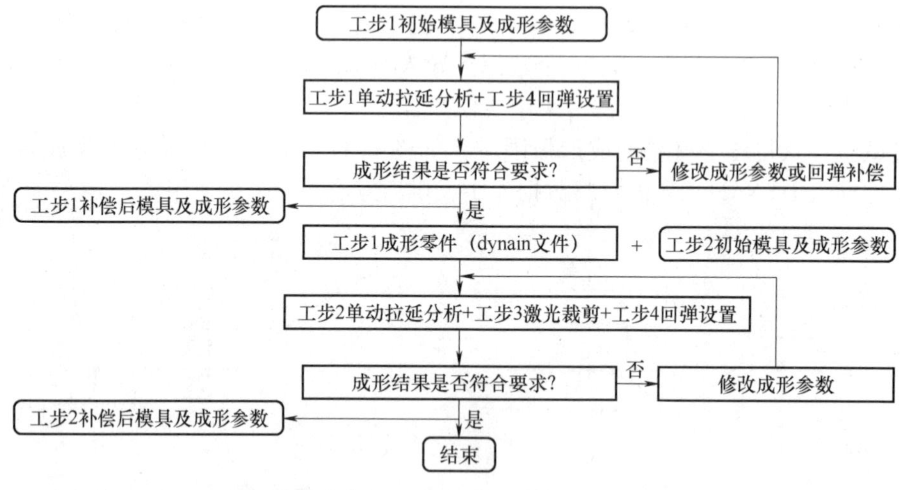

图 6.12　钣金机匣精密成形有限元分析流程

由于该钣金机匣零件为轴对称零件，因此在建立零件模型时，可以只分析零件的 1/4 进而减少软件计算量并提高计算精度。几何模型通过给定的图样，在适当的三维软件中绘制整个零件及坯料的 1/4 模型即可。零件与坯料模型示意图如图 6.13 所示。

对该工件采取的工艺路线主要分为三步：首先是单动压力机冲压成形；然后是翻边成形工艺；最后是激光裁剪工艺。可使用适当的三维软件绘制相关工步中的模具。

a) 坯料的三维模型

b) 一次冲压后的零件模型

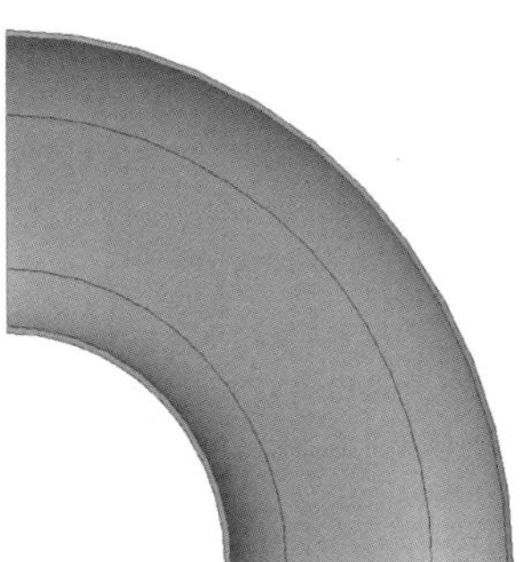
c) 最终零件的三维模型

图 6.13　零件与坯料模型示意图

在翻边成形工步中，图 6.13c 零件上表面作为凹模，并在内外侧增加工艺补充面，使得凹模内外侧比原始坯料稍大；而凸模和压边圈在凹模导入 DYNAFORM 后偏置为板料厚度的 1.1 倍。

工步 3，在激光裁剪工步中，提取最终零件外轮廓线作为激光裁剪的轨迹线。各工步绘制原始模具如图 6.14 所示。

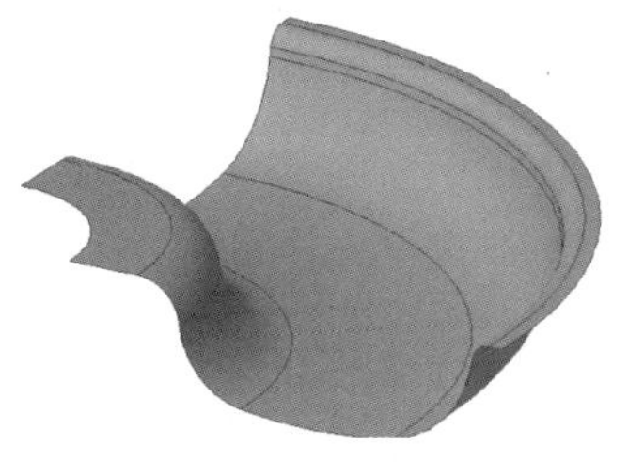
工步1：凹模

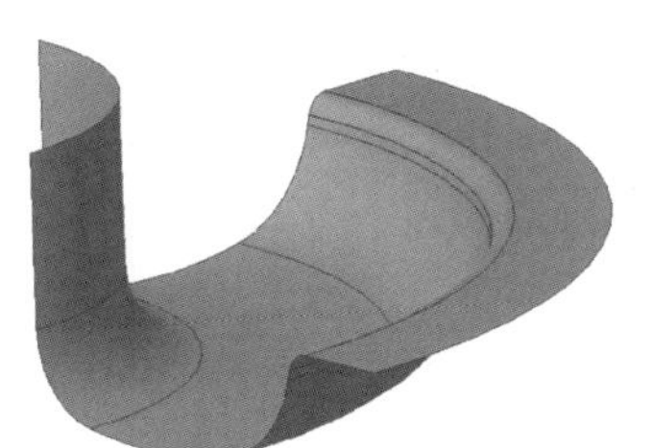
工步2：凹模

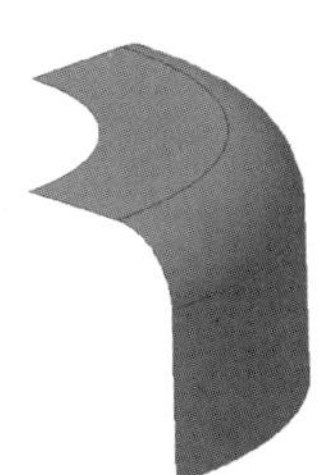
工步3：冲头

图 6.14　各工步绘制原始模具

在绘制好相关毛坯、零件与模具的模型后，将其以 igs 格式导入 DYNAFORM 中，按照上述工步进行有限元分析。具体建模流程如下。

（1）工步 1：单动压力机冲压成形

在该工步中，将毛坯初次成形。将坯料设为简化后的 1/4 模型，须设置对称面的约束，如图 6.15 所示。

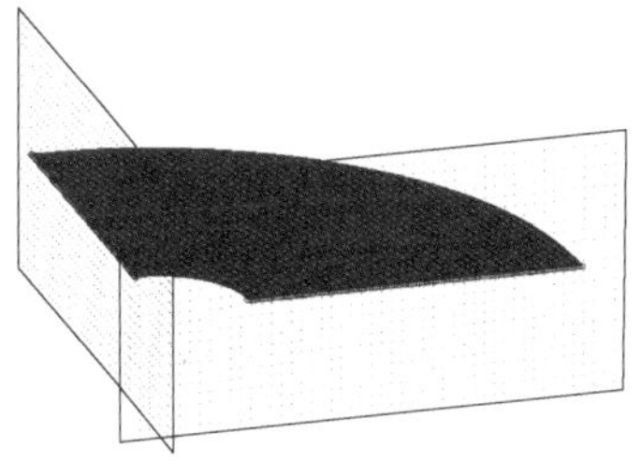
图 6.15　简化坯料对称面设置

坯料材料设置为 GH3044（厚度 $t=0.8$mm）的 36 号材料模型，其材料性能曲线如图 6.16 所示。

模具与坯料间存在摩擦，因此在有限元仿真中，取摩擦系数为钢与钢间的摩擦系数 0.05。在冲压过程中，模具的运动设置分为合模和冲压两步，模具运动速度和压边力的大小须根据冲压结果进行适当调整，寻找合适值，具体运动参数的设置如图 6.17 所示。

设置完成后，对模型进行网格划分。采用壳单元对下模进行网格划分，模具的单元最大尺寸为 2mm，最小尺寸为 0.5mm，共有单元 14028×2 个。坯料的单元最大尺寸为 1.5mm，最小尺寸为 0.5mm，共有单元 18638 个，无三角形单元。划分结果如图 6.18 所示。

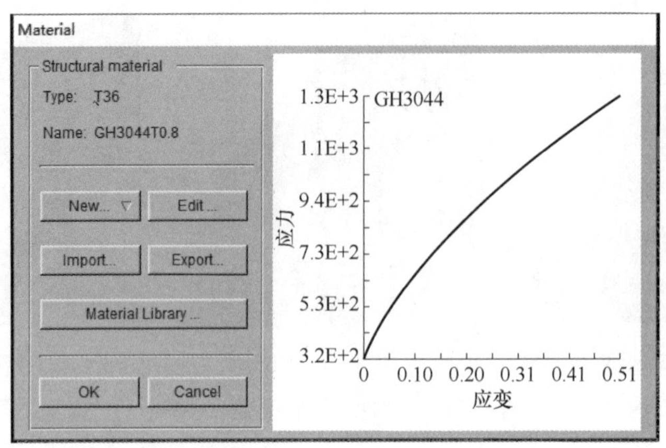

图 6.16　材料性能曲线图

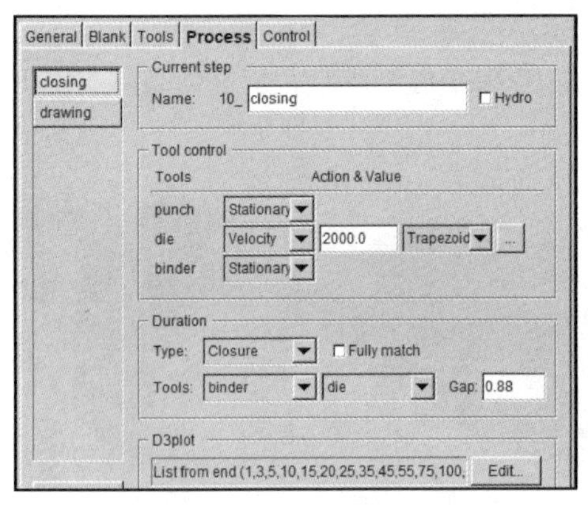

a) 合模运动设置

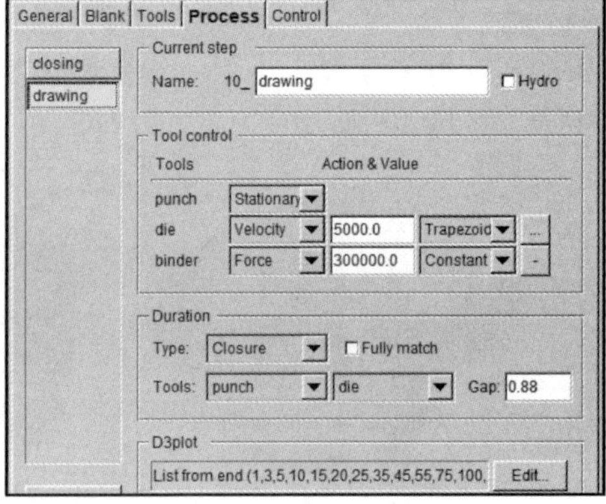

b) 冲压运动设置

图 6.17　模具运动设置

（2）工步 2：翻边成形工艺

在这一步中，对零件进行翻边成形加工。有限元模型分为四部分：坯料、凸模、凹模、压边圈，见图 6.19。压边圈厚度设置为板料厚度的 1.1 倍，坯料由工步 1 计算完成生成的 Dynain 文件导入而成。下模和上模采用壳单元对下模和上模进行网格划分，模具的单元最大尺寸为 2mm，最小尺寸为 0.5mm，共有单元 14409 个+ 2547 个（16956 个）。

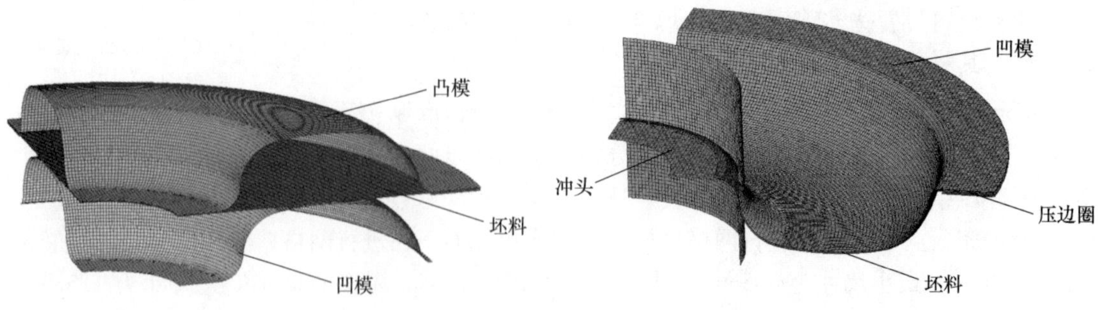

图 6.18　坯料及模具网格划分结果 1　　图 6.19　坯料及模具网格划分结果 2

(3) 工步 3：激光裁剪工艺

裁剪工步紧跟在翻边工步之后，激光裁剪参数设置如图 6. 20a 所示，轨迹为零件外轮廓线如图 6. 20b 所示。

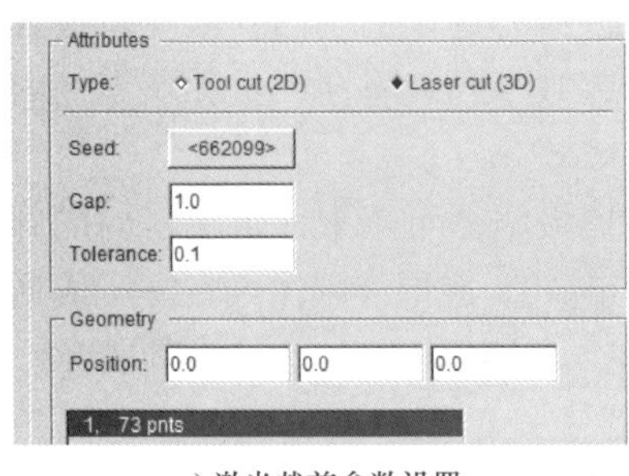

a) 激光裁剪参数设置

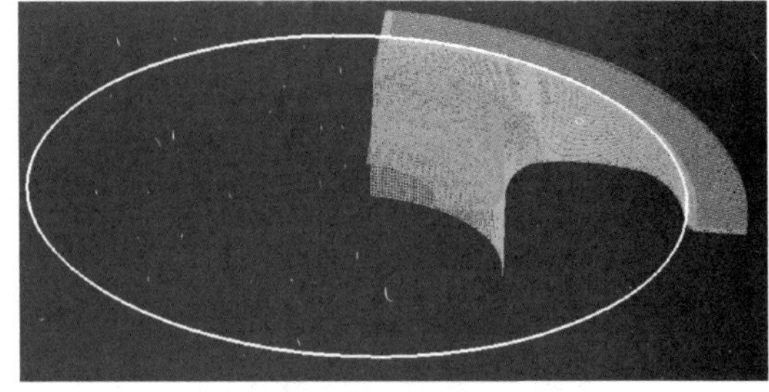

b) 裁剪轨迹

图 6. 20　激光裁剪工艺

(4) 工步 4：回弹设置

在板料成形结束阶段，随着变形力的释放或消失，成形过程中储存的弹性变形要释放出来，引起内应力重组，进而导致零件整体形状改变，使冲压件的最后尺寸与模具尺寸不一致，这就是回弹。如果该工件所产生的回弹超出了一定的限度，所冲产品就成为废品。

影响弯曲冲压件回弹有很多因素，例如：压边力的大小、模具的间隙、板料的厚度、凸凹模圆角半径、弯曲角度、摩擦系数、材料的性能、拉深筋的布置等。理论上很难预测回弹，随着板料数值模拟技术的高度发展，常常利用数值模拟技术来模拟回弹。

因此，对该机匣进行回弹分析设置，了解零件的回弹情况。在零件将要打孔的环向设置回弹约束点以限制板料的刚性位移，从而获得板料的回弹情况。回弹约束点设置如图 6. 21 所示。

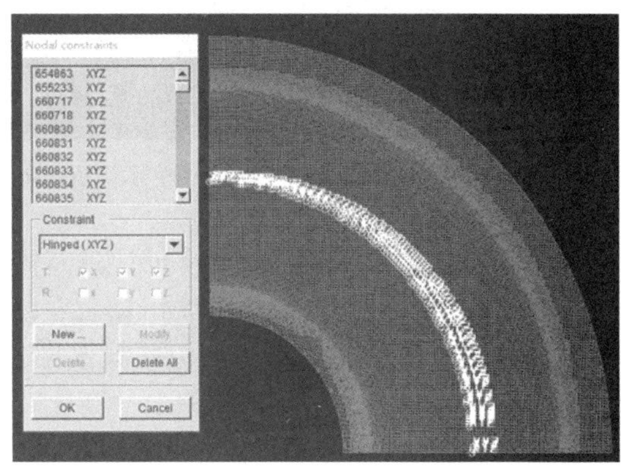

图 6. 21　回弹约束点设置

6. 4　精密成形过程有限元模型评估及应用

6. 4. 1　零件成形效果分析

单动压力机冲压成形工步的基本参数见表 6. 2。最终零件不存在起皱与破裂现象，最大减薄率为 19. 83%<20%，减薄率满足使用要求，但是零件的最大回弹量为 1. 35mm>0. 5mm，不符合要求，须进行回弹补偿。

表 6. 2　单动压力机冲压成形工步的基本参数

板料厚度/mm	最大板厚/mm	最小板厚/mm	最大减薄率 (%)	应力/MPa
0. 8	0. 829	0. 641	19. 83	1211

在冲压成形过程中常见的质量问题主要有起皱、开裂、回弹、表面缺陷（塌陷、滑移、冲击等）。以上问题占冲压件质量缺陷问题的85%以上。由于板料厚度方向的尺寸和平面方向的尺寸相差较大，造成厚度方向不稳定，当平面方向的应力达到一定程度时，厚度方向失稳，从而产生起皱现象。而材料在冲压过程中，受到拉伸力的作用，当其应变超过其变形极限时，材料失稳，从而形成冲压过程中的开裂现象。起皱与开裂将会严重影响零件的成形效果，造成实际生产中的损失。

对冲压过程导出如图 6. 22 所示的成形极限图。成形极限图可用来评定板料的局部成形性能，成形极限图的应变水平越高，板料的局部成形性能越好。成形极限图可在冲压成形工艺的计算机辅助设计中应用，利用它判别工艺制订是否合理，也可用于解决生产中的实际问题。

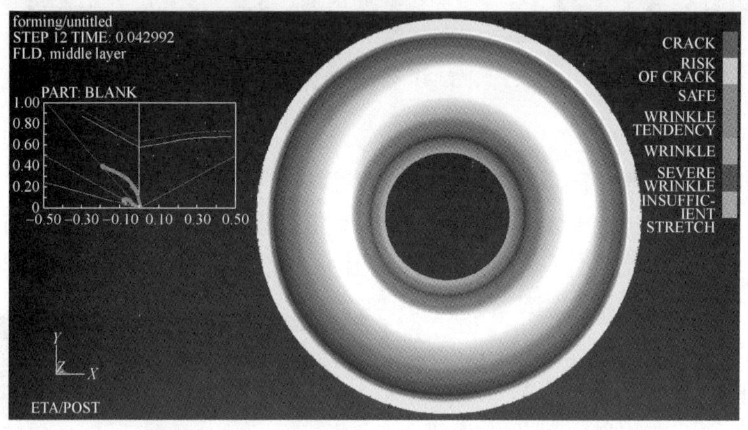

图 6. 22　工步 1 中零件的成形极限图

工步 1 的成形极限图中，整体的应变水平较高，板料的局部成形性能好。因此在成形过程中不存在起皱与开裂现象，反映出加工参数的合理性，满足实际使用要求。

减薄率影响零件的成形质量，若减薄率过大轻则造成零件刚度下降，影响实际使用性能；重则导致板料开裂，成为废品。工步 1 中板料的减薄率云图如图 6. 23 所示，最薄处在大弯管靠近中心处为 0. 641mm，增厚处在零件外边缘压边处为 0. 829mm，最大减薄率为 19. 83%，满足使用要求。

图 6. 23　工步 1 中板料的减薄率云图

零件贴模情况可以反映零件在成形过程中的形状精度。若贴模情况较好，则成形精度较高，若较差，则需要进一步修改工艺参数，提高成形精度。零件的贴模情况可以通过零件中性层和模具之间的偏差大小来衡量。

在本例中，通过测量零件中性层与凸模的偏差（见图 6. 24）来判断零件的贴模情况。通过测量发现零件中部与凸模偏差较小，零件贴模情况较好；但零件圆角处与凸模偏差均大于 0. 5mm，有轻微的不贴模现象，偏差最大值处在零件顶部圆角过渡区为 0. 514mm。因此，需要对模具圆角处进行适当的改进，提高零件的贴模情况，从而获得更高的形状精度。

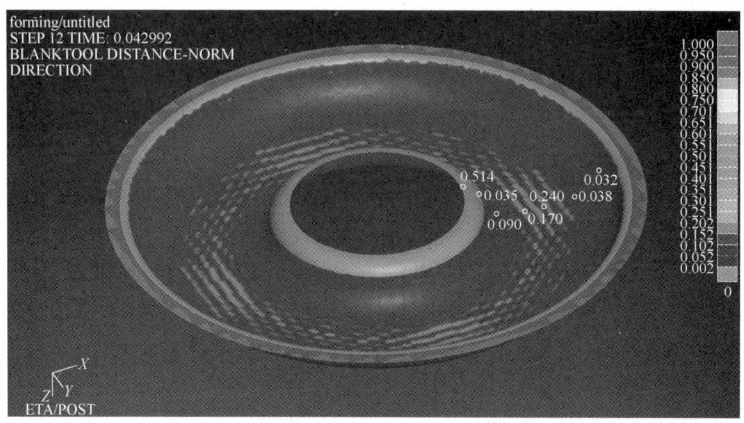

图 6. 24　零件中性层与凸模的偏差

零件外边缘由于压边力的作用，零件外圈的流动（16. 48mm）小于零件内边缘运动（23. 11mm），如图 6. 25 所示。

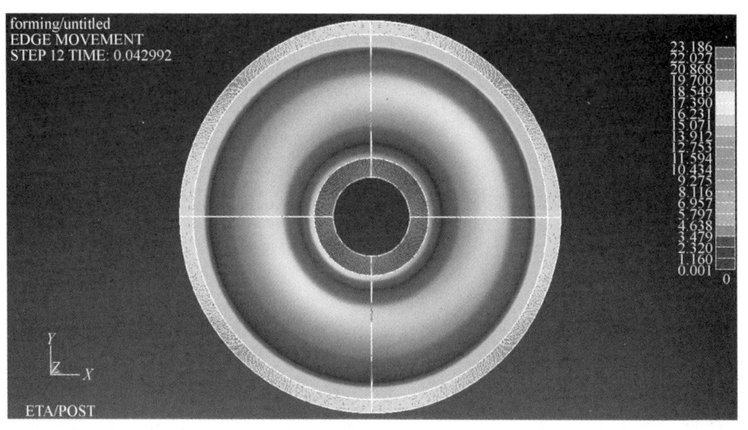

图 6. 25　零件边界运动

为了解零件在成形后的整体应力分布情况，从软件中导出零件成形后的 Max-Vonmises 应力分布云图，如图 6. 26。零件弧形内壁处的应力值较低，应力集中主要在边缘顶部和零件圆角处，最大值为 1211MPa，小于材料的最大许用应力，即材料不会在冲压时发生失效。

板料成形后的回弹是冲压成形过程中无法避免的现象，回弹的存在直接影响了冲压件的

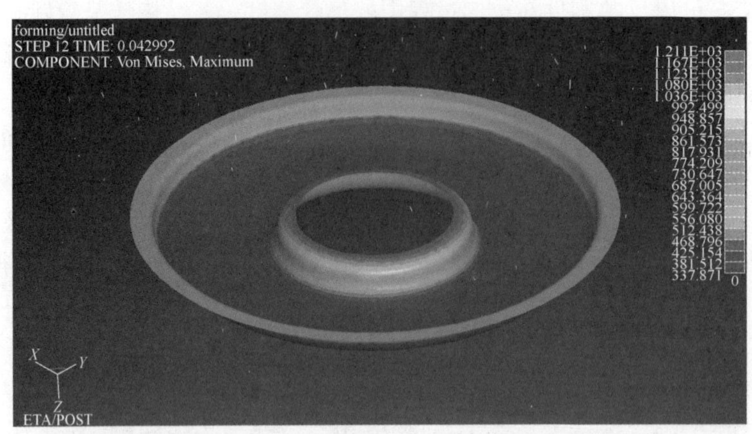

图 6.26 Max-Vonmises 应力分布云图

成形精度以及后续的装配。因此，必须对该零件成形后的回弹偏差进行分析评估，了解零件部位的回弹状况，并对回弹偏差值较大处进行回弹补偿。

使用 Dynaform 软件可以导出如图 6.27 所示的回弹偏差云图，板料局部回弹最大值为 1.346mm>0.5mm，不符合回弹偏差要求。由图 6.28 所示的零件截面回弹偏差云图可知，回弹最大值位于零件内圈圆角处，须进行回弹补偿。

图 6.27 零件回弹偏差云图

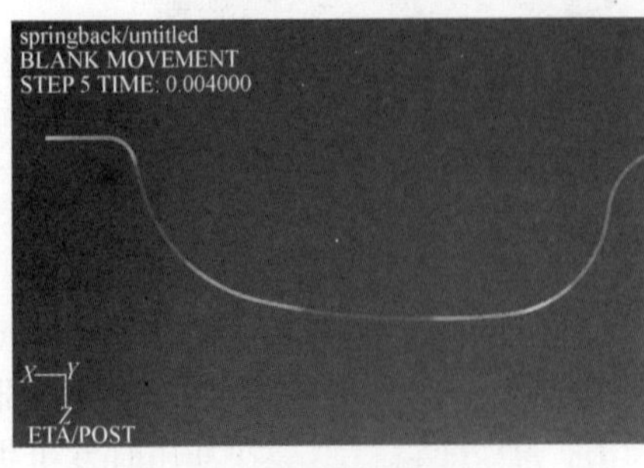

a) 截面偏差云图

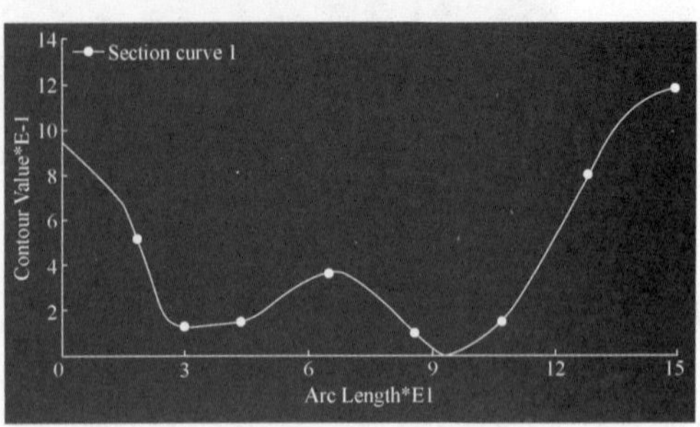

b) 截面偏差值

图 6.28 零件截面回弹偏差云图

6.4.2　零件回弹补偿效果分析

板料成形是一个具有几何非线性、材料非线性、边界条件非线性等多重非线性的非常复杂的力学过程。由于影响成形过程的因素很多，因此人们不能精确控制材料的流动。在成形过程中会产生各种各样的缺陷，影响零件的几何精度、表面质量和力学性能。近年来计算机和有限元模拟技术不断发展完善，为分析板料成形过程的成形缺陷问题提供了一种崭新有效的方法。目前，CAE 软件可以通过模拟成形过程来实现零件的回弹补偿。

在本案例中回弹补偿基于 Dynaform 5.9.2 的回弹补偿模块，关键参数选择如图 6.29 所示。实际回弹补偿流程如图 6.30 所示，当回弹偏差小于 0.3mm 时，即满足零件加工精度要求，停止补偿。经过分析，共计回弹补偿两次，最后一次回弹补偿零件偏差 0.29mm<0.3mm，满足零件的使用要求。

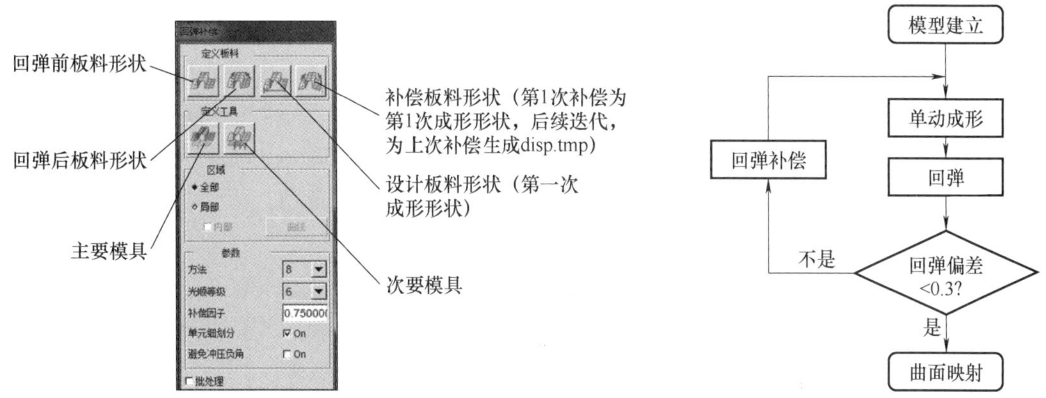

图 6.29　回弹补偿模块参数选择　　　　图 6.30　回弹补偿流程图

第一次回弹补偿零件偏差最大可以达到 0.430mm>0.3mm，还未能满足使用要求（见图 6.31a），需要进行二次回弹补偿（见图 6.31b），最后一次回弹补偿零件偏差 0.16mm<0.3mm 满足使用要求。

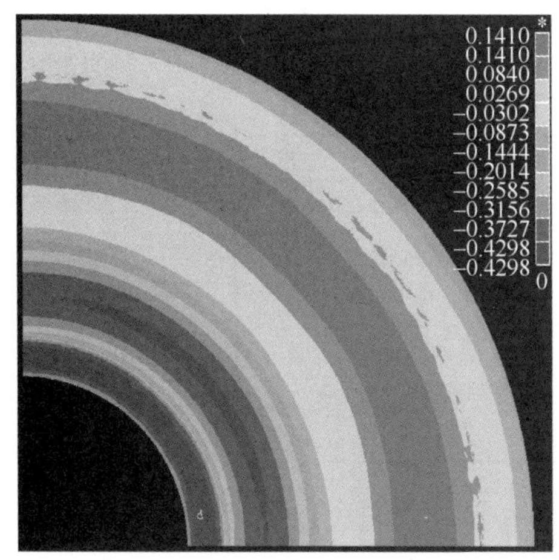

a) 第一次回弹补偿后零件的偏差

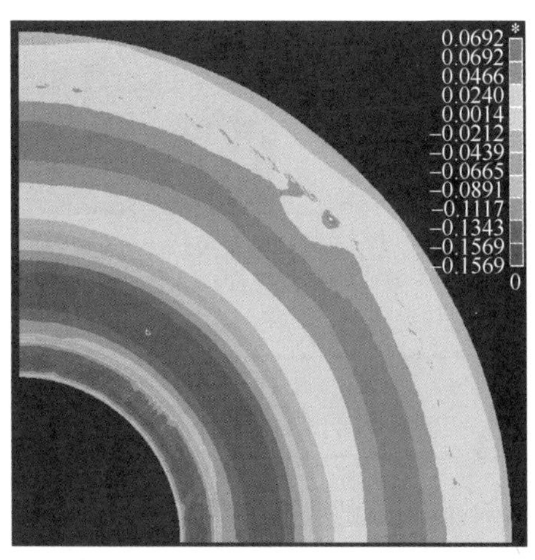

b) 第二次回弹补偿后零件的偏差

图 6.31　零件回弹补偿后回弹偏差云图

将最后一次补偿的模具进行曲面映射，并绘制如图 6. 32 所示的补偿前后模具截面偏差图与图 6. 33 所示的曲面映射后模具与原始模具偏差云图。可以发现，补偿后的凹模与原始凹模相比，最大偏差有 1. 3mm，主要修模处位于模具底部圆角处。

图 6. 32　补偿前后模具截面偏差图

使用经过回弹补偿后的模具，再次进行成形工艺过程分析，零件基本成形参数见表 6. 3。经过有限元分析后，零件最终成形结果不存在起皱与破裂现象，最大减薄率为 27. 9%，最大回弹量为 0. 97mm>0. 5mm，不符合要求，回弹补偿冲头会出现冲压负角，无法达到补偿效果，需要胀形保证。

图 6. 33　曲面映射后模具与原始模具偏差云图

表 6. 3　模具补偿后工步 1 基本成形参数

板料厚度/mm	最大板厚/mm	最小板厚/mm	最大减薄率（%）	应力/MPa
0. 8	0. 8	0. 577	27. 9	1571

由图 6. 34 所示的成形极限图可知，成形过程中不存在起皱与破裂现象，满足使用要求。

成形结果中板料的最薄处在大弯管靠近中心处，为 0. 577mm，增厚处在零件外边缘压边处，为 0. 8mm，最大减薄率为 27. 7%，满足使用要求。减薄率云图如图 6. 35 所示。

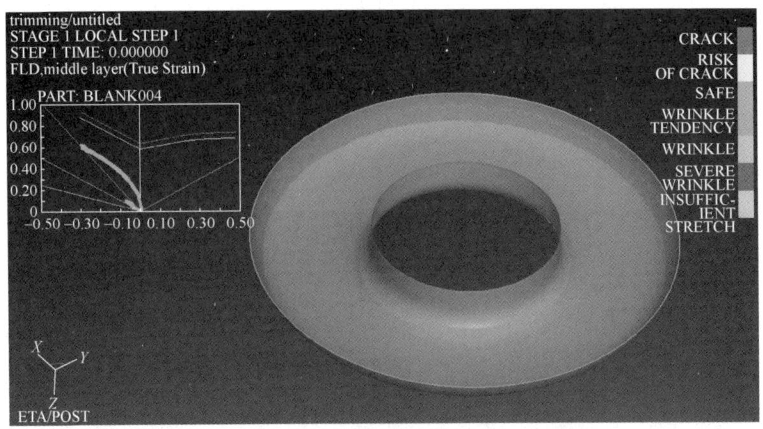

图 6.34　成形极限图

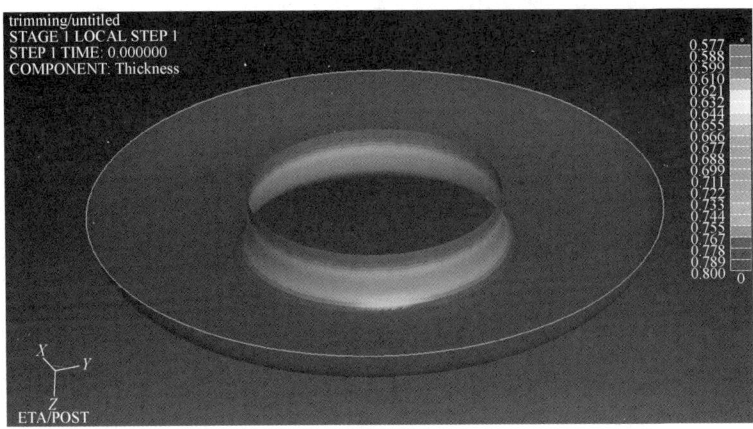

图 6.35　减薄率云图

由图 6.36 可知，应力集中主要在边缘顶部和零件圆角处，最大值为 1571MPa。小于材料的最大许用应力，即材料不会在冲压时发生失效。

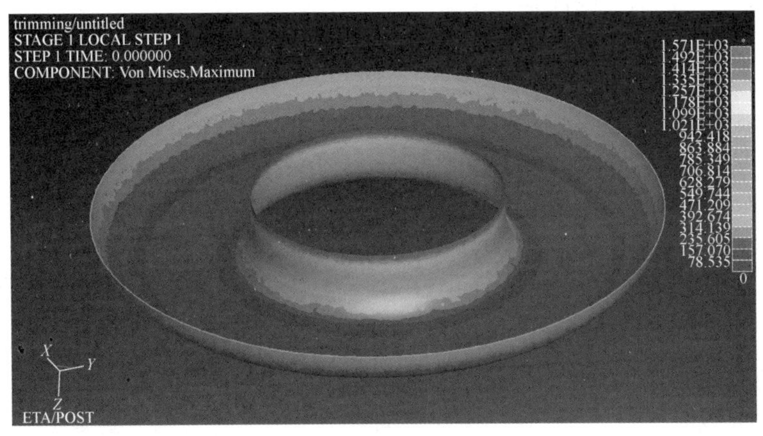

图 6.36　Max-Vonmises 应力云图

经过补偿、激光裁剪加工后，板料局部回弹最大值为 0.97mm>0.5mm，并不符合回弹偏差要求，见图 6.37。由图 6.38，查看零件截面可知，回弹最大值位于零件内圈边缘。而内圈圆角处与外圈圆角处的回弹偏差值较小，均小于 0.15mm，较补偿前有了较大的提高。分析原因，可以发现回弹补偿冲头会出现冲压负角，无法在零件内圈边缘达到补偿效果。对于该缺陷，可以通过胀形加工进行修正。

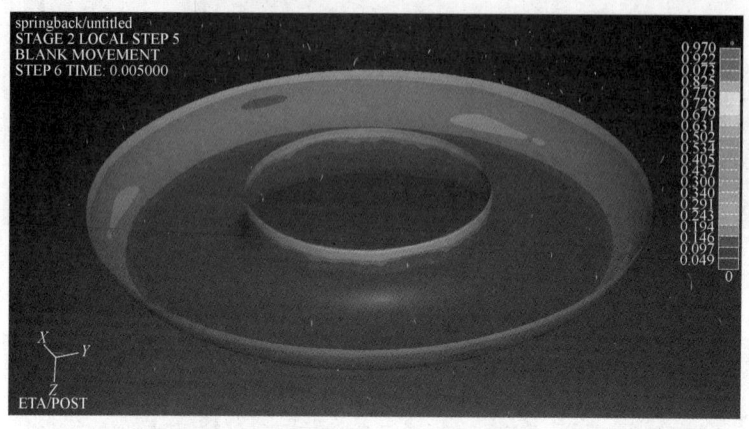

图 6.37　补偿后零件的回弹偏差

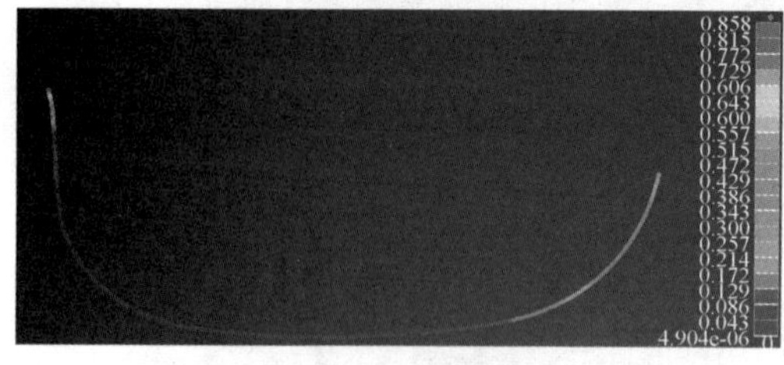

a) 补偿后截面偏差云图

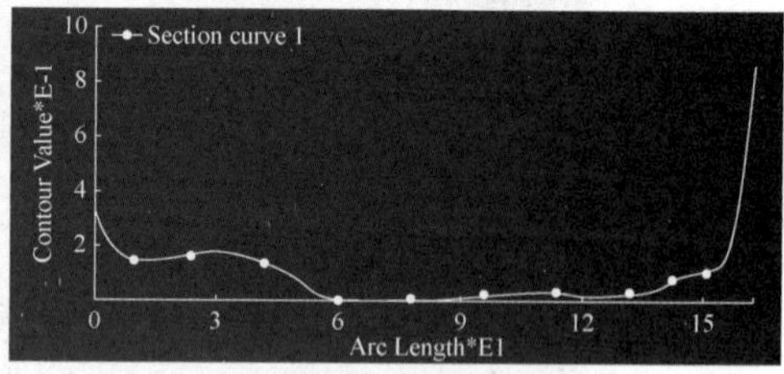

b) 补偿后截面偏差值

图 6.38　补偿后零件截面回弹偏差云图

6.4.3　有限元分析结果与试验结果对比

为了验证工艺模拟的准确性和可靠性，采用模拟所得的工艺参数对改型钣金机匣进行成形试验。

试验设备为 315t 油压机（极限压力为 30MPa），依据模拟结果设置的试验参数如下：各工步原始模具示意图如图 6.39 所示。压边力取为顶出缸压力 15MPa，坯料与模具间进行润滑，冲压速度为 5mm/s，主缸压力为 20MPa。试验加工工艺路线如图 6.40 所示。

由于扫描的坐标系与成形模拟的坐标系不同，难以匹配，直接提取加工后零件的四个截面轮廓线进行对比（见图 6.41），分析回弹模拟准确性。四个截面轮廓线获取方式如下：最终成形零件拿至扫描室，采用扫描仪对零件上表面进行扫描，将扫描结果保存成 igs 文件。导入三维软件 Creo2.0 中去除飞边点和噪点，并降低扫描点个数为 10000 个（原文件扫描点数为 18 万，若过多处理会困难），另存为 stl 文件。采用与模拟截面相同的方式导入 EtaPost-Processor2.0 截取截面（section cut），保存截面点为 nas 格式得到实测坐标点，模拟坐标点直接通过 EtaPostProcessor2.0 导入最终成形回弹后的 dynain 文件截取截面，同样保存为 nas

格式得到模拟坐标点。将实测坐标点与模拟结果的坐标点在 OriginPro2017 进行对比分析，分析过程中对截面线进行必要的匹配平移变换，以实现坐标系匹配。

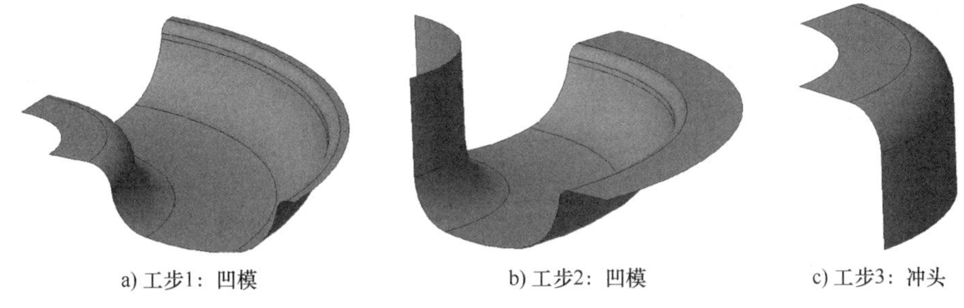

a) 工步1：凹模　　b) 工步2：凹模　　c) 工步3：冲头

图 6.39　各工步原始模具示意图

图 6.40　试验加工工艺路线图

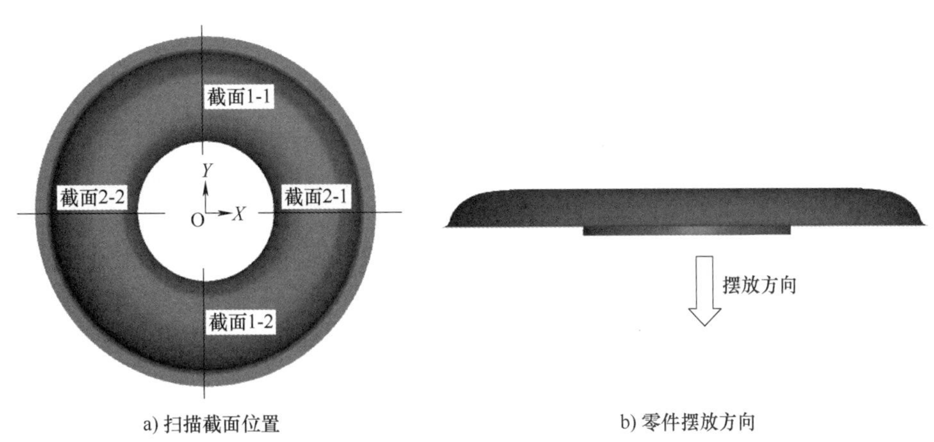

a) 扫描截面位置　　b) 零件摆放方向

图 6.41　零件扫描截面位置及摆放方向

按照上述流程，可以获得如图 6.42a 所示的实际成形零件的扫描图像。由图 6.42 中可以看出，零件不存在起皱与破裂现象，成形效果好，与模拟结果一致。

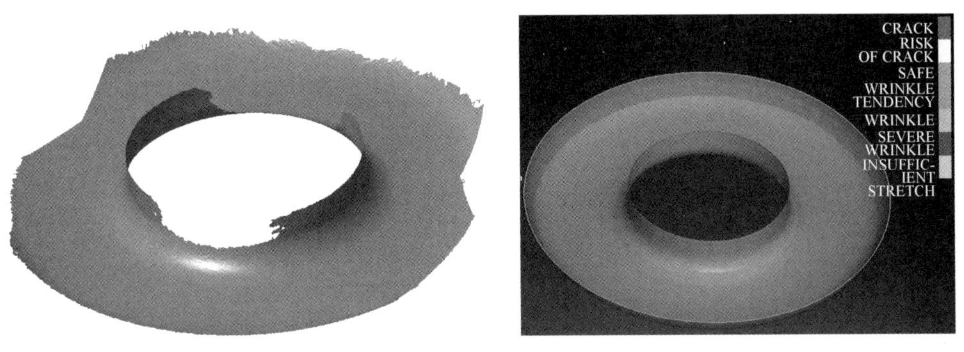

a) 实际成形零件（扫描结果）　　b) 模拟成形零件

图 6.42　零件成形结果对比图

通过数值模拟与试验研究的方法研究了某型钣金机匣的精密成形过程。分析其成形工艺方案，通过对回弹的模拟仿真，探索了合适的工艺参数，修正了原始模具，很好地控制了回弹变形。通过实际试验分析，实际零件加工效果好，与模拟仿真结果有较好的吻合度。这表明利用 Dynaform 软件对板料成形过程进行数值模拟可以有效预测回弹。通过工艺参数的调整与模具结构的改善可以有效地控制回弹。这为实际零件加工与板料冲压成形模具设计和优化提供了可靠的技术支持。

第 7 章　铝合金筒体温翻边成形过程有限元分析

7.1　大直径筒体温翻边成形工艺

高压组合电器 [gas insulated (metal-enclosed) switchgear, GIS] 即气体绝缘金属封闭开关设备，在高压、超高压，甚至特高压领域都有所应用，在当今国内外电力系统中发挥着极为重要的作用。图 7.1 所示的高压组合电器，按照电站主接线的要求，将变电站中除变压器以外的设备连接成一个整体。以金属筒为外壳，壳体内部安装断路器、电流互感器、电压互感器、避雷器、母线、隔离开关、接地开关、电缆终端和进出线套管等元件。

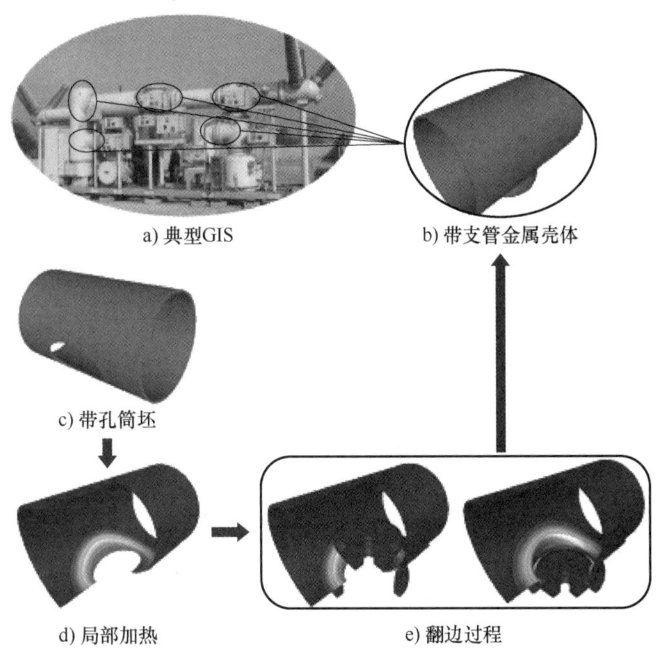

图 7.1　GIS 壳体及其温翻边工艺

GIS 壳体同时具有复杂形状（多个口径、高度不一的支管）和较大物理尺寸（直径可大于 1000mm），且其内部封装上述各种控制器和保护电器，并充以压缩气体（如 SF_6 气体）。GIS 壳体成形质量对高压组合电器装配时间、密封性能、服役期限等起着重要作用，其成形制造是高压组合电器的重要环节。塑性成形方法是一种制造此类高性能、高可靠性大直径金属壳体构件的有效途径。

图 7.1 所示 GIS 的大直径金属筒体零件为三通管或带多个支管。对一个支管区域进行局部不均匀加热与翻边成形。对带椭圆形预制孔的筒坯，局部不均匀加热过程只加热预制孔周围局部区域。未加热区域的大小远大于加热区域，未加热区域的材料强度也大于加热区域的材料强度。未加热区域支管变形区域施加了很强的约束。因此温度场和塑性变形对其他区域影响较小。特别对于带多个支管的大直径金属筒体零件，单个支管的局部不均匀加热与翻边成形对相邻支管区域影响甚小。

在 GIS 的大直径金属筒体实际温翻边成形工艺加热前对椭圆形预制孔周边变形区域涂抹润滑油，然后对椭圆形预制孔周边变形区域采用氧乙炔火焰枪进行加热，加热过程一般为人工加热。加热完成后，移动安装整体芯模，向下拉拔完成翻边成形，然后冷却至室温。单道次温翻边成形过程一般具有 5 个成形阶段，如图 7.2 所示。

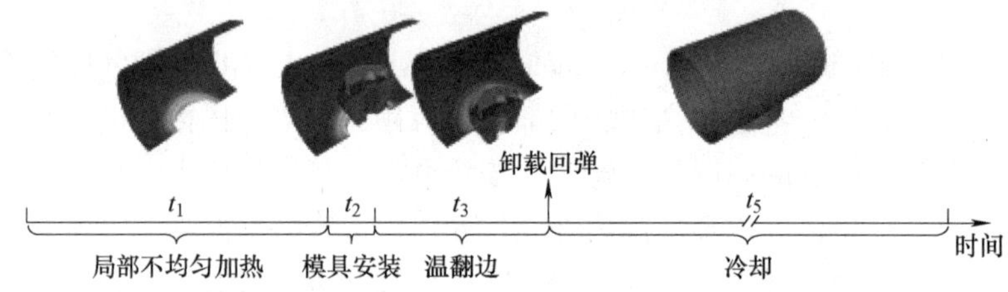

图 7.2　大直径金属筒体加热-翻边冷却全过程

第一阶段是局部不均匀加热阶段。国内配电开关控制设备制造企业一般采用氧乙炔焰加热。筒坯椭圆形预制孔周边变形区域一般加热至 150~250℃。加热后，椭圆形预制孔周向和径向区域的温度场都是不均匀的。

第二阶段是模具安装阶段。在该阶段，工件在等待模具转运安装，同时冷却。

第三阶段温翻边的塑性变形过程，在该阶段温度场和变形场耦合。

第四阶段是翻边后的卸载回弹过程，有限元建模过程中认为回弹是在瞬时完成，因此有限元分析中该阶段时间为零，即 $t_4=0s$。

第五阶段是冷却过程。在实际生产中一般采用空冷，第五阶段的时间远大于前几个阶段。在实际生产操作中，第四阶段很难体现出，一般和第五阶段在一起考虑，为回弹冷却阶段。

每个成形阶段的工艺及时间见表 7.1。对于具有多个支管的大直径金属筒体加工制造，依次完成多个支管的整体芯模拉拔成形。单个支管温拉拔成形过程中温度及变形对其他未成形区域影响甚微，对于一个支管单道次温翻边过程建模。通过变换几何模型和相关工艺参数，重复加热-冷却-翻边-回弹-冷却过程，所建立的有限元模型也可用于具有多个支管的大直径金属筒体的制造过程及多道次成形工艺的研究。

表 7.1　每个成形阶段的工艺及时间

成形阶段	工艺	时间
第一阶段	局部不均匀加热	$t_1=250s$
第二阶段	模具安装	$t_2=10s$
第三阶段	温翻边	$t_3=110s$
第四阶段	卸载回弹	$t_4=0s$
第五阶段	冷却	$t_5=2000s$

7.2　温翻边成形全过程有限元建模

大直径筒体成形制造过程，成形前具有局部加热特征，工程中一般采用火焰加热，温度场表现出强烈的不均匀性。这些给翻边工艺带来一定难度，导致一些成形缺陷。其成形过程是一个多场、多因素高度非线性耦合的热力学耦合问题，详细的成形特征难以通过解析分析和试验研究获得。因此一个考虑加热、成形、卸载、冷却全过程的合理可靠、高效精确的热力耦合三维有限元模型是研究诸如高压组合电器壳体此类大直径厚壁壳体成形制造工艺所迫切需要解决的关键问题之一。

作者曾采用多种商用有限元分析软件对图 7.1 所示零件的整体芯模温拉拔成形工艺进行研究，分别探讨坯料初始均匀温度场、坯料椭圆预制孔径向不均匀加热下初始温度场、坯料椭圆预制孔径向和周向不均匀加热下初始温度场的有限元建模方法，不断完善了厚壁筒温翻边成形全过程有限元建模仿真方法。

坯料椭圆预制孔径向不均匀加热下初始温度场建模中，其加热模型为孔周边局部区均匀加热形成初始温度场，周向温度分布不均匀性描述欠佳。这与实际火焰加热过程仍有一定区别，其优点是可根据预制孔和加热模型的对称性建立 1/4 有限元模型，计算效率高。考虑坯料椭圆预制孔径向和周向不均匀加热下初始温度场的有限元建模中，工件模具为完全形状的模型，加热热源沿预制孔周向移动。因此预制孔周向和径向的不均匀温度场都被很好地考虑，本节采用该加热建模方法，基于商用有限元分析软件 FORGE，建立局部不均匀加热-冷却-整体芯模拉拔翻边-回弹-冷却全过程热力耦合模型。

1. 建模相关材料参数

Al-Mg 系的 5083 铝合金强度高、塑性变形性优越、耐蚀性好、焊接性好，在航空航天、车辆、舰船中油箱管路、钣金件、外壳等零部件中应用广泛。5083 铝合金也是高压组合电器金属外壳的主要材料，其化学成分见表 7.2。

表 7.2　5083 铝合金的化学成分

元素	Cu	Si	Fe	Mn	Mg	Zn	Cr	Ti	Pb、Bi	Al
质量分数（%）	0.1	0.4	0.4	0.4~1.0	4.0~4.9	0.25	0.05~0.25	0.15	—	基体

5083 铝合金，其力学性能与温度和应变速率有关。为了测定 5083 铝合金的力学性能，建立温成形下的本构模型，进行了成形温度为 20~250℃（20℃、100℃、150℃、200℃和 250℃）、应变速率为 0.001~0.1s^{-1}（0.001s^{-1}、0.01s^{-1}和 0.1s^{-1}）的恒应变速率拉伸试验。

为了更精确地测量应变，拉伸试验一般会采用引伸计，因此应变大小被引伸计工作量程限制。一般引伸计难以满足大应变下的拉伸试验，特别是高温大变形引伸计配置并不常见。为了保证大应变下热拉伸试验数据的精度，应用 INSTRON 电子万能材料试验机和 XJTUDIC 三维光学散斑测量系统构建了大应变下的单向拉伸试验系统，如图 7.3 所示。

XJTUDIC 三维数字散斑动态应变测量分析系统是一种光学非接触式三维形变测应变量系统，采用散斑数位影像相关法（digital image correlation）结合双目立体视觉测量技术。通

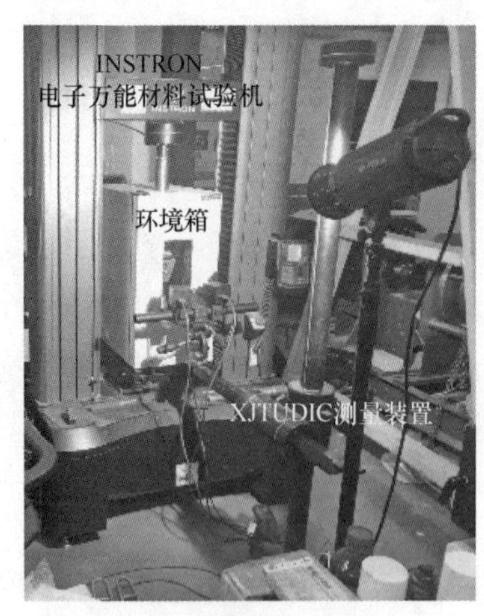

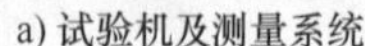

a) 试验机及测量系统

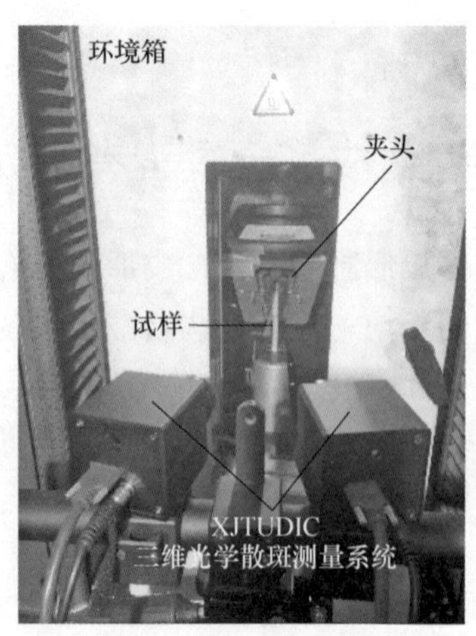

b) 环境箱细节

图 7.3　大应变下单向拉伸试验系统

过试样变形前后表面的散斑图像进行分析，应用专用软件进行图像处理，获取精确的应变数据。INSTRON 5982 材料试验机的最大载荷为 100kN，载荷测量精度为±0.5N。其配置的环境箱可实现 350℃以下等温试验可视化，可有效地同 XJTUDIC 三维数字散斑动态应变测量分析系统相结合。

基于上述试验装置和试验方法进行了 5083 铝合金大应变下的单向拉伸试验，获得了成形温度为 20~250℃、应变速率为 0.001~0.1s^{-1}范围内的应力-应变关系，如图 7.4 所示。应力变化程度和应变速率有关，采用可以直观反映材料塑性流动应力与应变、温度和应变速率之间关系的 Hansel-Spittel 模型，来描述 5083 铝合金的力学性能。对试验数据进行非线性曲线拟合分析，确定 Hansel-Spittel 模型中的相关参数，获得工件材料用本构模型式（7.1）。

$$\sigma=2593.1535\varepsilon^{0.47685}\dot{\varepsilon}^{0.05893+1.9097\times10^{-4}T}\exp\left(\frac{8.60291\times10^{-7}}{\varepsilon}-1.58328\varepsilon\right)(1+\varepsilon)^{-0.0091T}\exp(0.00292T)\,T^{-0.15383} \tag{7.1}$$

式中，σ 是流变应力；ε 是应变；$\dot{\varepsilon}$ 是应变速率；T 是变形温度。

模具的材料为 H13 热作模具钢，采用 Hansel-Spittel 模型描述其塑性变形特征。模具材料硬度高、刚性高，近似为刚形体，其材料性能对塑性变形结果影响较小，因此相关参数由 FORGE 软件材料库中得到，未单独进行材料性能试验。

$$\sigma=2821.246\exp(0.0029T)\,\varepsilon^{-0.10727}\dot{\varepsilon}^{0.13444}\exp\left(\frac{-0.0462}{\varepsilon}\right) \tag{7.2}$$

根据软件材料库参数和相关手册，并结合铝合金温成形、热成形相关文献确定工件材料和模具材料的弹性性能参数和热物理性能参数，见表 7.3。

表 7.3　弹性性能参数和热物理性能参数

性能参数	5083 铝合金	H13 热作模具钢
弹性模量 E/GPa	73	210
比热容/[J/(kg·K)]	1230	778
热导率/[W/(m·K)]	117	35.3
热膨胀系数/(10^{-6}/K)	23.75	10.9
辐射系数	0.05	0.88

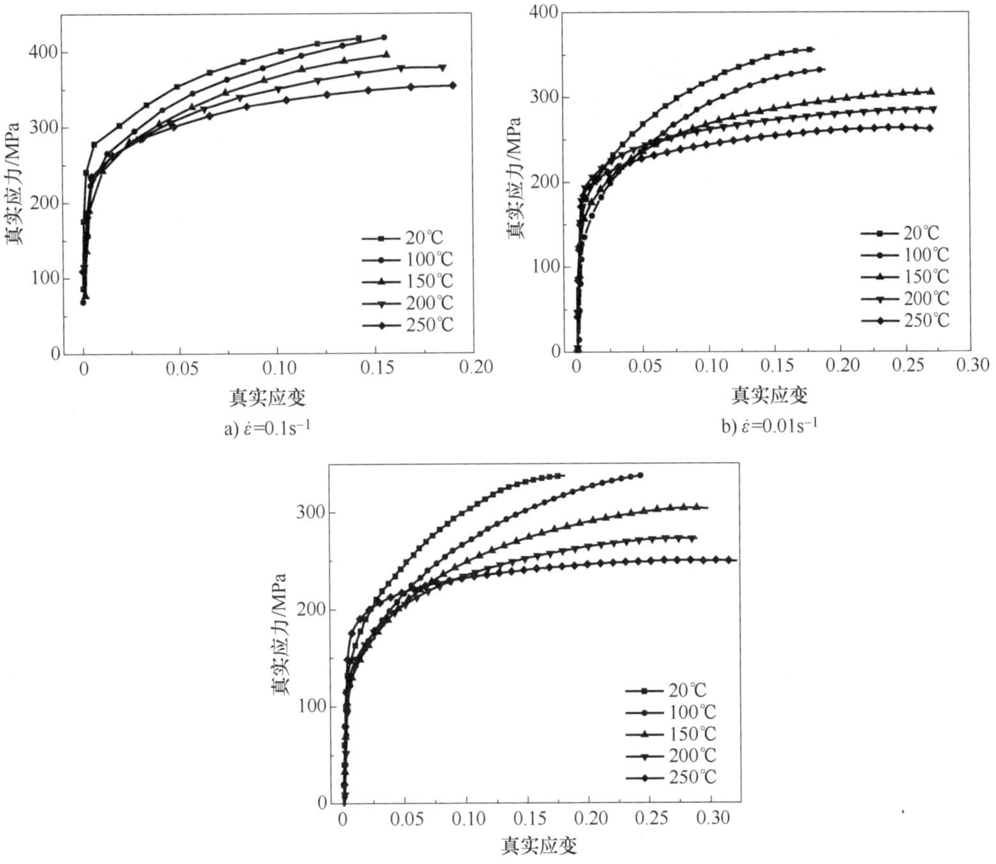

a) $\dot{\varepsilon}=0.1\mathrm{s}^{-1}$

b) $\dot{\varepsilon}=0.01\mathrm{s}^{-1}$

c) $\dot{\varepsilon}=0.001\mathrm{s}^{-1}$

图 7.4　5083 铝合金的应力-应变曲线

2. 筒坯与模具的几何模型及网格划分

大直径金属筒体拉拔成形采用的坯料为内径为 1000mm、壁厚为 18mm 的筒体，且开有椭圆预制孔。预制孔尺寸是可变参数，建模过程采用的尺寸为 695mm×430mm。拉拔翻边的上模是一个锥角为 α 的圆锥台，轴向可分为成形段、定径段、退出段，成形段和定径段之间为半径为 r 的过渡圆角，如图 7.5 所示。建模过程中采用 $\alpha=27°$，$r=20$mm。下模是带有圆孔（建模过程采用直径为 800mm）以容纳翻边成形的支管，同时起到支撑大直径金属筒体作用。

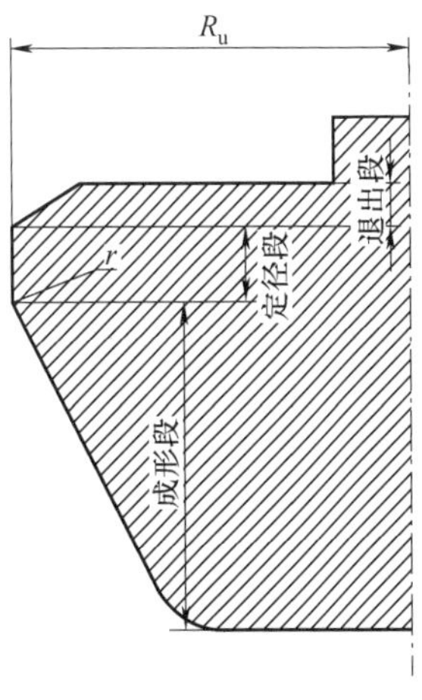

图 7.5　上模轴截面

四面体单元用于对筒坯和模具进行网格划分，同时采用网格局部细化技术。椭圆形预制孔周围区域为网格细化区域，划分后初始网格最大尺寸约为 12mm，约为椭圆预制孔周长的 0.33%，如图 7.6 所示。上模和下模的初始网格尺寸也是不均匀的，和筒坯（工件）接触区域的网格要细密一些。

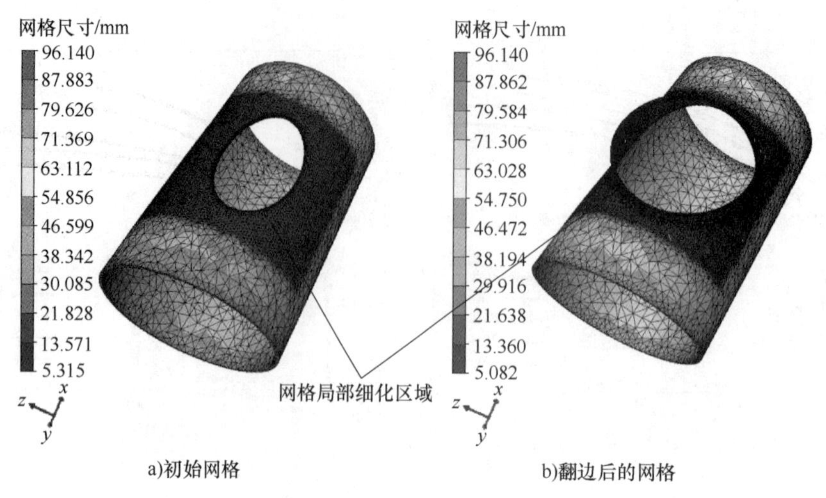

图 7.6 筒坯/工件网格

同时为保证大变形下的计算精度，在翻边工艺过程中对于工件同时采用了网格局部细化、网格重划分、网格自适应的网格划分技术。网格重划分，剧烈塑性变形区网格会更加细密。在温翻边过程中筒坯/工件网格的单元数量由 49138 个增加至 93377 个。随后在回弹、冷却阶段工件网格数保持不变。上模、下模的网格数在加热-翻边-冷却整个成形过程中保持不变。

在加热-冷却-翻边-回弹-冷却全过程中，筒坯/工件采用同一套网格。因此，工件的热、力相关模拟数据可在局部不均匀加热、冷却等待、拉拔翻边成形、卸载回弹、冷却等各个成形阶段之间无缝传递。

3. 渐进局部加热建模

为了提高工件的塑性和成形性能，整体拉拔成形前使用氧乙炔火焰枪绕预制孔一周将成形区域进行局部加热。为了模拟实际生产过程中的不均匀加热过程，设置一热源区域沿预制孔移动加热。在工业生产中可能采用两个氧乙炔火焰枪对称分布同时操作，此情况下可设两热源区域；以此类推。下文讨论一个氧乙炔火焰枪、一个热源区域。

在距离椭圆预制孔边缘 40mm 处设置一椭圆，作为热源的移动路径，并在该路径上等距设置 n 个热源区域，如图 7.7 所示。根据火焰枪枪口喷出火焰面积大小，每个区域的大小为 100mm×100mm。根据工件几何模型和热源区域大小，$n=25$。

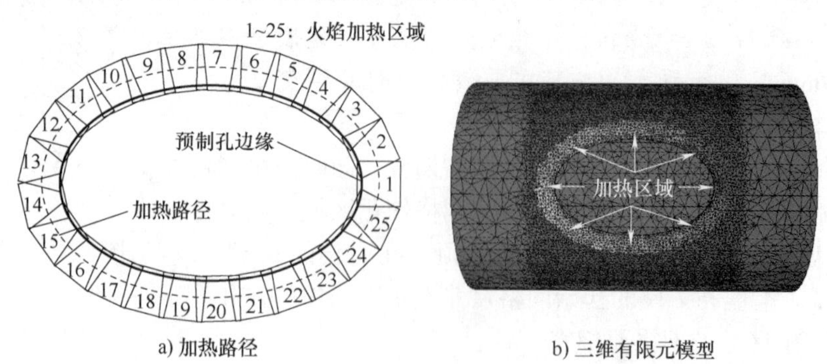

图 7.7 局部渐进加热有限元模型

为了模拟氧乙炔火焰枪循环一周的加热方式，在局部加热建模中，将每个区域内的温度独立设置，通过工件与环境之间的热交换来模拟加热过程。忽略加热过程对环境温度的影响。当第 i 个（$i=1, 2, \cdots, n$；$n=25$）热源区域加热时，将其温度设置为 T_{flame}，其余热源区域为环境温度 T_{room}（即室温），加热 t_{flame}时间后，移动至下一区域（$i+1$），重复计算第 i 个热源区域的加热方式，直至第 n 个区域加热完成。氧乙炔焰的温度为 2000～3000℃。考虑加热过程中的温度损耗，取 $T_{\text{flame}}=2000$℃，环境温度（室温）设置为 20℃，加热时间为 10s。

热量传递有三种基本方式：热传导、热对流和热辐射。实际的热量传递过程往往是两种或者三种基本方式的组合。在氧乙炔火焰枪加热的过程中，主要的热交换形式为强制对流换热。工件和热源区域之间的对流传热系数可根据牛顿冷却公式计算。

$$q=h\Delta T \tag{7.3}$$

式中，q 是热流密度，表征单位时间内通过单位面积的热量；h 是传热系数；ΔT 是壁面间的温差。

为了便于测量，传热系数和壁面温度以无量纲的努塞尔数 Nu 表示：

$$Nu=\frac{hl}{\lambda} \tag{7.4}$$

式中，λ 是材料的热传导系数；h 是传热系数；l 是传热面的几何特征长度，其为火焰区域（热源区域）的表面积 A 与周长 P 的比值：

$$l=\frac{A}{P} \tag{7.5}$$

Viskanta 等人研究了火焰喷射枪中努塞尔数 Nu 的值，大致为 100。结合图 7.7 所示模型中热源区域几何参数，从而计算得到传热系数为 468000W/(m^2·K)。由于受到热对流影响，参考相关文献，工件及热源区域同环境（空气）的传热系数取 40W/(m^2·K)。有限元模拟与热传导相关参数见表 7.4。

表 7.4　有限元模拟与热传导相关参数

过程（阶段）	参数	参数值
渐进局部加热（第一阶段）	热源温度 T_{flame}/℃	2000
	热源加热时间 t_{flame}/s	10
	筒坯和热源之间的热交换系数/[W/(m^2·K)]	468000
	热源和环境之间的热交换系数/[W/(m^2·K)]	40
加热及等待（第一、第二阶段）	筒坯和环境之间的热交换系数/[W/(m^2·K)]	40
翻边（第三阶段）	工件和模具之间的热交换系数/[W/(m^2·K)]	10000
	模具和环境之间的热交换系数/[W/(m^2·K)]	10
	模具的初始温度/℃	20
翻边及冷却（第三～第五阶段）	工件和环境之间的传热系数/[W/(m^2·K)]	10
全过程（第一～第五阶段）	室温 T_{room}/℃	20

4. 温翻边成形过程建模

在有限元模型中上模、下模均为弹塑性体，同时一个虚拟的冲头和一个虚拟的基座分别用于约束上模和下模、施加相应运动。虚拟冲头和虚拟基座不同工件接触，并处理为刚性体。翻边过程有限元模型如图 7.8 所示，x 轴为筒坯轴线、y 轴为支管轴线、xyz 直角坐标系符合右手法则。

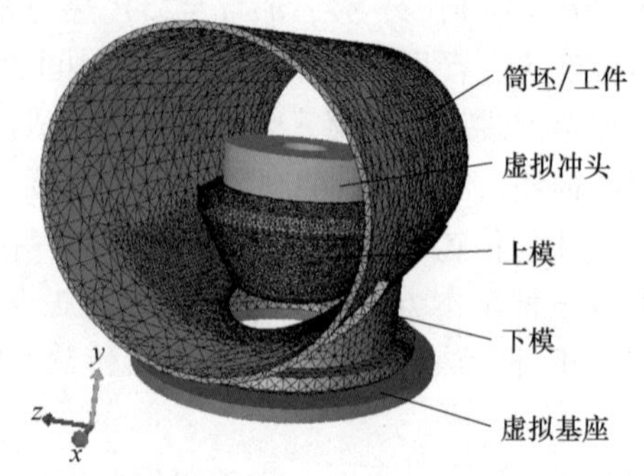

图 7.8 翻边过程有限元模型

第二阶段之后的温度场为翻边过程的初始温度场。在拉拔翻边成形过程中，由于存在温差，工件、模具和空气之间都会发生热量的交换，其中工件与模具之间的热交换系数为 10000W/(m^2·K)，工件、模具和空气间的自然对流换热系数为 10W/(m^2·K)。

在大直径金属筒体成形区域加热之前，会在成形区域均匀涂抹润滑油（蓖麻油）。采用剪切摩擦模型描述模具和工件之间的摩擦情况。结合铝合金温、热成形有限元仿真中的摩擦条件，并考虑不同摩擦模型之间摩擦条件对应关系，取摩擦因子 $m=0.2$。虚拟冲头推动上模下行，其速度为 0.5mm/s，虚拟冲头下行的行程（s）为 550mm。

5. 卸载回弹过程建模

整体芯模拉拔翻边成形后，模具卸载，工件回弹，其回弹在瞬间完成。在该过程中，成形模具移除，工件在无约束条件下进行弹性卸载。弹性卸载过程以弹性能的形式释放，翻边过程累积的弹性能在一个计算步释放，如图 7.9 所示。该弹性卸载过程在极短的时间内完成，不占用整个仿真过程的时间步，即 $t_4=0$s。

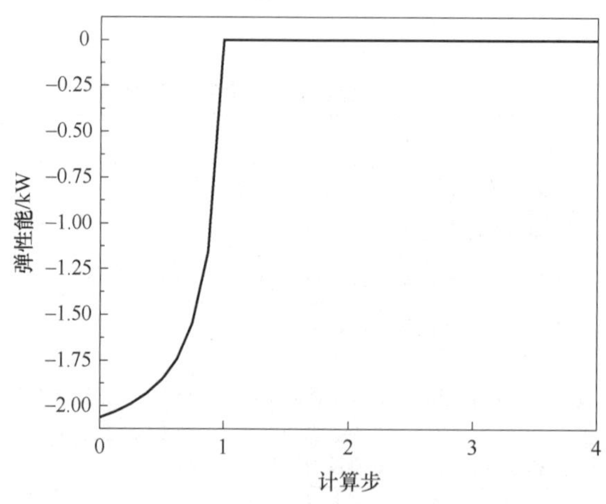

图 7.9 回弹过程的弹性能

6. 冷却过程建模

在大直径金属筒体温拉拔翻边工艺全过程中，在两个阶段存在工件冷却现象：一是局部加热结束后，等待模具安装的过程中，工件处于自然冷却，加热过程的热对流仍有一定的影响；二是在最终成形结束后，工件冷却至室温，一般将工件放置在室温下进行自然冷却。

筒坯在火焰渐进局部不均匀加热后的温度场为第二阶段筒坯的初始温度场，模拟火焰加热条件的热源被移除。拉拔翻边成形后工件温度场是第五阶段的工件温度场，此时工件回弹已完成。

两个阶段冷却过程中筒坯（工件）和环境（空气）之间的热交换系数有所不同。根据文献、商用软件推荐值，这两个阶段冷却过程中的热交换系数为 10~40W/(m^2·K)。考虑加热时强制对流换热的影响，加热后翻边前的筒坯和环境之间的热交换系数设为 40W/(m^2·K)；而翻边随后的冷却过程中工件和环境之间的热交换系数设为 10W/(m^2·K)。在建模过程中忽略了加热对环境温度的影响。

7.3　温翻边过程有限元模型评估及应用

7.3.1　预测结果与试验结果对比

支管端部收缩弯曲是一个典型的宏观缺陷，如图 7.10 所示。筒坯椭圆预制孔径向不均匀初始温度场（1/4 模型）、筒坯椭圆预制孔径向和周向不均匀初始温度场（完全模型）的有限元建模方法均可描述这一宏观缺陷。支管端部的收缩程度可用支管端部到下模筒壁（或支管最大外径处）之间的距离 D 表征。

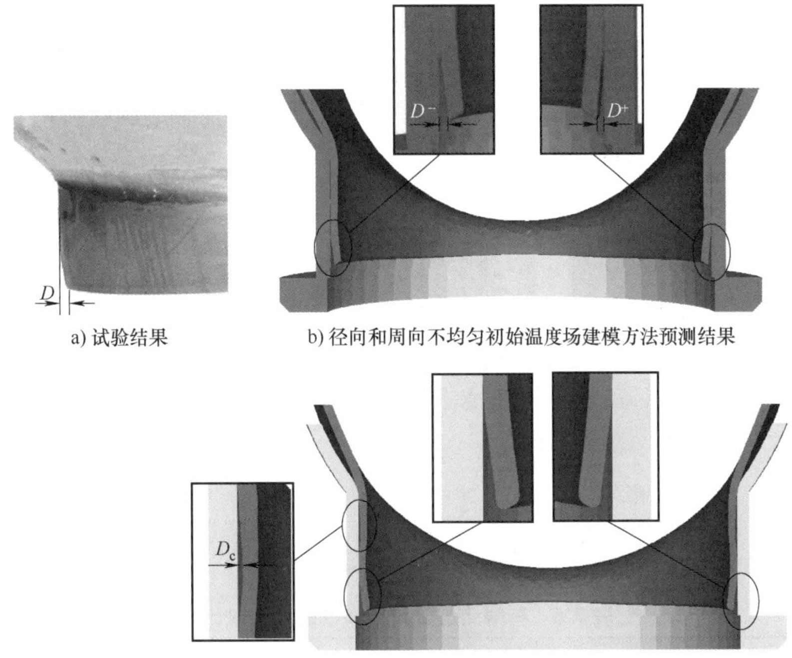

a) 试验结果　　b) 径向和周向不均匀初始温度场建模方法预测结果

c) 径向不均匀初始温度场建模方法预测结果

图 7.10　支管端部收缩弯曲

支管端部收缩弯曲最大值一般出现在 z 轴附近，也就是指标 D 最大值一般出现在 z 轴附近。虽然在翻边过程中该处的力场条件和几何条件是一致的，但是筒坯椭圆预制孔径向和周向初始温度场均不同，从而最终两侧收缩程度指标 D^+、D^- 并不一致，而椭圆预制孔周向同时加热建模时，初始温度场仅径向不均匀，因此无法预测两者的差别。定量讨论参数对指标 D 的影响时，其值按式（7.6）计算。

$$D=\frac{D^{+}+D^{-}}{2} \tag{7.6}$$

有限元模型能很好地预测支管口部不平和中部鼓肚现象，支管形状如图 7.11 所示。这些关于宏观缺陷的准确预测，表明所建立的有限元模型可以描述温拉拔过程的变形行为。

a) 试验结果

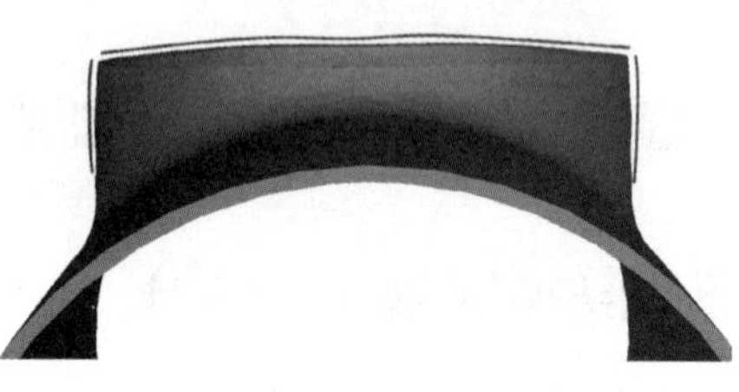

b) 有限元预测结果

图 7.11　支管形状

根据上述关于支管口部可能出现圆度偏差以及预制孔形状，确定支管口部直径 D_x 和 D_z，如图 7.12 所示，以 y 向高度表征支管高度。有限元仿真结果和试验结果对比见表 7.5。回弹前后有较明显的尺寸变化，在冷却过程中也存在轻微的尺寸变化。冷却的预测尺寸和试验结果相比，最大相对误差小约 0.3%，所建模的有限元模型能够准确描述铝合金大直径筒体温拉拔全过程的宏观变形特征。

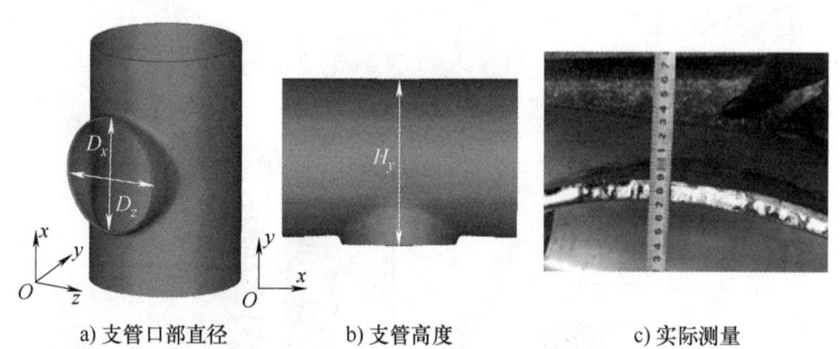

a) 支管口部直径　　b) 支管高度　　c) 实际测量

图 7.12　支管几何尺寸表征及测量

表 7.5　有限元仿真结果和试验结果对比

方法		D_x/mm	D_z/mm	H_y/mm
试验结果		790	782	1088
有限元仿真结果	翻边后	786.707	784.716	1091.181
	回弹后	787.434	784.214	1090.919
	冷却后	787.496	784.180	1090.657

7.3.2　典型的成形缺陷及控制

通过初步的有限元分析可发现整体芯模在拉拔翻边成形中有三类典型缺陷：主管翘曲、支管口部不平、支管端部收缩弯曲，如图 7.13 所示。这些都可从成形的大直径金属筒体零件上得到佐证。

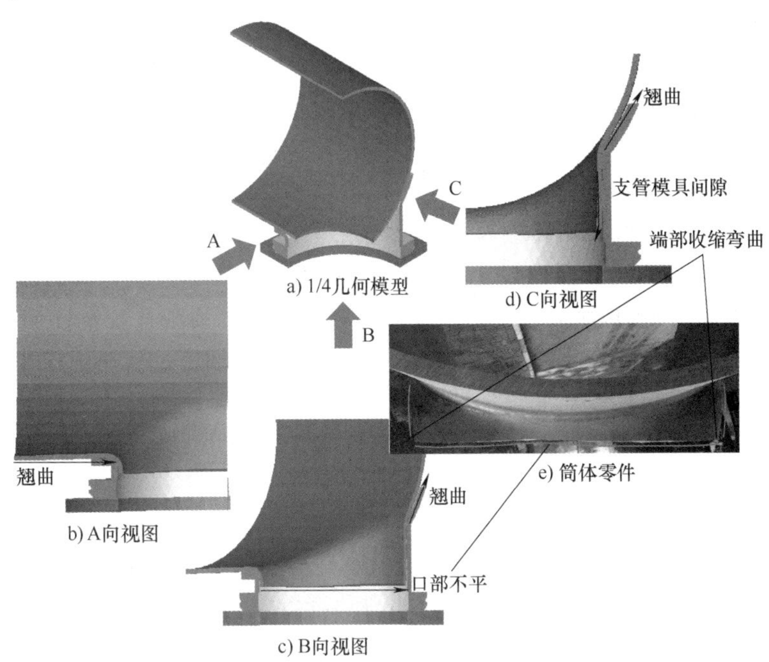

图 7.13　整体芯模拉拔翻边成形中的典型缺陷

将工件同模具一体分析时发现，不仅支管附近主管沿轴向（x 向）存在主管翘曲，主管沿 y 向也会产生主管翘曲现象，如图 7.14 所示。前者主管翘曲最大处在椭圆预制孔长轴附近，后者主管翘曲最大处在椭圆预制孔短轴附近。支管端部收缩弯曲最大值一般出现在 z 轴附近。此外由于支管根部处主管翘曲、支管端部收缩弯曲、支管贴模度不佳，容易出现中间鼓肚缺陷。由于椭圆形预制孔长短轴区域约束、变形不协调，拉拔翻边后支管会出现圆度偏差。

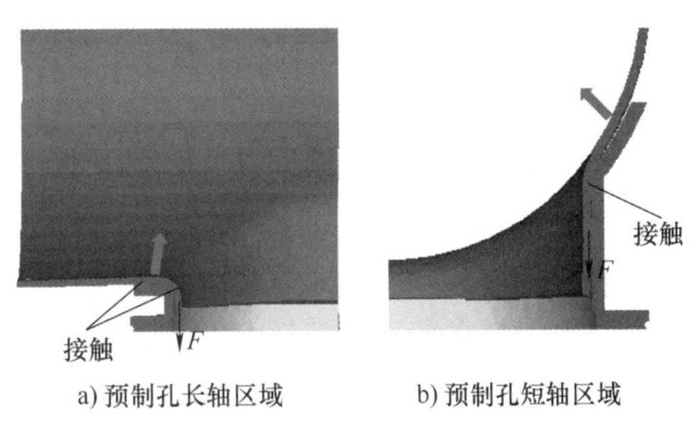

图 7.14　主管翘曲机制

工件在支管根部区域的变形抗力小于主管其他区域，上模向下（$-y$ 向）运动，使支管垂直侧壁产生相应向下的拉力，而在工件内部没有压边装置，支管根部圆角区域（靠近垂直侧壁处，甚至可能在垂直侧壁处）和下模有效接触形成一个支点，从而使支管根部向 y 正向弯曲。主管翘曲有两种形式：第一种导致主管直径沿轴向（x 向）不均匀；第二种主要集中在支管对应区域。

下模 x 向支撑区域较小，即轴向支撑长度较短，在拉拔翻边成形过程中，特别是后期，在支撑 x 向边缘形成有效接触，使支管根部过渡圆角和支撑 x 向边缘之间材料拱起，形成图 7.14a所示的第一种主管翘曲现象。模具应力分析表明在拉拔翻边成形的后期，最大应力集中在下模 x 向支撑区域的短边上。同样预制孔短边区域在支管垂直侧壁向下拉力和支管根部圆角区域接触支点作用，主管有近似沿其径向收缩的趋势，形成图 7.14b 所示的第二种主管翘曲现象。通过增加下模 x 向支撑长度可有效控制第一种主管翘曲缺陷。对于第二种主管翘曲缺陷可通过上模、下模几何参数综合优化控制。

预开口长轴方向上的成形支管高度稍微低于短轴方向上的成形支管高度，这是由于在成形过程中，短轴区域率先接触变形，几乎是其变形完成后，预制孔长轴区域才开始接触变形。预制孔长轴区域些许材料在拉拔翻边初期向短轴区域流动，这从速度场分析中可得到佐证。通过合理设计预开口尺寸，缩短长轴区域同短轴区域发生剧烈塑性变形时间差，有助于消除此类成形缺陷。但椭圆预开口尺寸同时要考虑支管成形高度和支管成形口径的几何参数。

支管不贴模、端部收缩弯曲、中间鼓肚主要是由于支管周向变形不均匀导致的，通过调整上下模之间的间隙以改善，但整体模具拉拔翻边过程调整困难。仅依靠翻边过程的工艺优化，完全消除此类缺陷具有极大的挑战。可通过局部渐进成形等新工艺方法控制消除此类缺陷。

上模的定径段半径 R_u 直接决定了成形过程中上下模的间隙，影响成形过程中金属材料流动，对上述缺陷都会有或多或少的影响。其对表征支管端部收缩程度的指标 D 以及支管几何参数影响最大。若关注支管的不贴模程度，可以支管外壁和下模内壁之间的距离 D_c 表征，其随着半径 R_u 增大而减小。

上模的定径段半径 R_u 应满足

$$R_u \leqslant R_1 - t \tag{7.7}$$

式中，R_u 是上模的定径段半径；R_1 是下模圆孔内径；t 是成形工件的厚度，一般可采用筒坯初始厚度。

采用指标 ΔD_{xz}来描述拉拔翻边成形后的支管口不圆程度。

$$\Delta D_{xz} = D_x - D_z \tag{7.8}$$

根据式（7.7），R_u 的最大值为382mm。据此选择了几组 R_u 研究其对拉拔翻边成形性能的影响。随着 R_u 的增大，指标 D 显著减小，如图 7.15 所示。用指标 D_c 描述研究不贴模程度，该指标也反映了中部鼓肚程度。随着 R_u 增大，指标 D_c 也是减小的。增大上模定径段和成形段之间的过渡圆角半径 r，可使支管变形区变形均匀些，但对指标 D_c 无明显改变。

随着上模半径 R_u 的增加，模具间隙减小，材料与模具接触更充分，最终成形支管的口径几乎是线性增加的，翻边高度也越高。D_x 和 D_z 的增加程度几乎是相同的，换而言之，R_u 的增大不会改变拉拔翻边后支管的圆度偏差。同样的，上模定径段和成形段之间的过渡圆角半径 r，对支管尺寸并未明显影响。

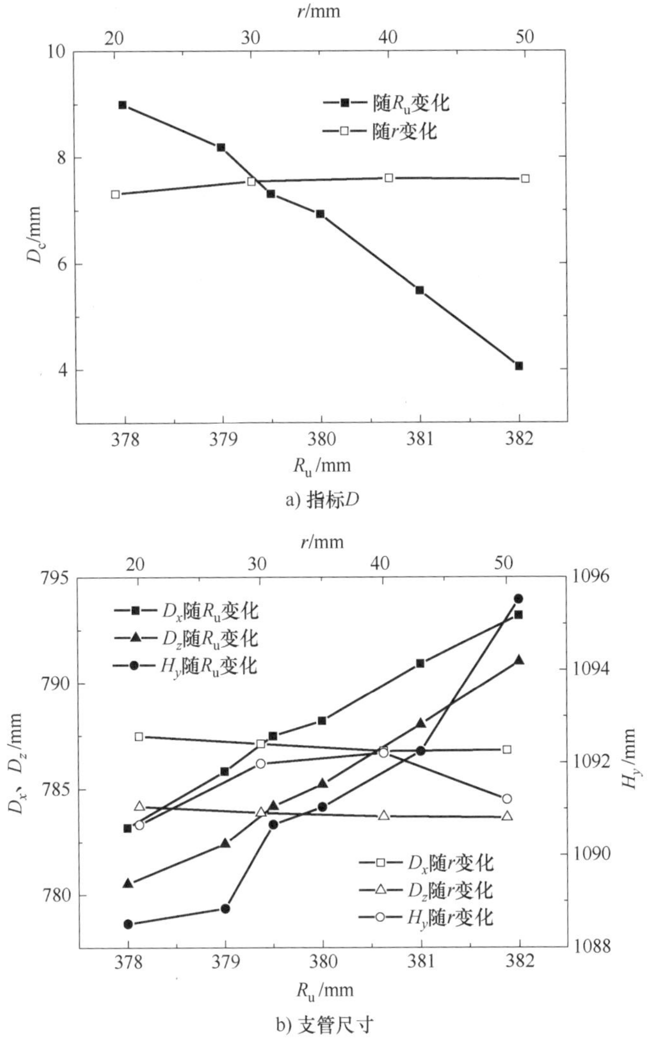

a) 指标D

b) 支管尺寸

图 7.15　上模几何参数

通过增加下模 x 向长度（主管轴向），可明显改善或消除第一种主管翘曲，如图 7.16 所

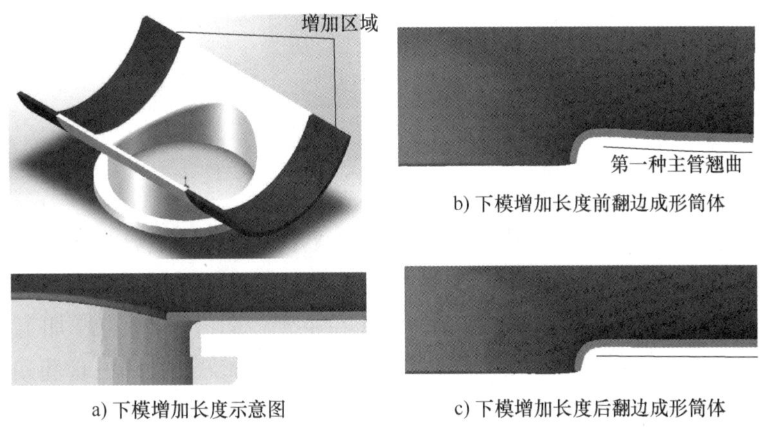

a) 下模增加长度示意图

b) 下模增加长度前翻边成形筒体

c) 下模增加长度后翻边成形筒体

图 7.16　下模长度增加

示。翻边成形过程中主管轴向的约束加大增加，抑制了支管翘曲缺陷的形成与发展。下模结构的改变也使下模应力分布情况发生很大的改变，下模 x 向同主管接触区域的应力分布更均匀，最大应力区域也转移到支管沿 y 轴附件的对应区域，如图 7.17 所示。第二种主管翘曲发生区域的模具工件接触增强了，这有可能会降低其翘曲程度。

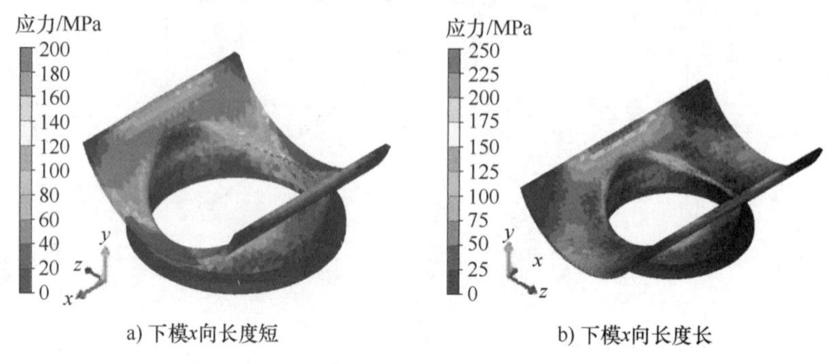

图 7.17 不同长度时下模应力分布（$s=430$mm）

增加下模 x 向长度也明显改善了支管口部的不圆度，ΔD_{xz}小于 0.2mm 左右，如图 7.18 所示。然而下模 x 向长度的增加会增大模具加工、安装的费用和周期，对所成形支管临近区域的结构有限制。椭圆形预制孔的尺寸直接影响着拉拔翻边成形后支管的形貌、支管口径大小以及最终的翻边高度。由于温翻边成形后 D_z 小于 D_x。可增加 D_z 处的材料，即减小了椭圆预制孔的短轴尺寸。改善最终成形支管端部圆度，且较接近与支管的目标尺寸，但预开口短轴部分有更多的材料参与变形，因此最终翻边的总高度有所增加，对支管端部收缩弯曲无明显影响。

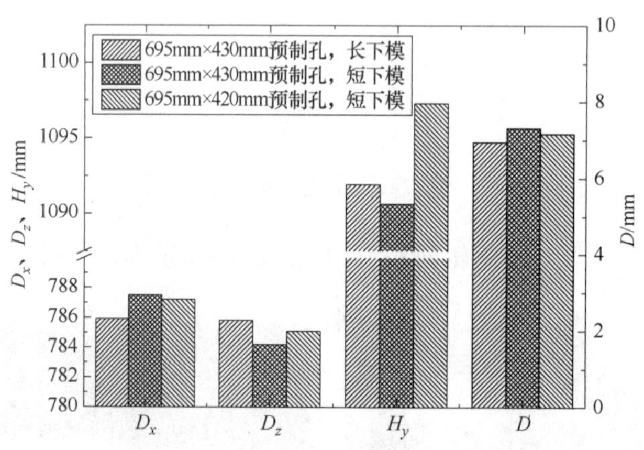

图 7.18 不同几何参数下的翻边支管尺寸

总的来说，大直径铝合金筒体整体芯模温翻边成形中主要缺陷分为 5 类：支管根部主管翘曲、支管端部收缩、支管口部不平、支管中间鼓肚、支管口部不圆等。主管翘曲可分为两种类型：一种翘曲在主管轴向（x 轴）；一种翘曲在主管径向（y 轴）。增加上模定径段直径可显著降低支管端部收缩，增加下模支撑段长度可显著改善支管根部主管翘曲和降低支管口部不圆度，筒坯预制孔尺寸优化也可一定程度上改善支管口部不圆度。

7.3.3　工件温度场演化

运用火焰枪加热有限元模型，预测的筒形件的成形区域在加热过程中呈现了温度不均匀分布的现象，可以较好地反映实际加热过程。选取 5 个典型阶段来反映拉拔翻边前坯料的成形区的温度变化，如图 7.19 所示。可以看出，温度区域随着热源的移动而增加。在整个加热过程中，筒形件的最高温度为 300℃，在加热结束后，椭圆形预制孔周边大部分区域的温度为 200℃。

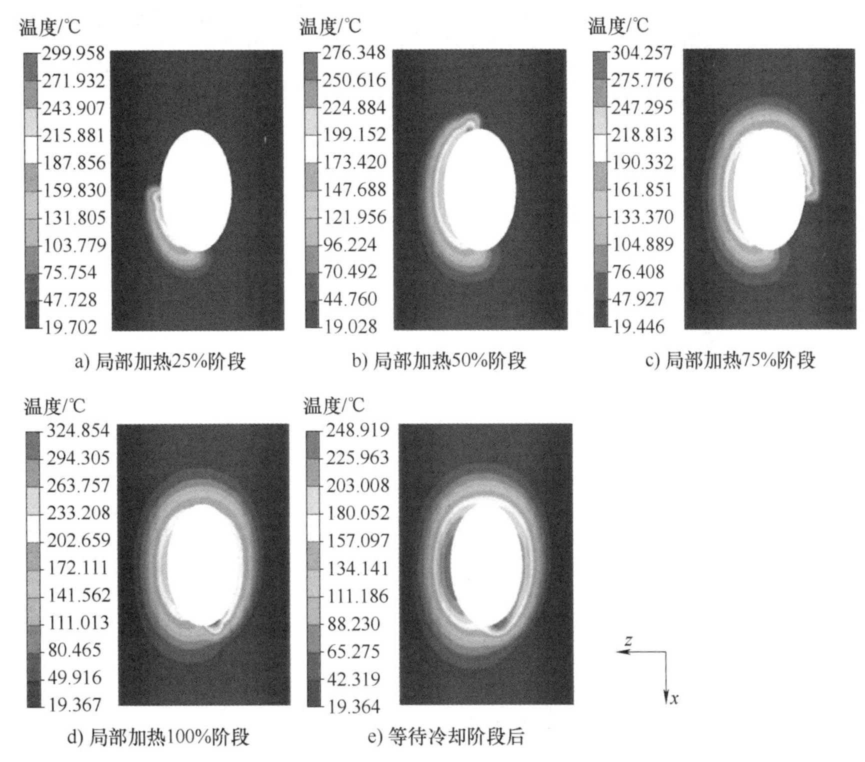

图 7.19　翻边前筒坯/工件温度场分布

在等待模具安装阶段（即第二阶段）温度略有下降，最高温度小于 250℃，椭圆形预制孔周边区域的温度能够在 150℃以上，能够满足温翻边成形对工件加热温度的需求。工件局部加热后的温度从预制孔边缘沿径向逐渐递减至室温，仅在预制孔周边区域具有一定的温度，且沿预制孔周向温度分布也不均匀。

拉拔翻边过程中工件温度场演化如图 7.20 所示。模具温度为室温，远低于接触变形区的温度，在模具表面激冷和自然冷却的共同作用下工件温度下降显著。然而剧烈的塑性会生热，补偿了部分温度损失。因此预制孔短轴（z 向）先接处变形区域的温降程度小于预制孔长轴（x 向）区域温降程度。在拉拔翻边过程中大部分变形区温度能维持在 150℃左右，预制孔长轴（x 向）区域也能保证在 110℃以上。

拉拔翻边后工件的最高温度为 170℃左右，所成形的支管区域温度普遍大于 100℃。在冷却初期，在冷却 300s 时间内温度急剧下降；冷却 2000s 后工件最大温度为 30℃左右，可认为此时冷却过程结束，如图 7.21 所示。

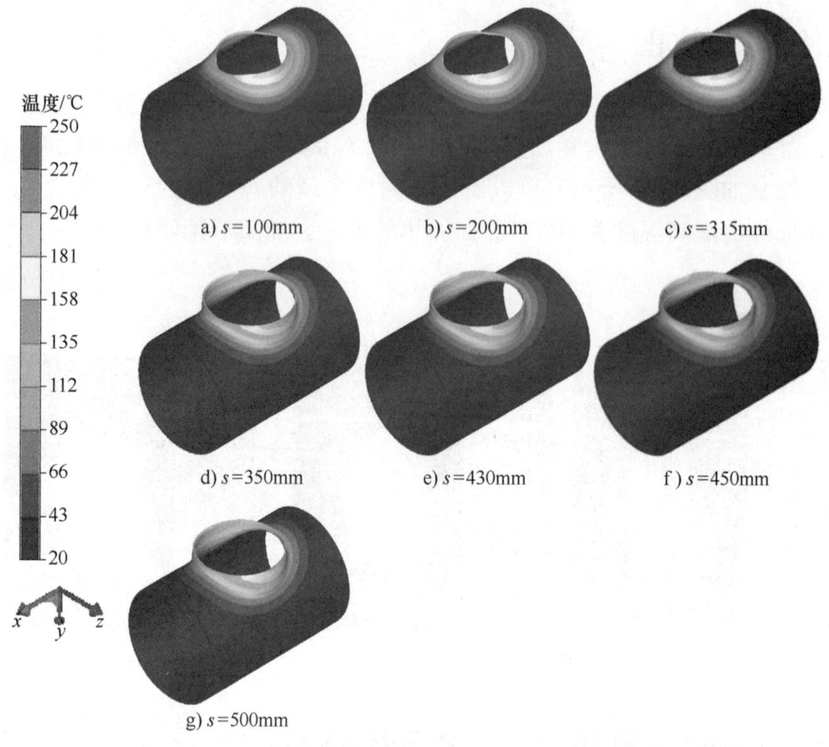

图 7.20 拉拔翻边过程中工件温度场演化

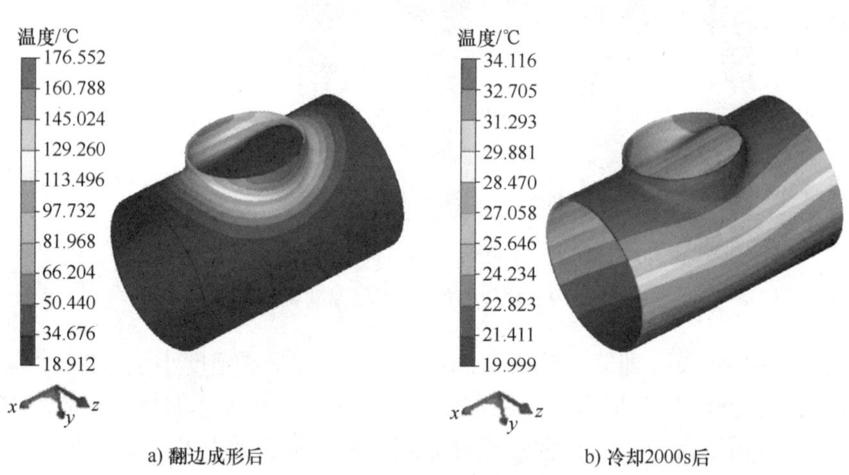

图 7.21 冷却阶段的工件温度场分布

为了更加清楚地了解全过程中成形区域的温度变化，按加热顺序，在成形区域中选取了 4 个点布置虚拟传感器，虚拟传感器随质点变形流动而改变位置，如图 7.22 所示。图 7.22a 所示的 4 个虚拟传感器记录的全过程温度如图 7.22b 所示。

可以看出，当热源移动接近虚拟传感器时，其测量温度直线上升；当热源移动至下一区域后，虚拟传感器记录温度慢慢下降，由于虚拟传感器前方区域不断被加热，虚拟传感器测量段下降一段时间后，温度又缓慢上升。局部加热过程快结束时，热源重新靠近了初始加热的区域，这就导致虚拟传感器 1 位置的温度在临近加热结束时大幅上升。

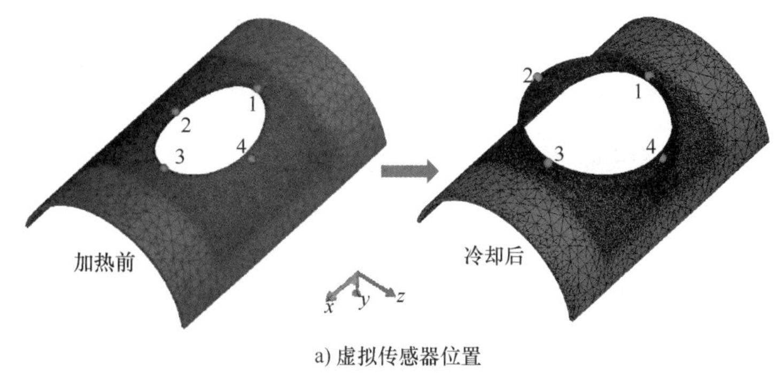

a) 虚拟传感器位置

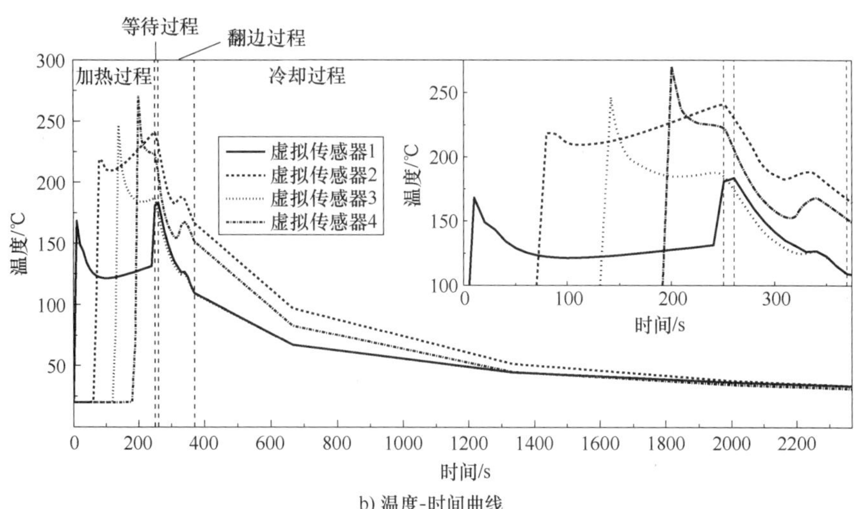

b) 温度-时间曲线

图 7.22　全过程的温度变化

在等待冷却阶段，由于火焰枪停止了加热，各区域的温度普遍下降。但是后加热阶段的温升效应仍作用于虚拟传感器 1 处，其温度没有下降，甚至轻微上升（2.7℃）。

在整个拉拔翻边成形过程中，总体温度呈现下降趋势。但由于塑性变形生热，在拉拔过程中，虚拟传感器处温度有轻微回升，特别是虚拟传感器 2、虚拟传感器 4 位置处温度。

在整个冷却过程中，筒形件的温度急剧下降，冷却 300s 后温度降至 82℃左右。此后降温速度减缓。冷却 1000s 后温度降至约 45℃，此后空冷效果不佳，冷却十分缓慢。2000s 后筒形件的最终温度降至 30℃左右，此时可以看作冷却过程结束。

工件局部加热后仅在预制孔周边区域具有一定的温度，且沿预制孔周向温度分布也不均匀。预制孔短轴（z 轴）区域率先接触变形，温降程度小于预制孔长轴（x 向）区域温降程度。在拉拔翻边过程中大部分变形区温度能维持在合适的温变形条件下。

第 8 章 大型隔框构件局部锻造成形过程有限元分析

8.1 大型复杂构件成形工艺

随着航空、航天、装备制造业的迅速发展，对零部件的性能、可靠性、轻量化要求日益苛刻，这就要求零部件大型整体化、复杂薄壁化、材料轻质难变形。此类锻件多为薄壁、高筋、整体构件，所用材料以铝、镁、钛及其合金等难变形轻质材料为主。然而此类复杂大型整体构件结构复杂、投影面积大、材料难变形，采用传统塑性成形工艺整体成形所需载荷过大超出了现有设备的成形能力。

根据经验方法闭模锻造中成形载荷可采用式（8.1）估算。

$$F = C\,\overline{\sigma}_s A \tag{8.1}$$

式中，F 是成形载荷；C 是锻件形状复杂程度相关的系数，锻件形状越复杂，C 值越大；$\overline{\sigma}_s$ 是材料平均流动应力；A 是分模面锻件的横截面积。

塑性成形中的成形载荷可近似表示为

$$F = K\sigma_s A \tag{8.2}$$

式中，F 是成形载荷；K 是约束系数，K 值的大小同应力状态相关，一般对于异号应力状态，材料屈服时任何一个主应力的绝对值皆小于屈服应力，约束系数 $K<1$，对于三向压应力状态，约束系数 $K>1$，绝对值最小的应力数值越大，约束越严重；σ_s 是材料的流动应力；A 是变形区沿作用力方向的投影面积。

根据式（8.1）和式（8.2），减小变形区投影面积和降低材料流动应力是降低成形载荷的有效方法。理论上若限制变形区投影面积为整体变形区投影面积的 $1/n$，则变形力可以减少到原来的 $1/n$，并且减小接触面积不仅降低了总成形载荷，而且由于减小了变形区的约束可以降低单位面积上的作用力，从而采用局部加载可减小工件与模具的接触面积和所受约束，控制应力状态，有效降低成形载荷。

在塑性成形中，对于给定的材料，其流动应力主要取决于变形程度、变形温度及应变速率。一般地，随着变形温度的提高，流动应力有降低的趋势；应变速率的增加会提升材料的流动应力。一般非等温锻造过程中由于模具和坯料温差较大，引起坯料温度急剧降低，特别是对具有薄腹板、高窄筋的构件，薄壁处温度降低非常快。而且一些较难成形的金属材料，如钛合金、铝合金、镁合金等，成形温度范围比较窄，流动性比较差，在常规成形条件下难以锻造。采用等温成形工艺可避免坯料在变形过程中的温度降低和表面激冷问题，降低材料流动应力，提高材料成形能力。钛合金等温成形工艺在较低的加载速度下进行，在特定条件下，还可在等温成形工艺中获得超塑性效应。

局部加载成形可有效拓宽成形尺寸、控制材料流动；等温成形能够降低材料的变形抗力、提高材料的塑性流动能力。将局部加载与等温成形有机结合为一体，融合两者的技术优势，以解决轻质难变形材料大型复杂整体构件的近净成形制造问题，并且通过优化设计预成形坯料与主动控制局部加载条件相结合可实现“控形”和“控性”的目标。

断续局部加载成形是通过间歇式的加载方式逐次累积局部塑性变形，最终实现整体成形，在成形过程中，模具和工件反复发生接触、脱离。间歇式的加载方式使断续局部加载成形柔性高、加载方式可控自由度多，在非规则、大型、复杂整体构件塑性成形领域有着广泛的应用前景，更适用于非对称、不规则的大型复杂构件，如具有高筋薄腹结构的复杂构件。

从 20 世纪 60 年代起，人们不断进行局部加载工艺的改进与创新，以突破现有设备吨位的限制，制造大型复杂锻件。随着技术的发展，成形制造的锻件尺寸越来越大、形状越来越复杂，到目前为止采用断续局部加载方法制造复杂大件的工艺技术可以分为以下三类：简单冲头柔性增量成形、中间垫板局部加载成形和部分模具局部加载成形。

对于非轴对称零件，是将整体上模或整体下模分成多个子模块，在一个加载步中部分模具（一个或多个子模块）加载，不断变换加载区，累积局部变形，实现整个构件成形。美国怀曼 · 戈登公司为了拓展现有设备成形锻件的尺寸，提高大型航空锻件的制造能力，对于非对称零件开发了将整体下模分成多个模块实现局部加载的工艺方案。成形时其中的一个模块向上提升使得其高于其他模块，该模块下放置垫块，整体上模压下，交替反复直至整体零件成形。为了便于等温模锻压力机上的工艺实现，杨合等采用将整体上模分成多个模块实现局部加载的工艺，实现了双面带筋的大型钛合金锻件的成形制造。大型复杂筋板类构件局部加载示意图如图 8.1 所示（3 局部加载步、2 道次成形过程），非轴对称零件断续局部加载成形钛合金隔框如图 8.2 所示（2 局部加载步、1 道次成形过程）。

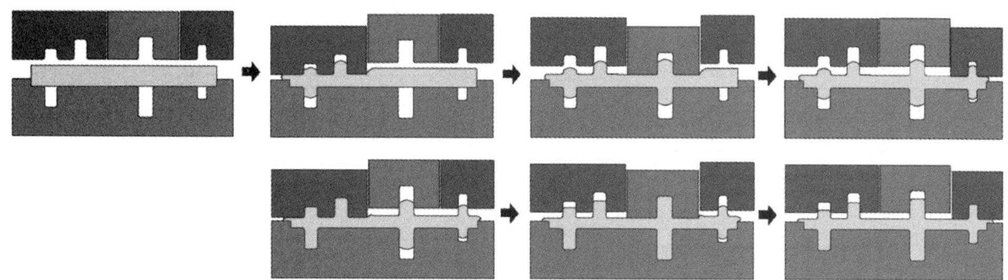

图 8.1　大型复杂筋板类构件局部加载示意图

a) 第一局部加载步后锻件　　b) 第二局部加载步后锻件

图 8.2　非轴对称零件断续局部加载成形钛合金隔框

图 8.1 所示模具分区的局部加载方法在工业生产中实现，一般有两种方法，分别从设备和模具两个角度考虑。前者需要专用设备，后者可在普通液压机上实现。若模锻液压机具有两个或两个以上的滑块/活动横梁，滑块分别由独立的液压系统驱动，每个液压系统都可以提供施加于坯料的成形载荷，则可将划分的子模块分别安装在不同的活动横梁，可任意控制每个子模块的运动，如图 8.3 所示。

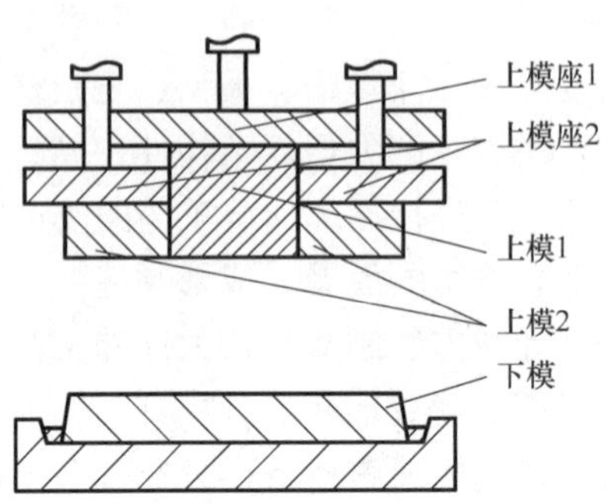

图 8.3　双动液压机上的局部加载示意图（2 局部加载步）

在普通的模锻液压机上，也可以通过调整模具结构、增加相应的辅助装置来实现局部加载。一般地，在加载子模块与模座之间放置垫块，使加载的部分模具凸出于其他部分，当移动横梁向下运动时，凸出的部分模具先同坯料接触施加载荷，从而实现局部加载。例如当上模分区时，可在加载子模块（如上模 1）同上模座之间放置垫块，使其低于未加载的子模块（上模 2），如图 8.4 所示；当下模分区时，可在加载子模块同下模座之间放置垫块，使其高于未加载的子模块。

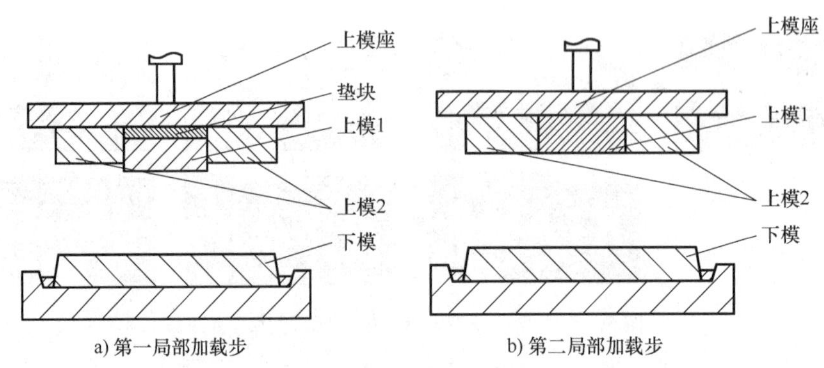

图 8.4　普通液压机上的局部加载示意图

图 8.3 所示的局部加载过程实现方法，易于控制每个子模块的进给运动和加载次序，局部加载区域的变换十分方便，可以一次加热完成多个局部加载步，甚至是多个道次的成形。但是其实现需要具有两个以上的主液压系统的液压机，每个液压系统都可以提供较大的成形载荷，对设备的要求很高。目前的双动液压机一般由主、辅两个液压系统组成，辅助液压系统提供的载荷较低，难以满足局部加载成形工艺要求。为了解决这个问题，我们设计了双动液压系统，可提供大于液压泵装机功率的成形载荷，实现了高效的多道次局部加载，基于该系统的物理试验平台如图 8.5 所示。

在图 8.4 中，通过模具结构实现局部加载工艺，虽然对设备没有特殊要求，但调整模具相对位置比较困难，一般为了调整其相对位置，在完成一个局部加载步后，需要从模具中取出工件，冷却模具，然后调整定位模具实现下一步的局部加载，需要多次才能完成整个成形过程，其成形过程比通过设备控制模具运动实现局部加载的成形过程更加复杂。但该实现方法基于现有设备并拓展了现有设备的生产能力，适用于小批量大型复杂构件，更容易在工业生产中得到应用。目前工业中应用案例的报道均是采用此方法，图 8.2 所示锻件即采用该方法实现工业生产的。

图 8.5　低功耗多道次局部加载试验平台

为了简化工艺过程，采用图 8.4 所示复杂大件实现局部加载成形时，一般采用一道次、两局部加载步。图 8.6 所示构件局部加载，其上模分成上模 1 和上模 2（见图 8.4），下模为整体模，共有两个局部加载步。第一局部加载步，上模 2 比上模 1 高，因此尽管上模 1、上模 2 同时加载，但坯料所承受的载荷主要由上模 1 施加。第二局部加载步，上模 1 和上模 2 在同一水平面并同时加载，但是由于上模 1 对应区域在第一加载步已经成形，故坯料所承受的载荷主要由上模 2 施加。

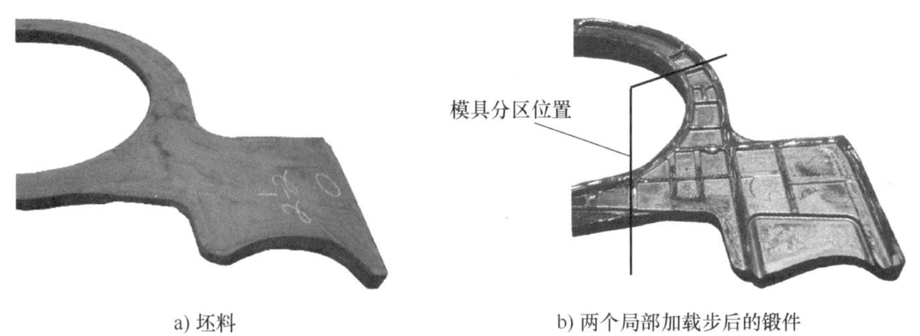

a) 坯料　　　　b) 两个局部加载步后的锻件

图 8.6　某钛合金隔框成形用坯料及锻件形状

8.2　局部加载等温锻造过程有限元建模

基于 DEFORM 软件，建立大型复杂构件等温局部加载成形过程的有限元模型。在建模过程中可作以下简化和假设：①在钛合金低应变速率等温成形过程中，变形生热、摩擦生热、热传递等这些热事件被忽略；②工件材料均质且各向同性；③满足体积不可压缩；④服从米泽斯屈服准则；⑤忽略高温成形条件下的弹性变形；⑥模具是刚性体；⑦不计体积力和惯性力。

1. 材料模型

这里研究 TA15 钛合金，同时材料流动应力定义为

$$\sigma=\sigma(\bar{\varepsilon},\dot{\bar{\varepsilon}},T) \tag{8.3}$$

式中，σ 是应力；$\bar{\varepsilon}$ 是等效应变；$\dot{\bar{\varepsilon}}$ 是等效应变速率；T 是温度。

TA15 钛合金是国内航空工业常用钛合金，它是一种近 α 型钛合金，其名义成分为 Ti-6Al-2Zr-1Mo-1V，相变点为 990℃。可通过恒应变速率等温压缩试验，获得应变速率为 0.001~10s^{-1}，变形温度为 800~1100℃。TA15 钛合金材料参数如图 8.7 所示，将该数据以列表格式输入 DEFORM 中，通过插值方式获得不同应变、应变速率、变形温度下的流动应力，从而实现不同加载条件下对材料塑性变形的响应。

锻造温度影响着钛合金锻件的微观组织和性能，要获取所要求的组织和性能，必须将锻造温度控制在狭窄的范围内，并且钛合金对变形温度很敏感。例如较为常用的 α+β 型两相钛合金 Ti-6Al-4V，变形温度由 920℃下降至 820℃，变形抗力几乎增加了一倍。TA15 钛合金在 950℃以下随着温度的下降流动应力迅速增加，因此 TA15 钛合金等温成形温度应选择为 950℃以上。

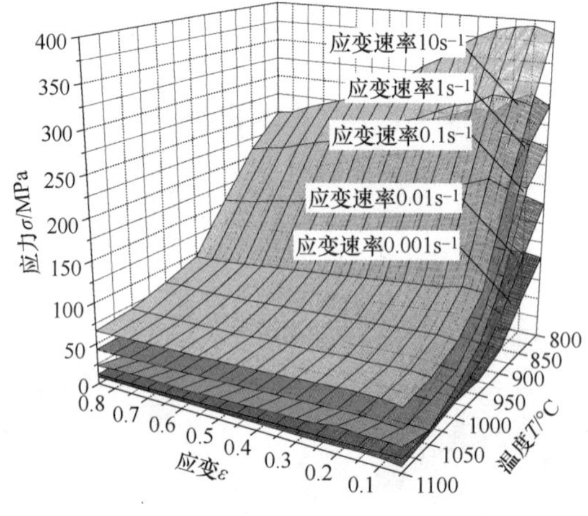

图 8.7　TA15 钛合金材料参数

在 950~1000℃范围内的钛合金高温成形中，模具材料常采用镍基高温合金 K403。但是，由于忽略锻造过程的热事件并将模具假设为刚性体，DEFORM 不需要对模具赋予材料性能。

2. 几何模型及网格划分

根据不同大型复杂构件的坯料及模具尺寸，可采用 CAD 造型软件，如 UG、Pro/E、CATIA 等，分别建立坯料、模具几何模型，并以 STL 网格格式输入 DEFORM 软件，调整其空间位置。如果构件的几何结构和加载受力具有对称性，则可仅建立坯料、模具的 1/2 模型。图 8.6 所示构件局部加载的模具及坯料，在 CAD 造型软件 UG 中分别建立其几何模型，以 STL 网格格式输入 DEFORM 软件，如图 8.8 所示。

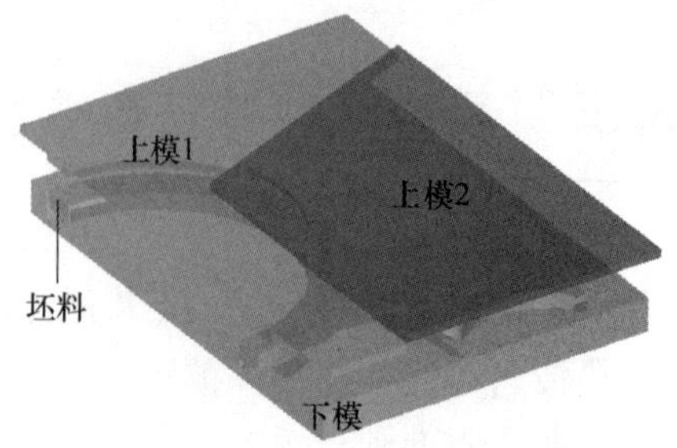

图 8.8　几何模型

忽略锻造过程的热事件并假设模具为刚性体，基于 DEFORM 的有限元模型不需要对模具进行网格划分。采用四面体实体网格对坯料进行网格划分，同时采用局部网格细划和网格自动重新划分技术以改进计算效率和避免网格畸变。通过控制表面曲率、应变分布、应变速率分布、网格密度窗口的权重因子实现网格的局部细化，各权重因子值之和等于 1。

由于局部加载特征，在加载过程中只有部分区域参与变形，变形区和未变形区的网格划分可采用不同的策略。特别是在第一局部加载步中，未加载区形状简单，所需离散网格数较少，因此可减少成形初期的网格总数而不减少计算精度。

根据局部加载特征，不同加载步、不同部位采用不同的网格划分策略：

1）加载区内的网格密度大于未加载区，同时在加载区内通过表面曲率、应变分布、应变速率分布、网格密度窗口等权重因子进一步进行网格局部细化。

2）第一局部加载步的网格数可比其他局部加载步的网格数减少 30%~50%。

不同局部加载步的坯料网格如图 8.9 所示。

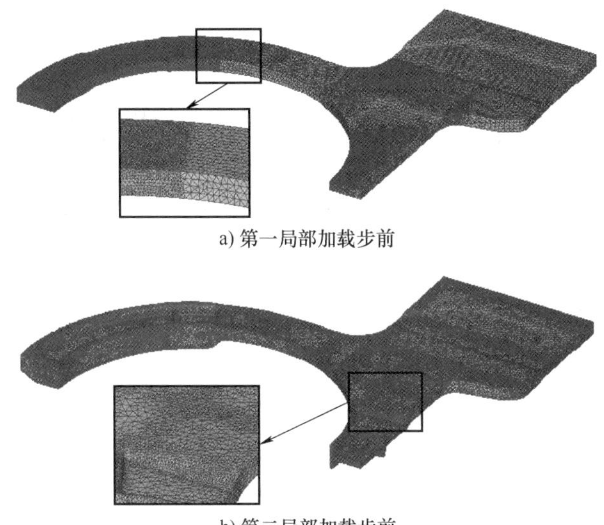

a) 第一局部加载步前

b) 第二局部加载步前

图 8.9　不同局部加载步的坯料网格

3. 有限元求解器

DEFORM 软件平台提供了两种求解器：①稀疏矩阵求解器（spare solver，SP），它采用一种利用有限元求解算法中的稀疏对称性来改善求解速度的直接求解算法；②共轭梯度法求解器（conjugate-gradient solver，CG），它通过迭代的方法逐渐逼近求解结果。相对于 SP 求解器，CG 求解器求解速度快、需要内存少，但有时在接触很小的情况下会出现收敛问题。

为了减少无益的材料流动，坯料在 x-y 平面内的投影形状应当接近于锻件投影形状，并且为了能够顺利放进下模中，前者应小于后者；为了进一步改善充填质量，坯料的厚度方向（z 向）也要进行优化设计。采用等厚坯成形时，坯料在下模中放置较为平稳，同下模接触基本为面接触，加载后接触面逐渐增大。为了提高充填质量，采用简单的不等厚坯料，如图 8.10b 所示，该坯料同下模的接触状态以及接触面积的演化同采用等厚坯料时是相似的。在这种情况下，大部分的计算由共轭梯度法求解器（CG 求解器）完成，当出现收敛问题时采用稀疏矩阵求解器（SP 求解器）计算，一般情况下 CG 求解器可以成功求解有限元问题。

但是在实际生产中，为了进一步控制金属流动、改善成形质量，比图 8.10a 所示坯料复杂的坯料用于成形大型复杂构件的工业生产，且高低不平的表面放置于下模，如图 8.10b 所示。此时坯料同下模的接触点会更少，且可能是线接触，坯料变形前会出现轻微的滑动，部分区域会出现“触模-脱模-触模”情况。在这种情况下采用 CG 求解器可能不会出现收敛问题，但其求解的接触点和速度场可能会不十分可靠，具体分析如下。

在有限元分析中，图 8.10b 所示的坯料放入下模时，上模加载前只有凸耳区域存在很少的接触点，环形筋区域悬空。当上模 1 加载时，上模 1 施加在环形筋区域的力促使该区域向下模移动，该区域会脱离同上模的接触。当失去上模的约束后，由于凸耳处受到载荷，环形筋处可能会翘曲。当环形筋区域同下模稳定接触后，同上模的接触也变得稳定了。由图 8.11可以看出，SP 求解器的求解结果更接近于实际情况。当坯料在下模中放置稳定后，两种求解器的求解结果趋于一致。因此，坯料与模具接触稳定之前可选用 SP 求解器，虽然可能存在不收敛问题。

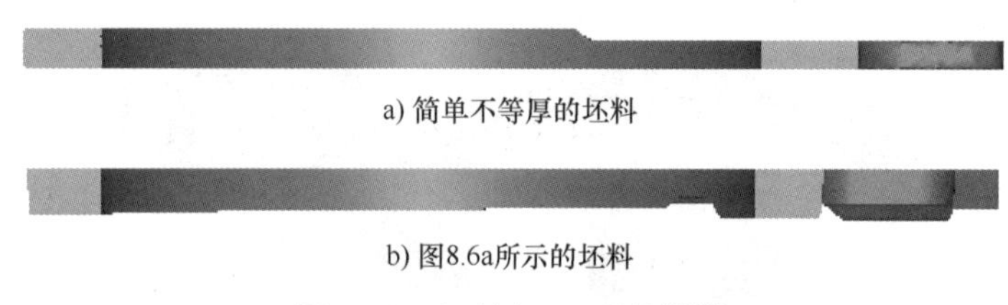

a) 简单不等厚的坯料

b) 图8.6a所示的坯料

图 8.10　坯料在 y-z 面的投影

4. 摩擦边界条件

大部分金属热成形研究采用剪切摩擦模型，由于剪切摩擦模型理论简单、易数值化，已被广泛用于体积成形的数值模拟。摩擦条件是有限元模拟中的重要输入边界条件之一，它对输出结果的精度控制起着重要的作用。

采用玻璃润滑剂的钛合金热成形过程中的剪切摩擦因子一般为 0.1~0.3，DEFORM 推荐润滑状态热成形工艺中的典型值为 m=0.3。在前期对大型复杂构件局部加载等温成形的有限元研究中，摩擦因子采用 DEFORM 推荐的典型值，即 m=0.3。采用 m=0.3 摩擦边界条件时，对图 8.6 所示的某钛合金隔框构件局部加载等温成形过程的有限元分析表明：在第一局部加载步中，m=0.3 的摩擦条件下，有限元分析获得的最大成形载荷和试验获得的最大成形载荷的误差超过 20%，接近 25%。

因此，为了更准确地获取钛合金大型复杂构件局部加载等温成形的有限元分析结果，需要估测在指定成形条件下的摩擦值，以便确定有限元模型的边界条件。

用圆环压缩试验确定评估 TA15 钛合金等温成形中的摩擦因子大小。TA15 钛合金圆环等温压缩试验在 200kN 材料试验机上完成。模具材料为 K403 镍基高温合金，同 TA15 合金大型隔框局部加载等温成形工业试验所采用的模具材料是相同的。初始圆环的外径（D_0）为 21mm、内径（d_0）为 10.5mm、高（H_0）为 7mm，即 $D_0 : d_0 : H_0 = 6 : 3 : 2$。

在钛合金局部加载等温成形中一般采用较低的加载速度 v=0.1~1.0mm/s。对于大型复杂构件，v=0.1~0.4mm/s；对于结构简单的特征构件（如 T 形构件）加载速度可能达到 1mm/s。对于 TA15 钛合金的常规锻造温度为 950℃，近 β 锻造温度为 970℃。因此圆环压缩

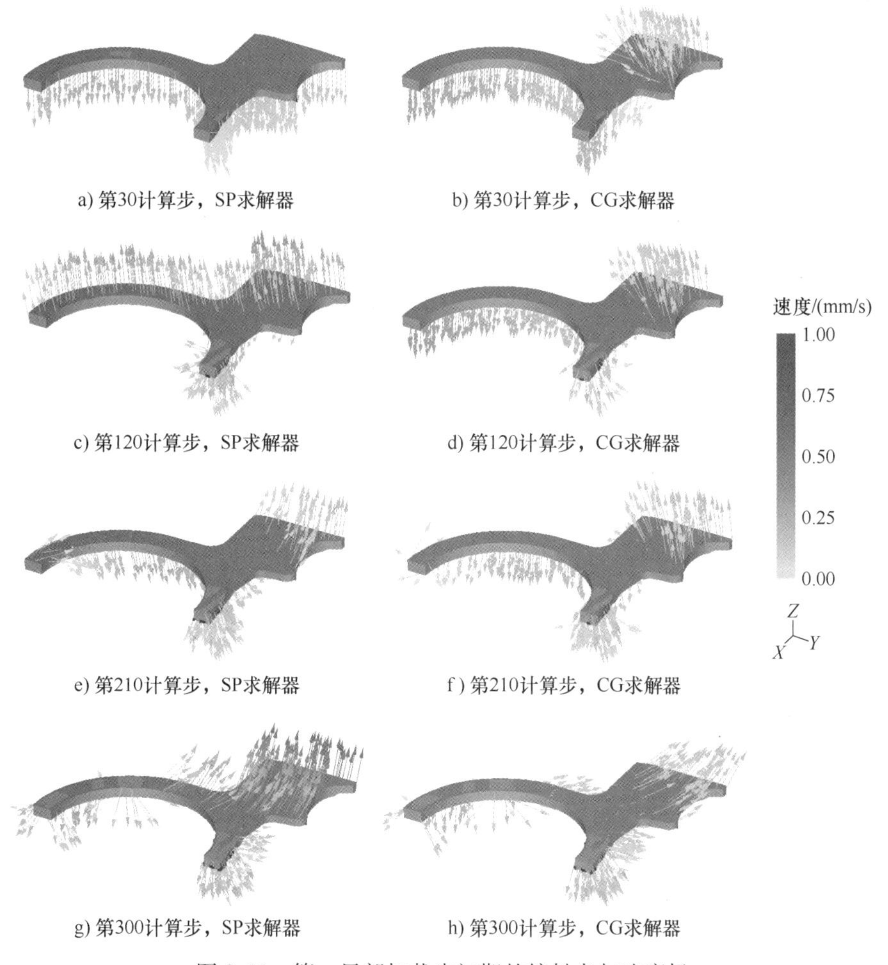

图 8.11　第一局部加载步初期的接触点与速度场

试验条件取成形温度 $T=950$℃、970℃，上模加载速度 $v=0.1$mm/s、0.2mm/s、0.5mm/s、0.7mm/s、1.0mm/s。

钛合金等温成形工艺中采用玻璃润滑剂，不仅起到润滑作用还防止坯料氧化。可采用两种玻璃润滑剂：润滑剂 1 来自某工业生产所使用的润滑剂，图 8.6 所示的大型隔框等温成形中即应用该润滑剂，其主要成分是玻璃粉和石墨；润滑剂 2 来自某实验室配制，其主要成分就是玻璃粉不包含石墨。TA15 钛合金圆环压缩前需要喷涂润滑剂，操作过程：将圆环试件加热至 150℃并保温一段时间，从加热炉内取出试件喷涂润滑剂，然后空冷至室温。采用润滑剂 1，成形温度为 970℃，上模板压下速度为 0.2mm/s 的条件下，TA15 钛合金圆环热压缩过程形状演化如图 8.12 所示。

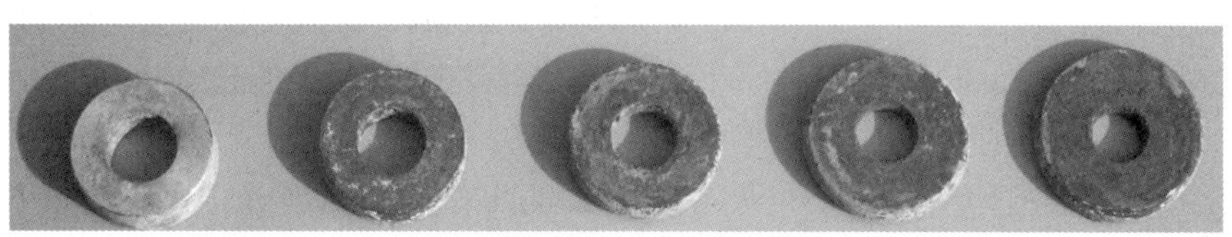

图 8.12　TA15 钛合金圆环热压缩过程形状演化

为了获得摩擦值，压缩的圆环内径必须同称作校准曲线的一组指定曲线进行比较。校准曲线是在各种摩擦因子下，成形过程中圆环内径同高度之间的关系。为了研究校准曲线对诸如材料属性、相对速度等参数的依赖，可应用数值方法（如有限元法）绘制校准曲线。因此，为了考虑材料属性、成形温度、加载速度等因素，本文采用有限元法绘制摩擦因子校准曲线。圆环压缩的有限元分析采用 DEFORM 软件，模具为刚性体，应用 Von. Mises 屈服准则，材料属性如图 8.7 所示。采用均匀网格划分圆环，其初始网格尺寸小于 0.1mm；当网格重划分时，进行局部网格细化，边界曲率以及应变和应变速率大的区域获得较小的网格。

通过设置不同的摩擦因子值，可以获取指定成形条件（成形温度、上模压下速度等）下的圆环形状变化。根据有限元模拟结果可建立起圆环内径尺寸同高度之间的关系，即摩擦因子校准曲线。在 $T=970$℃ 和 $v=0.2$mm/s 条件下的 TA15 钛合金摩擦校准曲线如图 8.13 所示。可以看出，采用有限元方法绘制的校准曲线形状同理论分析方法绘制的校准曲线形状有着明显的差异。

将圆环压缩后的内径变化同摩擦校准曲线比较可以确定摩擦因子的大小。在 $T=970$℃ 和 $v=0.2$mm/s 的条件下，分别采用润滑剂 1、润滑剂 2 和无润滑（干摩擦）的 TA15 钛合金圆环等温压缩试验结果如图 8.14 所示。将试验结果同该成形条件下校准曲线比较可得润滑剂 1 条件下 $m=0.5$，润滑剂 2 条件下 $m=0.2$，无润滑条件下 $m=0.7$。

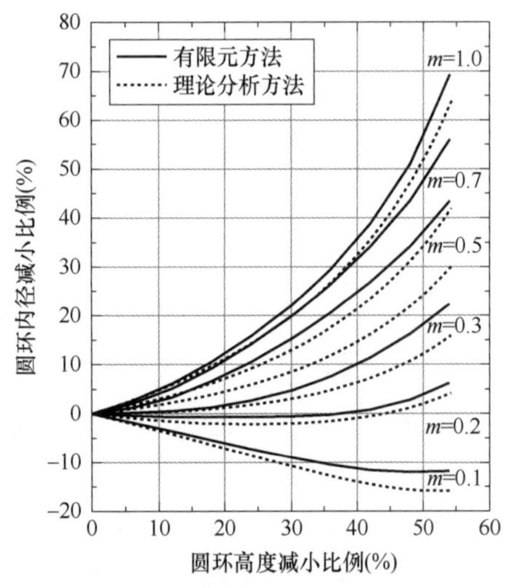

图 8.13　有限元方法和理论分析方法绘制的摩擦校准曲线

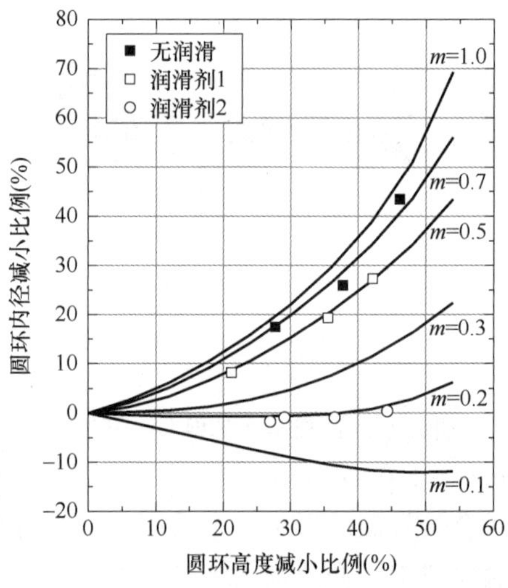

图 8.14　圆环压缩试验结果

在 $T=970$℃，$v=0.2$mm/s 的条件下，润滑剂 1 和干摩擦条件下测定的摩擦因子分别为 $m=0.5$ 和 $m=0.7$。采用所测定的摩擦因子（$m=0.5$ 和 $m=0.7$）对 TA15 钛合金圆环等温压缩试验过程进行有限元模拟，数值模拟的成形载荷和试验测量的成形载荷比较如图 8.15 所示。二者之间存在差别，但是其相对值小于 10%。这说明所建立的校准曲线适用于确定摩擦因子值，而且所获得的摩擦因子值是可靠的。

将采用润滑剂 1、温度 970℃、上模速度 0.2mm/s 试验条件所确定的摩擦条件 $m=0.5$，用于图 8.6 描述的某钛合金隔框构件局部加载等温成形过程的有限元分析。在第一局部加载

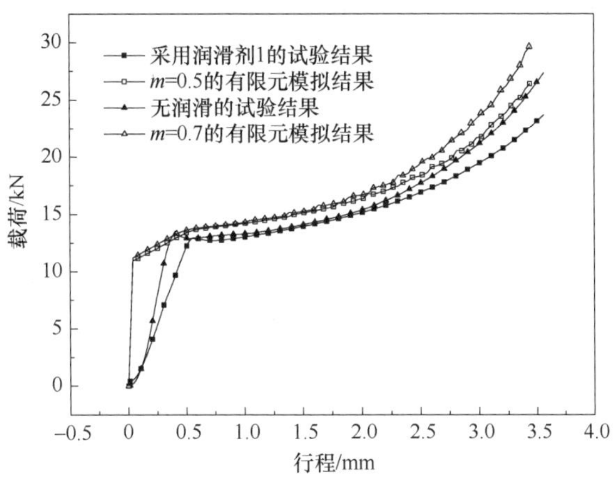

图 8.15　圆环压缩的行程与载荷曲线

步中，有限元分析获得的最大成形载荷和试验获得的最大成形载荷的误差小于 15%；对于第二局部加载步，有限元模拟预测载荷的变化趋势同试验测量载荷是相似的，成形载荷的预测误差可以下降 5%～25%。

不同成形条件下的摩擦因子如图 8.16 所示。润滑剂成分、成形温度、加载速度都影响着摩擦因子的大小。在所选定的试验条件下采用润滑剂的 TA15 钛合金等温成形中摩擦因子大小在 $m=0.12\sim0.5$ 范围内，具体地，常规锻造温度（950℃）下的摩擦因子 $m=0.12\sim0.4$，近 β 锻造温度（970℃）下的摩擦因子 $m=0.16\sim0.5$。

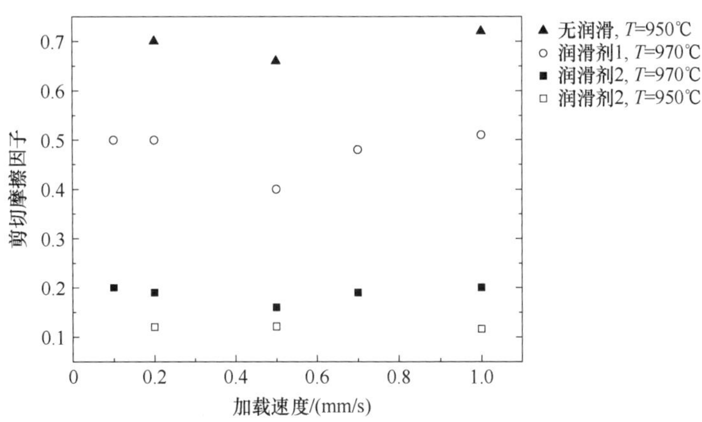

图 8.16　不同成形条件下的摩擦因子

8.3　局部加载成形过程有限元模型评估及应用

8.3.1　三维有限元模型评估

本节从大型复杂构件局部加载等温成形过程中锻件的几何形状演化以及模锻液压机成形载荷两个方面比较验证了所建立的大型复杂构件局部加载等温成形三维有限元模型。基于所提出的大型复杂构件局部加载等温成形建模方法，模拟了图 8.6 描述的某钛合金隔框构件局部加载等温成形过程，该构件的长、宽尺寸都大于 1000mm。为了比较不同边界条件对计算结果的影响，进行了三组有限元分析（finite element analysis，FEA）。采用图 8.10b 所示的坯料，材料为 TA15 钛合金，成形温度为 970℃，上模加载速度为 0.2mm/s，其他条件见表 8.1。

表 8.1　物理模拟试验方案及主要几何参数

参数	试验	FEA-1	FEA-2	FEA-3
摩擦因子 m	润滑	0.5	0.5	0.3
拔模斜度 γ/(°)	1.5	0	1.5	0

该局部加载成形过程是在普通等温模锻液压机上实现的，采用筋上分区闭式模锻工艺，共有两个局部加载步。第一局部加载步，上模 2 比上模 1 高出 35mm，因此，尽管上模 1、上模 2 同时加载，但坯料所承受的载荷主要由上模 1 施加；第二局部加载步，上模 1 和上模 2在同一水平面并同时加载，但是由于上模 1 对应区域在第一加载步已经成形，故坯料所承受的载荷主要由上模 2 施加，其成形稳定阶段的加载速度是 0.2mm/s。临近第二局部加载步结束时，在工作载荷 3000t 左右保压 8min，因此，在工业生产中，当载荷接近 3000t 时，由操作工控制加载速度以使载荷变化缓慢，有限元分析没有模拟这一过程及保压过程。

成形过程的隔框几何形状演化如图 8.17 和图 8.18 所示。第一局部加载步上模 2 对应的坯料区域基本没有变形，除了分模位置附近，仅在大凸耳设置试验块处有一压痕，有限元结果同试验结果是一致的，如图 8.17 所示。从图 8.17 中分模位置处变形过渡区局部区域放大比较也可以看出未加载区轻微的翘曲，环形筋筋高从加载区到未加载区由高到低过渡，有限元模拟对这些现象以及局部细小尺寸的描述同试验结果也是相符的。这说明所建立的有限元模型能够描述局部加载条件下不变形区域和塑性变形区域之间复杂的不均匀变形协调行为。第二局部加载步完成后锻件形状比较也表明有限元模拟同试验所获得的形状相符，如图 8.18所示。这表明所建立的模型能够描述大型复杂构件局部加载等温成形过程中的宏观变形行为，所建立的模型是合理可靠的。

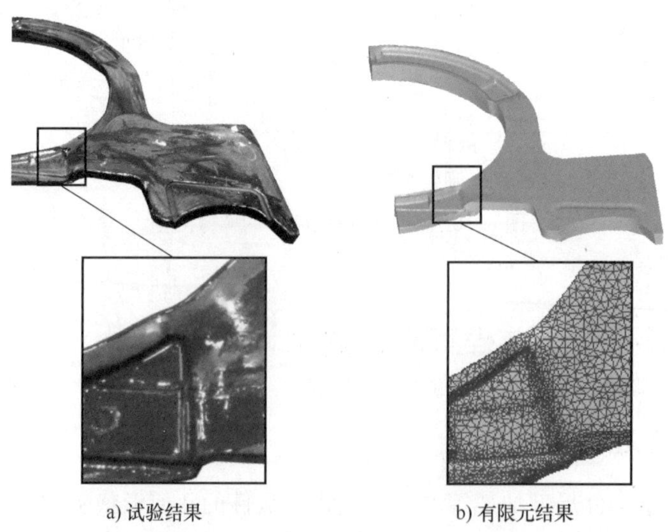

a) 试验结果　　b) 有限元结果

图 8.17　第一局部加载步后的锻件形状

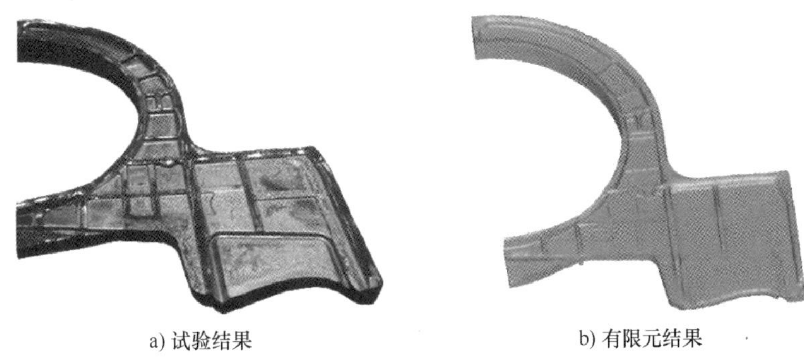

a) 试验结果　　b) 有限元结果

图 8.18　第二局部加载步后的锻件形状

由图 8.19 可以看出，不同摩擦条件下的数值模拟预测载荷相差较大。有限元模拟采用摩擦因子 $m=0.3$ 时，不仅预测结果同工业生产中的测量值有较大的误差（>30%），而且在成形过程中载荷变化趋势也有区别。根据圆环压缩试验，工业生产所用润滑剂达到的润滑效果为 $m=0.5$，采用此值进行模拟时，不仅降低了误差，其变化趋势也与试验相符，成形载荷最大误差可降至 15%左右。进一步考虑拔模斜度引起的微小尺寸变化，数值模拟结果同工业试验结果直接误差可降至 10%以内。这进一步说明了所提出的 3D-FE 建模方法和关键技术的处理是合理的。

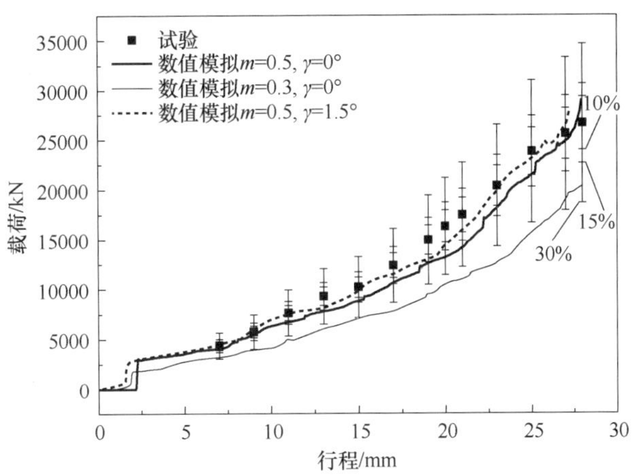

图 8.19　第二局部加载步的最大成形载荷

8.3.2　场变量演化特征

基于上述建立的有限元模型，采用表 8.1 中 FEA-1 的成形条件研究了局部加载等温成形过程中的应力场和应变场的变化。由于局部加载特征，加载区的金属将先后完全屈服产生塑性变形；大部分未加载区域应力很小，没有进入塑性变形状态；而与加载区接壤的区域，虽然没有主动施加载荷，但也可能达到屈服状态。在局部加载成形中存在三种典型的区域：绝对屈服变形区，未产生塑性变形区，由绝对屈服变形区向未产生塑性变形区过渡的变形过渡区。

第一局部加载步中的应力场变化如图 8.20 所示。工件的应力场分布及演化同接触区域的演化密切相关。加载区凸耳部分的等效应力率先达到屈服状态；随后环形筋区域，腹板较薄的区域应力上升，然后整个表面进入塑性状态；接着塑性区域由表面向中间扩散，接近分模位置的未加载区的部分金属可能进入屈服状态。在第二局部加载步中，应力的分布与演化也存在着类似的规律。

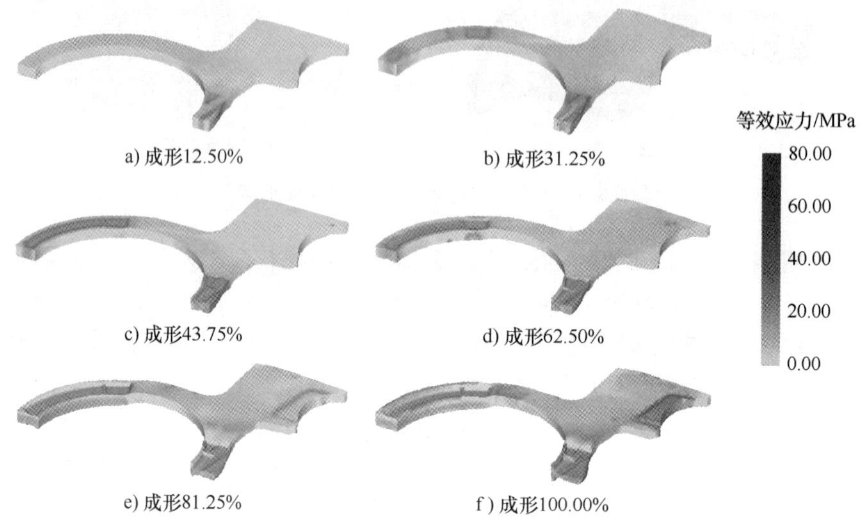

图 8.20　第一局部加载步中的应力场变化

虽然应变是一个累积的结果而应力不是，但是应变场分布特征及其演化同应力场相似，如图 8.21 所示。在第二局部加载步结束之后，工件的应变分布如图 8.22 所示。在凸耳区域存在一个明显的低应变区域，低应变区域变形量较少，相应地具有较大的晶粒尺寸。

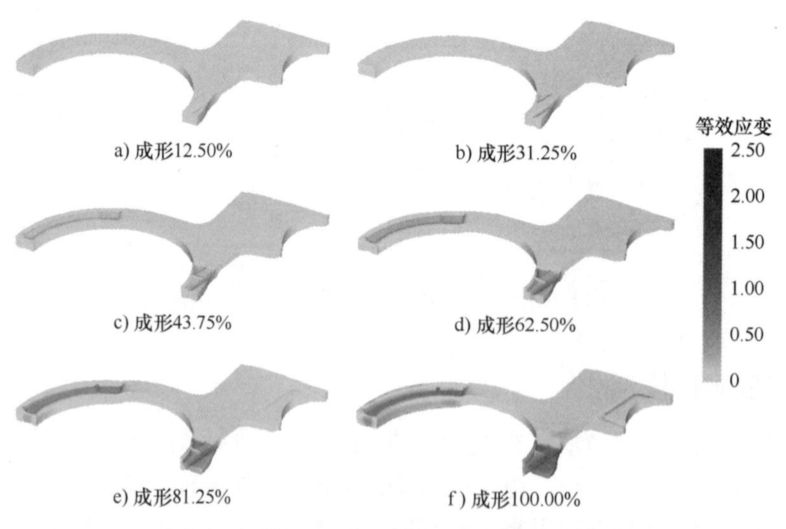

图 8.21　第一局部加载步中的等效应变分布

该模型可获取大型复杂钛合金构件局部加载成形过程的成形载荷、型腔充填、材料流动等。若耦合微观组织演化模型，可以研究成形过程的微观组织。为锻件性能预测、缺陷控制、模具设计、工艺优化等提供可靠、经济、高效的手段。所提出的建模方法能够描述各种

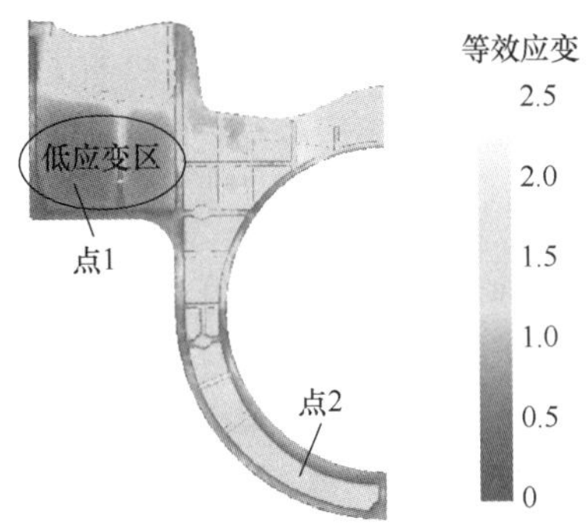

图 8.22　两个局部加载步后的等效应变分布

形状坯料在局部加载条件下的变形行为，描述成形条件和成形结果之间的关系更接近于实际。所建立的三维有限元模型可定量描述成形条件和成形结果之间的关系，这为大型复杂整体构件局部加载等温成形工艺参数选择、过程控制、模具设计提供基础。

8.3.3　基于有限元分析坯料结构的改进

对于筋板类构件，一般其预成形坯料形状类似于终锻件，往往是对终锻件筋条的高度、宽度、圆角半径进行缩放来设计预成形坯料，最终预成形坯料形状复杂。其他预成形优化设计也类似，所获得的坯料形状一般复杂、接近终锻件形状。对于构件尺寸巨大、合金材料锻造温度窄、成形工艺复杂的大型钛合金筋板类构件，复杂的预成形坯料需要多个火次的预锻，而且为了保证预锻件形状可能需要采用等温成形。图 8.18 所示 TA15 钛合金隔框构件局部加载等温成形工业试验中，模具升温时间大概为一周。钛合金等温锻造中模具材料一般为高温镍基合金，价格十分高昂并且难加工，不仅费用高、周期长，多火次还会影响最终构件的组织性能。

因此复杂的预成形坯料难以适用于小批量的大型复杂构件。对于难变形材料大型筋板类构件，其预成形坯料应满足以下要求：①坯料形状简单，便于制坯；②能够初步完成材料体积分配，改善型腔充填。而简单不等厚坯料能够满足这两点要求，其水平投影形状应当接近于锻件投影形状，以简单的台阶式结构改变坯料的厚度分布。虽然不等厚坯料在变形均匀性等方面欠佳，但采用简单不等厚坯料结合局部加载可以低成本有效地改善大型钛合金筋板构件型腔充填。

以加载特征下材料流动、型腔充填快速预测模型（多为解析模型）为基础，结合几何参数、模具分区、摩擦条件，初步设计、初始不等厚坯料，然后以提高充填能力、避免折叠缺陷为目标，根据整体构件全过程的有限元模拟结果结合局部加载流动特征分析，调整修改坯料几何参数，最终获得较为合理的不等厚坯料。其中也可根据局部加载特征适当调整模具分区、改变局部区域的摩擦条件同不等厚坯料相配合控制材料流动，达到不均匀变形协调的目的。

TA15 钛合金在近 β 锻造温度（970℃）下，以 0.2mm/s 加载成形时的摩擦因子在 0.2~0.5 的范围内，在本节选取一个中间值 $m=0.3$ 进行计算分析。本节目标构件形状如图 8.23a 所示，长大于 1300mm，宽接近 1000mm，零拔模斜度，最大筋宽比约为 3。该构件采用筋上分区方式，如图 8.23a 所示，上模分为两个加载模块（上模 1、上模 2），共有两个局部加载步，上模 1 先加载然后上模 2 加载。截面 A 和截面 C 在后加载区域内，截面 B 和截面 D 贯穿两个加载区。分析图 8.23a 所示隔框的结构特征可以发现，上下筋条分布是对称的，在分析所选择的横截面时只取一半结构进行分析，尽量避免出现跨越高宽比显著（$h/b>1$）筋条的材料流动行为。

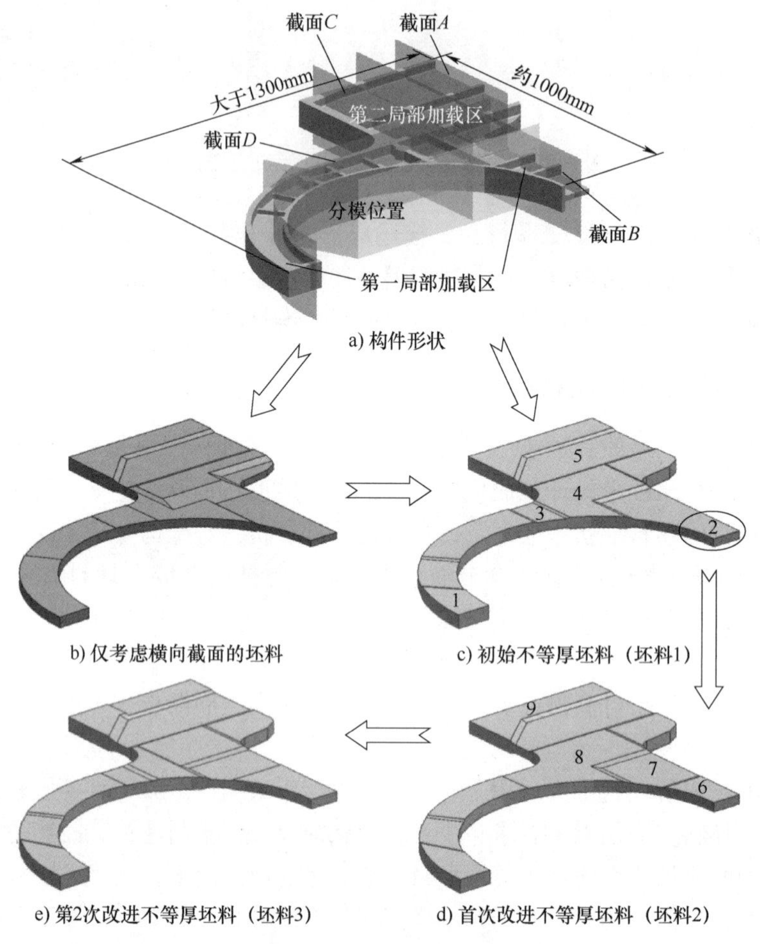

图 8.23　不等厚坯料形状

当仅考虑横向/径向截面（如截面 A、截面 B、截面 C）的材料流动和充填行为时，可得到如图 8.23b 所示的坯料形状。在此基础上，考虑纵向/环向截面（如截面 D）的材料流动和充填行为，设计了图 8.23c 所示的初始不等厚坯料（坯料 1），坯料结构是上下对称的。对于变厚度区的选择与设置遵循笔者研究的建议，变厚度区采用倒角形式过渡，其过渡条件为 $R_b=2\sim5$mm。

采用初始不等厚坯料（坯料 1），两个局部加载步后的锻件形状如图 8.24 所示。从有限元分析结果看，虽然有部分区域没有完全充满，但没有发现产生折叠缺陷。可以看出，位于第一局部加载区内的区域 A/A' 以及区域 B/B' 筋型腔明显充不满，其他大部分区域的筋型腔都能够充满。除了区域 A 内凸台的形状和区域 A' 内凸台的形状有所不同外，其他区域上下面的筋条形状基本是对称的。

区域 A/A′未充满的原因主要是在基本不等厚坯料设计时没有充分考虑区域 A/A′内的凸台（见图 8.24）；同样的区域 B/B′未充满的原因主要是在基本不等厚坯料设计时没有充分考虑区域 B/B′内的环形筋。基于主应力法的材料流动和型腔充填分析是难以充分考虑纵横筋交错影响的，因此需要根据三维有限元模拟结果来进一步修正坯料形状。

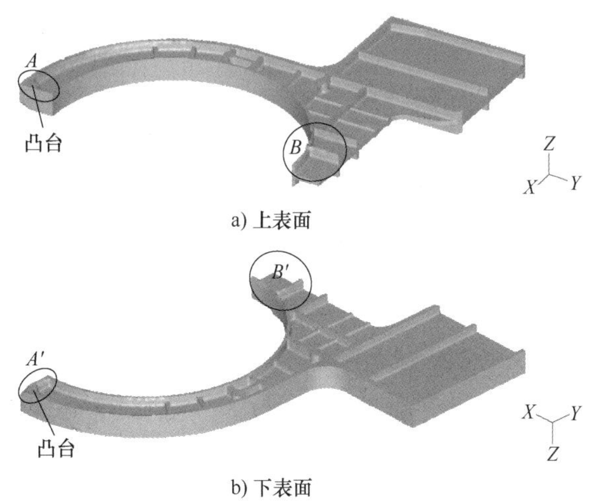

图 8.24　两个局部加载步结束后隔框锻件表面情况（采用坯料 1）

为了进一步改善区域 A/A′内的充填效果，增加了厚度较大的区域 1（见图 8.23c）的面积并且下边区域大于上边区域。对于区域 B/B′，增加了图 8.23c 所示区域 2 坯料厚度。第二局部加载步中，凸耳区域在成形结束前已经完全充满，进而在上下模间隙处形成毛刺，根据体积不变原理调整了区域 3、区域 4、区域 5 的坯料厚度。增加区域 3 的坯料厚度，适当减少了区域 4 和区域 5 的坯料厚度。根据以上分析，通过修改基本不等厚坯料（坯料 1），设计了如图 8.23d 所示的不等厚坯料（坯料 2）。图 8.23d 所示的区域 6 在第一局部加载区内。图 8.25 所示为两个局部加载步结束后隔框锻件表面情况（采用坯料 2）。

区域 A/A′的充填问题已经基本解决；区域 B/B′内大部筋型腔已充满，只是靠近模具分区位置的部分环形筋（见图 8.25 所示区域 C/C′）没有充满。由于减少了图 8.23c 所示区域 4 和区域 5 的坯料厚度，凸耳区域的横向筋（见图 8.25 所示区域 D/D′）没有充满。其他区域都基本完成了充填。

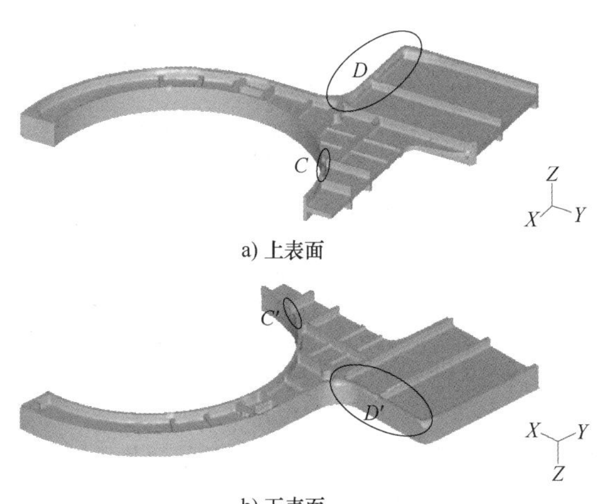

图 8.25　两个局部加载步结束后隔框锻件表面情况（采用坯料 2）

由于局部加载特征，第一局部加载区域内靠近模具分区位置的环形筋或横向筋（如区域 C/C′内的筋条）不会完全充满，其筋高由高到低向未加载区过渡。第二局部加载步中流向未加载区的材料会改善这一区域充填，但是这一区域所缺材料过多，就会发生充不满缺陷，如图 8.25 所示的区域 C/C'。区域 C/C' 的充不满缺陷主要是由于第一局部加载步中图 8.23d 所示区域 7 的约束较弱，导致向第二局部加载区的材料流动阻力小于环形筋型腔充填的阻力，从而导致第一局部加载步内该区域充填不足。

为此增加了图 8.23d 所示区域 6 的面积，使其跨越模具分区位置延伸到第二局部加载区内，增加了第一局部加载步内未加载区的约束作用。同时结合体积不变原理减少了图 8.23d 所示区域 7 的面积及区域内的坯料厚度。根据有限元结果发现凸耳区域的横向筋（见图 8.25所示区域 D/D'）没有充满，但是凸耳区域纵向筋基本上在成形结束前已经完全充满。因此对于图 8.23d 所示区域 8 和区域 9，接近区域 D/D'的范围内坯料厚度增加，其他范围内的坯料厚度适当减少。在此基础上设计了图 8.23e 所示的不等厚坯料（坯料 3），该坯料最薄处的厚度为 25mm，最厚处的厚度为 46mm。

采用坯料 3（见图 8.23e）的三维有限元分析结果如图 8.26、图 8.27 所示。第一局部加载步后的锻件形状以及局部区域的材料充填情况如图 8.26 所示。可以看出，区域 A/A'的充填问题已经基本解决，没有充不满缺陷；区域 C/C'仍有部分未完全充满，但第二局部加载步中流入未加载区的材料充填区域 C/C'内的环形筋，从图 8.27 中可以看出，第二局部加载步该区域已完全充满。第二局部加载步后的锻件形状以及局部区域的材料充填情况如图 8.27所示。可以看出，区域 D/D'的充填问题已经基本解决，没有充不满缺陷；区域 C/C' 也完全充满，整个构件充填良好。

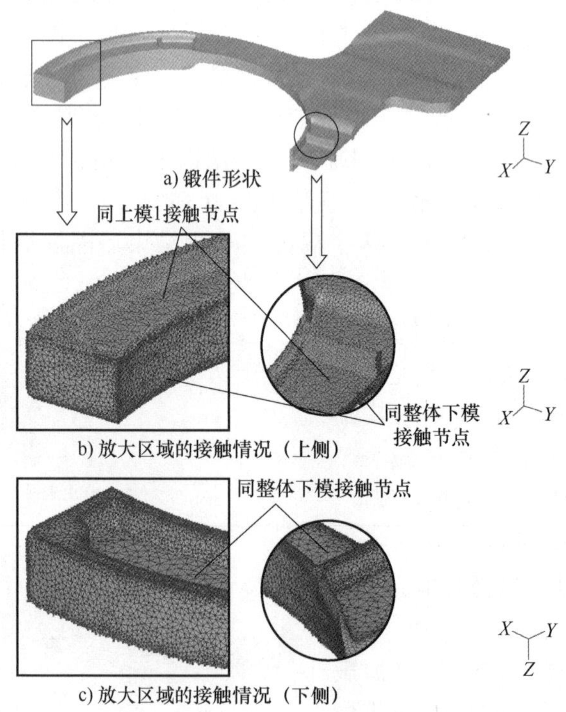

图 8.26　第一局部加载步后隔框锻件形状及同模具接触情况

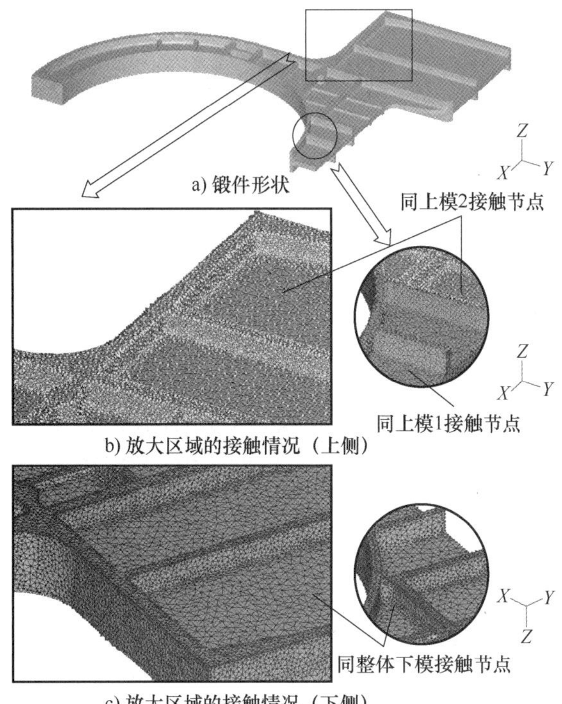

图 8.27　第二局部加载步后隔框锻件形状及同模具接触情况

第 9 章　轴齿零件回转成形过程建模仿真

9.1　回转成形技术的含义

回转成形是指在成形过程中设备的工作部分（工模具）和成形工件同时或其中之一作回转（旋转）运动，使金属产生塑性变形，获得所需的形状、尺寸及性能要求的一种成形工艺。回转成形技术属于局部加载成形技术，一般适用于轴对称零件，设备通用性差，故回转成形一般适合于批量比较大的、具有一定对称性的零件生产。例如汽车、摩托车、发动机等中的面大量广的轴类、盘类、环类等零件。

根据零件类型和回转成形设备的结构可将回转体积成形工艺分为辊锻、楔横轧、斜轧、复杂型面滚轧、环轧、摆辗、径向锻造等。根据设备工作部分（工模具）和成形工件的运动方式可将回转体积成形工艺分为以下四类：

（1）工作部分作旋转运动，工件作直线运动

此类运动方式典型回转体积成形工艺为辊锻，属纵向轧制技术。辊锻成形是在轧钢工艺基础上发展而来的，其将轧钢常用的定长孔改变成与周期轧制相类似的沿轧辊周向不断变化的辊锻型槽，使其成形范围大大扩展，也使变形状态更加复杂。

辊锻成形过程坯料经过上下两根旋转方向相反、轴线平行的轧辊上安装的弧形辊锻模，作垂直于轧辊轴线方向的直线运动，沿自身轴线方向连续周期性地产生延伸变形。坯料高度方向受到压缩，少部分金属变宽，大部分材料充填型槽和沿轴向方向流动，一般坯料截面减少。

（2）工作部分作旋转运动，工件也作旋转运动

此类运动方式的回转体积成形工艺有基于横轧原理的楔横轧、螺纹花键等复杂型面滚轧，以及环轧、斜轧等。

楔横轧和复杂型面滚轧基本原理相同，但变形特征迥异，楔横轧存在较大的轴向延伸变形，而一般螺纹、花键（齿轮）滚轧前后变形区的轴向变化不大。一些复杂型面滚轧的衍生分支中，工件也会存在轴向直线运动。例如轴向推进滚轧花键工艺中，工件既作旋转又作直线运动；长螺纹丝杠类零件滚轧工艺中，工件作螺旋运动。

复杂型面轴类件主要指在轴的外表面带有键槽、齿形、螺纹等结构的轴类零件。复杂型面轴类件的滚轧成形工艺，是以金属塑性成形理论为基础，利用金属材料在常温下具有一定塑性的特点，通过带有齿形、螺纹等结构的滚轧模具对轴类件表层局部区域的滚轧作用，使该区域金属发生明显塑性变形而成形齿形、螺纹等复杂型面的一种无屑、近净、渐进式塑性成形工艺。成形工艺基于横轧原理，带有一定形状（螺纹或齿轮/花键形状）的滚轧模具同步、同方向旋转，工件反向旋转，工件成形前后的轴向长度变化较小。根据复杂型面轴类件滚轧成形工艺中滚轧模具结构以及运动方式的不同可分为板式搓制成形、轮式径向进给滚轧

成形、轮式径向增量滚轧成形、轴向推进主动旋转滚轧成形，如图 9.1 所示。

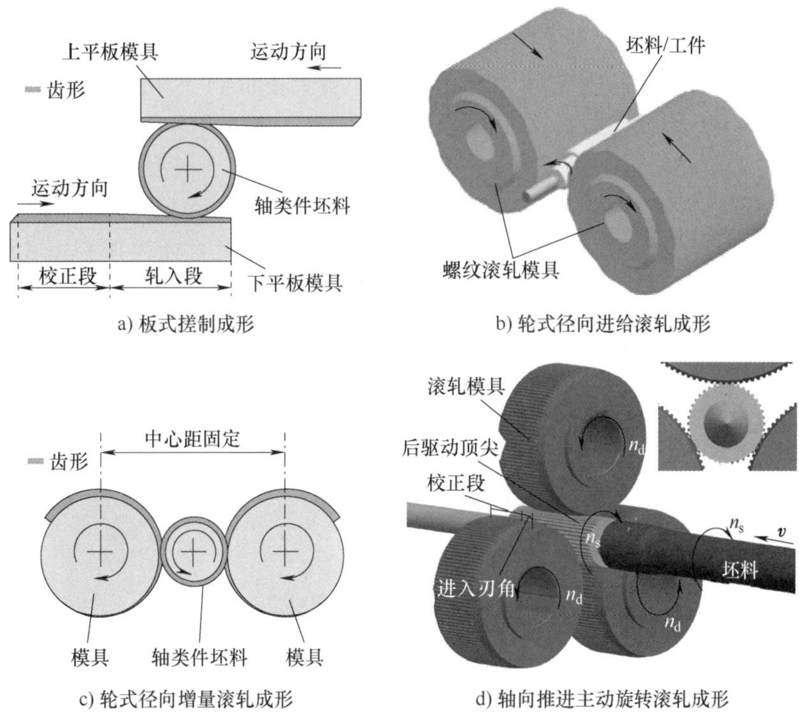

图 9.1　复杂型面滚轧工艺原理

环轧即环件辗扩，是使环件产生壁厚减小、直径扩大、截面轮廓成形的塑性加工工艺，是轴承环、法兰环、火车车轮及轮箍、燃气轮机环等各类无缝环件的重要生产工艺方法。根据环件变形方式，可分为径向辗扩和径轴向辗扩；根据环件变形温度，可分为冷辗扩和热辗；根据环件和孔型的关系，可分为开式辗扩、半开式辗扩和闭式辗扩；按照环件辗扩设备结构特点，可分为立式轧环和卧式轧环两类。

（3）工作部分作直线运动，工件作螺旋运动

径向锻造与旋转锻造都是用于棒料、管材或线材加工制造的回转成形工艺，是此类运动方式回转体积成形工艺的典型代表，如图 9.2 所示。旋转锻造中模具工件相对运动方式同径

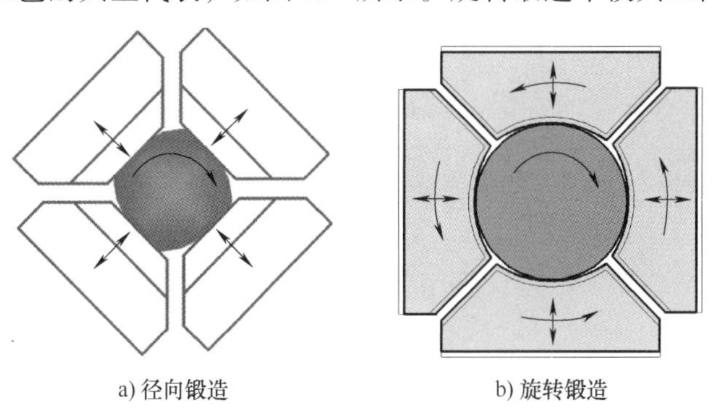

图 9.2　径向锻造与旋转锻造工艺原理

向锻造相同，但模具直线运动实现方式以及模具运动方式不同，适用范围不同。一般径向锻造适用直径更大的工件，旋转锻造可用于较小直径工件。

径向锻造时，在工件轴向进给的同时，利用分布在工件圆周方向的锻锤（2~8 个）实现对工件的快速、同步锻打。可用于较大直径轴、管类零件制坯和成形，如 GFM 公司为齐鲁特钢制造的 RF-100 型径向锻造机，锻造力最大可达 22000kN，入口直径为 1000mm。

旋转锻造时，滚柱均布于保持架上，锻模（2~8 个）由于转盘的转动和滚柱的冲击作用，在随转盘一起旋转的同时径向做高频（1500~15000 次/min）、小行程锻打运动。可用于较小直径的管材、棒材、线材精密成形，如旋转锻造可成形直径为 0.1~0.15mm 的锻件。

（4）工作部分作旋转运动并带有直线运动

此类运动方式的回转体积成形工艺的典型工艺代表是摆辗，也称摆动辗压。和辊锻、楔横轧、环轧、斜轧、旋转锻造等工艺相比，摆辗模具的相对运动要复杂得多。摆辗模具除直线运动外，绕自身轴线旋转的同时绕设备主轴的轴线转动，两个轴线之间存在一定的夹角。

9.2 螺纹花键同步滚轧成形

9.2.1 复杂型面滚轧及其滚轧前模具的相位要求

复杂型面轴类件的轮式径向进给滚轧成形是基于横轧原理，滚轧前两个及两个以上滚轧模具，沿工件周向均布，在滚轧成形过程中，滚轧模具同步、同向、同速旋转，并沿坯料径向以相同的速度逐渐进给，在摩擦力矩作用下带动坯料旋转，同时模具上的齿形、螺纹等结构连续滚轧压入坯料表层，使滚轧处金属连续发生塑性变形，逐渐成形轴类件上的齿形、螺纹等结构。该工艺中滚轧模具须沿坯料径向进给、模具中心距变化。

基于螺纹、花键径向进给式滚轧成形技术，发展的螺纹和花键同步滚轧成形工艺，如图 9.3所示。通过合理的模具结构设计和工艺控制，螺纹和花键特征能够在一次滚轧成形中同时成形。同样基于横轧原理，其工艺过程同螺纹、花键滚轧成形相类似，只是模具结构不同，成形模具由螺纹牙形段和花键齿形段构成。同时滚轧模具要能够满足螺纹段和花键段滚轧成形过程的运动协调和滚轧前模具的相位差要求。

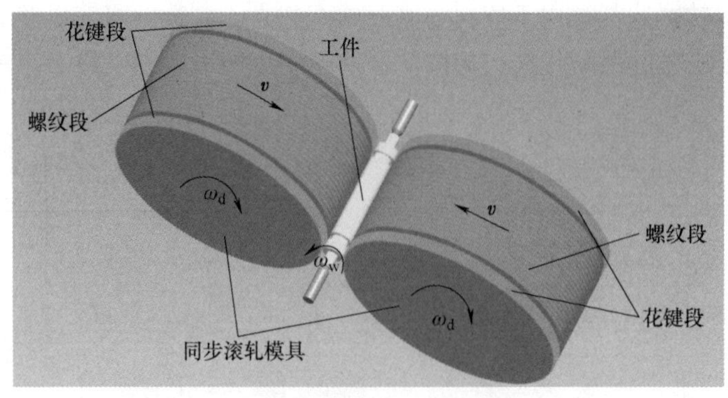

图 9.3　螺纹和花键同步滚轧成形示意图

为了保证不同滚轧模具滚轧成形的螺纹或花键（齿轮）能够良好地衔接，避免螺纹不衔接、花键乱齿等问题，螺纹滚轧或花键滚轧前滚轧模具要满足一定的相位差。螺纹花键同步滚轧成形过程是螺纹滚轧成形和花键滚轧成形的耦合，要同时满足螺纹滚轧和花键滚轧前滚轧模具相位调整要求。

螺纹滚轧成形中滚轧模具的参数是完全相同的，为了使不同滚轧模具滚轧的螺纹能够衔接上，滚轧前成形模具有一定的相位差。即滚轧模具轴线与坯料轴线决定的平面内螺纹（和坯料接触一侧）相互错开一定距离，使某一滚轧模具在工件上的压痕能够同下一个滚轧模具相啮合，若不能满足这一要求，会出现螺纹不衔接现象。根据螺纹滚轧成形运动特征，这一错开的距离 L 和螺纹滚轧模具的个数以及所成形的零件参数相关：

$$L=\frac{P_{\mathrm{h}}}{N}=\frac{n_{\mathrm{w}}P}{N} \tag{9.1}$$

式中，L 是错开的距离；P_{h} 是所成形工件的导程；N 是螺纹滚轧模具个数；n_{w} 是所成形工件的螺纹头数；P 是螺距。

在理想状态下，若螺纹滚轧模具的螺纹起始位置都相同，螺纹滚轧模具沿工件轴线阵列分布，则螺纹滚轧模具安装时自身会依次错开一定距离（L'），其和滚轧模具的个数以及螺纹滚轧模具参数相关：

$$L'=\frac{P_{\mathrm{h_d}}}{N}=\frac{n_{\mathrm{d}}}{N}P \tag{9.2}$$

式中，L'是错开的距离；$P_{\mathrm{h_d}}$是螺纹滚轧模具的导程；N 是螺纹滚轧模具个数；n_{d} 是螺纹滚轧模具的螺纹头数；P 是螺距。

这个距离差是通过螺纹滚轧模具的相位差来实现的，也就是通过旋转模具来实现。螺纹滚轧前模具相位调整时的螺纹滚轧模具旋转方向应该和滚轧成形时工件旋转方向相同，也就是和螺纹滚轧成形时模具滚轧旋转方向相反。为了便于分析螺纹滚轧前模具相位调整，将螺纹滚轧前滚轧模具相位调整（旋转）的方向定义为 N 个螺纹滚轧模具沿工件周向布置顺序方向，而螺纹滚轧模具命名的顺序的方向应该和螺纹滚轧过程中工件的旋转方向一致。也就是模具布置顺序号 $j=1,\ 2,\ \cdots,\ N$ 的命名应使其和滚轧中工件旋转方向相同。

考虑螺纹滚轧过程中工件的旋转方向以及式（9.1）和式（9.2），螺纹滚轧前滚轧模具实际应错开的距离（L_{actual}）为

$$L_{\mathrm{actual}}=L+L' \tag{9.3}$$

螺纹滚轧前模具通过螺纹滚轧模具之间依次相差的相位差 φ_{t} 来实现。根据螺纹运动特征，螺纹滚轧模具间相位角度 φ_{t} 和螺纹滚轧模具之间依次错开的距离 L_{actual}之间的关系为

$$\varphi_{\mathrm{t}}=\frac{L_{\mathrm{actual}}}{P}\theta_{\mathrm{t}} \tag{9.4}$$

式中，θ_{t} 是螺纹滚轧模具相互错开一个螺距对应的模具旋转角度。

由于多头螺纹具有一定的周期对称性，滚轧模具旋转 θ_{t} 前后形状是相同的，因此可根据这一特征结合滚轧模具个数、工件和滚轧模具螺纹头数等实际情况对上述公式进行简化。

同样，花键滚轧成形中滚轧模具的参数是完全相同的，为了使不同花键滚轧模具滚轧的花键能够衔接上，滚轧前成形模具有一定的相位差。即垂直滚轧模具轴线的平面内和坯料接触一侧的齿顶和齿顶（或齿根和齿根）错开一定的角度，使某一花键滚轧模具在工件上所成形的齿形能够同下一个滚轧模具相啮合，若不能满足这一要求，会出现乱齿现象。根据花

键滚轧成形运动特征，这一错开的角度 δ 和花键滚轧模具的个数以及所成形的零件参数相关：

$$\delta=\frac{Z_w}{N}\theta_s \tag{9.5}$$

式中，δ 是错开的角度；Z_w 是所成形工件的齿数；N 是花键滚轧模具的个数；θ_s 是花键滚轧模具单齿对应的角度。

在理想状态下，若花键滚轧模具的分齿位置都相同，花键滚轧模具沿工件轴线阵列分布，则花键滚轧模具安装时自身会依次错开一定角度（δ'），其和花键滚轧模具的个数以及滚轧模具参数相关：

$$\delta'=\frac{Z_d}{N}\theta_s \tag{9.6}$$

式中，δ'是错开的角度；Z_d 是花键滚轧模具的齿数；N 是花键滚轧模具的个数；θ_s 是花键滚轧模具间相位角度。

花键滚轧前模具相位调整时的花键滚轧模具旋转方向应该和花键滚轧成形时工件旋转方向相同，也就是和花键滚轧成形时模具滚轧旋转方向相反。为了便于分析花键滚轧前模具相位调整，将花键滚轧前滚轧模具相位调整（旋转）的方向定义为 N 个花键滚轧模具沿工件周向布置，而花键滚轧模具命名的顺序应该和花键滚轧过程中工件的旋转方向一致。也就是模具布置顺序号 $j=1$，2，…，N 的命名应使其和滚轧中工件旋转方向相同，滚前模具相位调整时的滚轧模具旋转方向应该和滚轧成形时工件旋转方向相同。

考虑花键滚轧过程中工件的旋转方向以及式（9.5）和式（9.6），花键滚轧前滚轧模具实际应错开的角度 δ_{actual} 为

$$\delta_{actual}=\delta+\delta'=\varphi_s \tag{9.7}$$

式中，φ_s 是花键滚轧模具间相位角。

由于多齿花键或齿轮具有一定的周期对称性，花键滚轧模具旋转 θ_s 前后形状是相同的，因此可根据这一特征结合滚轧模具个数、工件和滚轧模具齿数对上述公式进行简化。

螺纹滚轧或花键滚轧前的滚轧模具相位差，通过旋转两滚轧模具中的一个或 N 个滚轧模具中的 N-1 个滚轧模具，实现相位差的调整。螺纹与花键同步滚轧成形具有螺纹滚轧成形和花键/齿轮滚轧成形的复合运动，同步滚轧模具同时具有螺纹段和花键段，滚轧前螺纹段和花键段要同时满足螺纹滚轧成形和花键滚轧成形前的相位差要求。

对于螺纹与花键同步滚轧成形，螺纹段和花键同步滚轧运动协调的基本要求是滚轧模具和所成形工件的齿数、头数应满足螺纹花键同步滚轧运动协调基本条件。

$$\frac{Z_d}{Z_w}=\frac{n_d}{n_w}=i \tag{9.8}$$

式中，Z_d 是滚轧模具花键段的齿数；Z_w 是所成形工件花键段的齿数；n_d 是滚轧模具螺纹段的头数；n_w 是所成形工件螺纹段的头数；i 是同步滚轧模具和所成形工件之间的关系比，具体值为同步滚轧模具和工件齿数或头数比。

若滚轧前螺纹滚轧模具存在相位差 φ_t，则模具相位调整时，第 j 个螺纹滚轧模具旋转角度为 $\varphi_{t_{j1}}$；若滚轧前花键滚轧模具存在相位差 φ_s，则滚轧模具相位调整时，第 j 个花键滚轧模具旋转角度为 $\varphi_{s_{j1}}$。

一般滚轧模具螺纹段的螺纹头数 n_d 远小于花键段的齿数 Z_d，因此有

$$\varphi_{t_{j1}} > \varphi_{s_{j1}} (j=2,3\cdots,N) \tag{9.9}$$

式中，$\varphi_{t_{j1}}$ 和 $\varphi_{s_{j1}}$ 的旋转方向相同，且均取非零值。

设

$$S_{j1} = \frac{\varphi_{t_{j1}}}{\varphi_{s_{j1}}} (j=2,3\cdots,N)$$

式中，$\varphi_{t_{j1}}$ 和 $\varphi_{s_{j1}}$ 的旋转方向相同，均取非零值。

$\varphi_{t_{j1}}$、$\varphi_{s_{j1}}$ 和所成形工件以及滚轧模具的螺纹段头数、花键段齿数的取值密切相关，螺纹花键同步滚轧模具的螺纹段头数、花键段齿数取值由成形工件的螺纹段头数、花键段齿数和 i 决定。根据成形工件螺纹段和花键段的 n_w、Z_w 以及同步滚轧模具和工件之间的关系比 i，并结合考虑相关参数表达式可确定 S_{j1} 的表达式。

对于 $\varphi_{s_{j1}} = \frac{h}{N}\theta_s (h=1,\cdots,N)$，若 $S_{j1} = \frac{N}{h}k+1 (k=0,1,2,3,\cdots)$，则滚轧模具 j 上的螺纹段与花键段的相对位置与滚轧模具 1 上的螺纹段与花键段的相对位置相同，滚轧模具参数完全相同；否则，滚轧模具 j 与滚轧模具 1 上螺纹段与花键段的相对位置不同，要分别满足螺纹段与花键段的相位要求（即相位相差 $\varphi_{t_{j1}}$、$\varphi_{s_{j1}}$）。螺纹花键同步滚轧成形中，若两个滚轧模具（模具 j 和模具 1）上螺纹段和花键段相对位置相同，滚轧前其中一个模具（模具 j）旋转 $\varphi_{t_{j1}}$，实现相位差的调整；特别是当 $\varphi_{t_{j1}} = \theta_t$、$\varphi_{s_{j1}} = \theta_s$ 时，不旋转模具即可实现相位调整（即旋转 0°）。若两个滚轧模具（模具 j 和模具 1）上螺纹段和花键段相对位置不相同，滚轧前滚轧模具螺纹段和花键段的相位差由滚轧模具结构本身保证。因此螺纹花键同步滚轧前滚轧模具相位调整要远比螺纹滚轧或花键滚轧前模具调整困难，一些情况下要依靠滚轧模具结构本身来实现，故螺纹与花键同步滚轧多采用两滚轧模具。

9.2.2　同步滚轧成形过程有限元建模

1. 材料模型

45 钢是常用的中碳调质结构钢，是轴类零件常采用的材料，也是冷滚轧螺纹、花键的常用材料，选用 45 钢作为工件材料。在 10t INSTRON® 材料试验机上进行单向拉伸试验获得 45 钢的应力应变关系，可得

$$\sigma = 1450 \times (0.0132715 + \varepsilon)^{0.2817} \tag{9.10}$$

式中，σ 是应力；ε 是应变。

2. 滚轧过程中的运动

在滚轧成形中，工件和模具间的中心距 a 是变化的，但变化量很小。根据平面啮合基本原理，渐开线花键或齿轮传动比与中心距 a 无关。根据空间啮合基本原理，传动比与中心距 a 相关。根据相关分析，当采用渐开螺旋面齿形时，螺纹滚轧过程的传动比也几乎是和中心距 a 无关的。即使采用阿基米德螺旋面，变中心距滚轧过程传动比存在波动，但仍有 94% 的值稳定在最终滚轧位置理论传动比附近。此外，从开始接触时中心距 a_0 到最终中心距 a_f 的变化量较小。一般滚轧模具直径在设备结构允许范围内取最大值，一般是工件直径的 5 倍以上，因此相中心距对变化量较小，如前期螺纹滚轧过程运动分析中约为 0.6772%。在螺纹、花键等轴类零件滚轧成形以及同步滚轧成形过程中中心距变化相对微小。

由于滚轧模具仅与工件局部区域接触，并且仅工件表层屈服变形，加载变形区同工件相比微小。在工件被动旋转的成形工艺数值模拟中，工件的旋转会为计算带来一些问题：简单地基于速度更新节点位置将会导致工件体积的变化；模拟中工件的滑动大于旋转运动，结果相对滑动现象被远远地放大。数值模拟分析时可通过将模具和工件的运动方式进行等价变换，即固定工件，模具自转并绕工件公转来避免工件被动旋转引起的问题。笔者早期对花键滚轧成形数值研究即采用这种方法处理有限元建模中的运动，模拟结果和试验也较为吻合。甚至在冷搓成形过程有限元建模中，搓丝板也采用了类似的运动变换。在轴向推进增量滚轧花键的有限元建模中，滚轧模具和工件的旋转运动也是采用这种变换方式。

因此在螺纹花键同步滚轧成形过程建模时，也采用这种运动等价变换的方法处理滚轧模具和工件的运动。在螺纹花键同步滚轧中，两同步滚轧模具同步、同方向旋转，角速度为 ω_d；两同步滚轧模具同时作径向进给运动，速度为 v；工件反向旋转，角速度为 ω_w。在有限元建模仿真时，将工件固定，两滚轧模具绕各自的轴线自转，角速度为 ω_d；同时绕工件轴线公转，角速度为 ω'；同时沿径向进给，速度为 v（见图 9.4）。运动变换后，同步滚轧模具公转速度的方向同变换前工件旋转方向相反，模具公转速度和变换前工件旋转速度大小一致，即：

$$\omega' = -\omega_w \tag{9.11}$$

在同步滚轧过程中，螺纹段的啮合运动占主导地位，因此螺纹花键同步滚轧成形过程中螺纹段的啮合可促进工件旋转，从而提高花键段的分齿精度。工件的旋转速度（即同步滚轧模具的公转速度）可根据螺纹滚轧过程运动分析相关理论计算。中心距变化下工件的转速会产生波动，然而即使是螺纹段采用阿基米德螺旋面，在某螺纹滚轧成形过程的几何参数和工艺参数下，94%的工件角速度数据点在最终轧制位置固定中心距下的理论角速度附近，误差小于 5%。由于计算精度的原因，如此微小的变化可能很难被数值结果反映出来。因此为简化建模、提高计算效率，近似认为工件旋转角速度为

$$\omega_w = \frac{Z_d}{Z_w}\omega_d = \frac{n_d}{n_w}\omega_d = i\omega_d \tag{9.12}$$

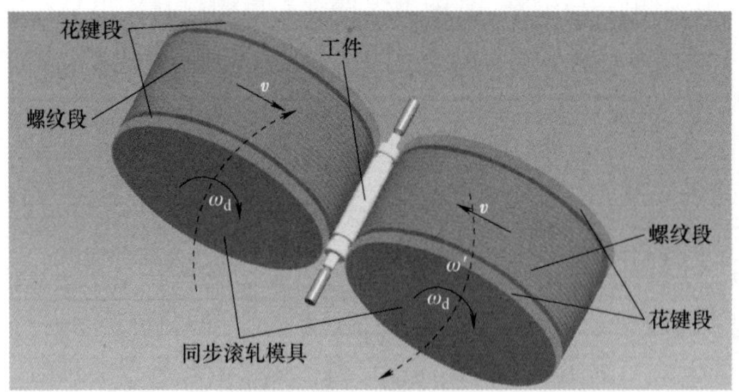

图 9.4　同步滚轧成形过程建模的等价运动变换

3. 几何模型及网格划分

标准渐开线花键冷滚轧成形过程最大接触比 $\varepsilon \leqslant 1$ 或稍大于 1，可考虑花键齿形的对称性、滚轧过程中相关参数的周期性，对模型作了周期对称处理，可取单齿型或两齿型对花键

滚轧成形过程进行有限元建模。为了提高计算效率和精度，在轴向推进增量滚轧花键的有限元建模中，工件几何模型也是采用这种处理方式。然而螺纹形状在周向不是对称的，难以按照花键滚轧研究采用的有限元建模方法进行简化，采用完全整体构件的有限元模型较佳。因此，在DEFORM软件环境下发展了完全的整体构件螺纹花键同步滚轧成形过程3D有限元模型。

所成形螺纹花键同轴零件中部为螺纹，两端为结构参数完全相同的花键，工件螺纹段和花键段的基本参数见表9.1和表9.2。采用两滚轧模具，模具和所成形零件/工件之间的关系比 $i=10$。根据螺纹花键同步滚轧运动协调基本条件、滚轧前模具相位要求等原则建立滚轧模具CAD模型。根据体积不变原理分别确定不同成形段的坯料直径。

表9.1　工件螺纹段基本结构参数

名称	符号	单位	值
大径	d	mm	21.5
中径	d_2	mm	20
小径	d_1	mm	18.5
螺距	P	mm	4
头数	n	—	1
牙型半角	α_t	°	45

表9.2　工件花键段基本结构参数

名称	符号	单位	值
模数	m	mm	1
齿数	z	—	20
压力角	α_s	°	37.5
齿顶高系数	h_a^*	—	0.45
齿根高系数	h_f^*	—	0.7
变位系数	x	—	0

将坯料和模具的几何模型输入DEFORM中，并进行装配。当 $i=10$ 时，此情况下计算可得 $S=10$，因此两滚轧模具参数完全相同，螺纹段和花键段相对位置是相同，滚轧前两滚轧模具中的一个旋转 $\varphi_t=\pi/10$，实现相位差的调整。

初始网格划分中采用局部细化技术，塑性变形剧烈区域的网格较密，其坯料初始网格划分如图9.5所示，变形区网格较细小，由于剧烈塑性变形多发生在工件表面，从剖视图可看出工件表层网格尺寸远小于心部。

成形温度为20℃，在成形过程中选择了较小的径向进给速度，两同步滚轧模具的径向进给速度为0.15mm/s。采用剪切摩擦模型描述滚轧过程中工件和模具接触面的摩擦行为。滚轧过程的摩擦条件可根据实际润滑情况采用圆环压缩或增量圆环压缩试验确定。

具体的螺纹花键同步滚轧过程中滚轧模具运动参数（滚轧模具旋转、径向进给）变化如图9.6所示，有限元模型中同步滚轧模具公转速度由式（9.11）、式（9.12）计算。

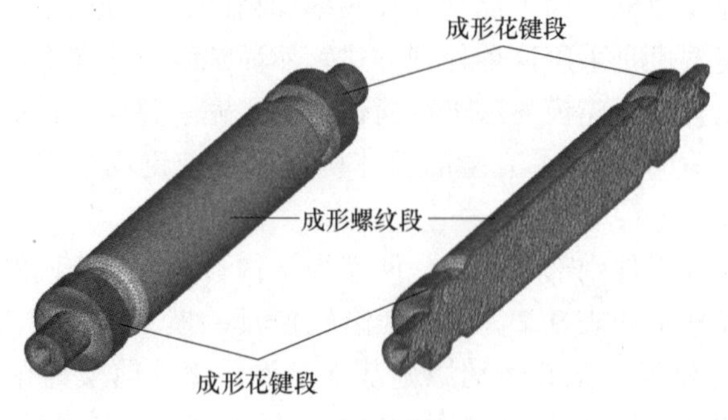

图 9.5 坯料的初始网格

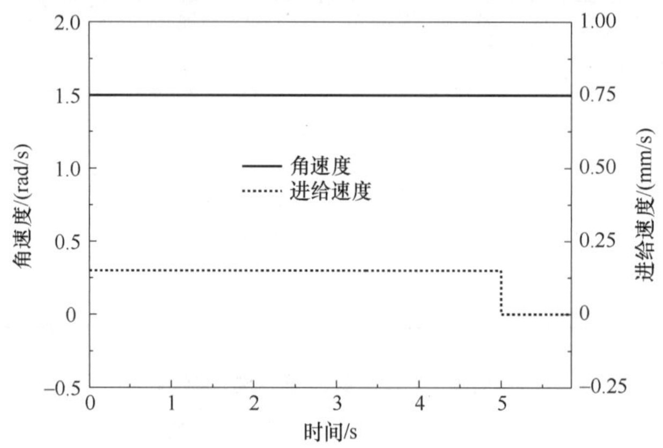

图 9.6 螺纹花键同步滚轧过程中滚轧模具自转及径向进给运动

9.2.3 同步滚轧成形特征

有限元模拟结果表明该工艺可同时并正确成形坯料对应位置的螺纹牙型和花键齿型。有限元模拟成形过程中的两个同步滚轧模具的滚轧力变化如图 9.7 所示，可以发现滚轧力数据存在较大波动。有限元模拟提供的滚轧力数据存在较大波动的原因主要有两点：

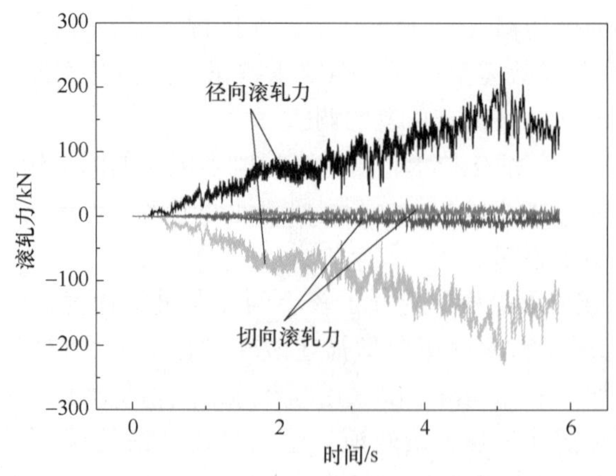

图 9.7 螺纹与花键同时滚轧成形过程的模具滚轧力

1）螺纹滚轧成形过程中模具和工件连续接触变形，接触较稳定；而花键滚轧成形过程中最大接触比 $\varepsilon \leqslant 1$ 或稍大于 1，接触面积是波动变化的，因此成形载荷也是波动的，相关文献中的试验结果也证明了这一点。

2）由于加载变形区同整体工件相比微小，加载模具径向进给和旋转的耦合，以及网格畸变等原因可能会导致有限元单元内力能计算出现波动。

由图 9.7 中可以看出两个同步滚轧模具的受力大小几乎是相等的，但方向相反。此外径向力远大于切向力，径向是主要变形方向。下面主要分析同步滚轧模具的径向力，螺纹与花键同步滚轧成形过程中滚轧模具的径向滚轧力和进给速度如图 9.8 所示。当同步滚轧模具径向进给结束后，压缩量逐渐降至零，随后进入精整阶段。

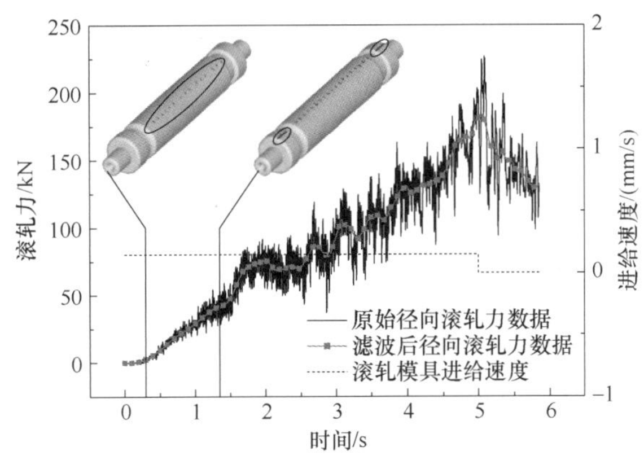

图 9.8　螺纹与花键同步滚轧成形过程中滚轧模具的径向滚轧力和进给速度

为了减少载荷波动以及有限元计算误差等干扰，采用 Savitzky-Golay 滤波方法对滚轧力数据进行重构。螺纹段先变形，然后是花键段。当螺纹段接触稳定后，载荷近似线性上升；当花键段接触稳定后，载荷迅速上升，并开始波动。从重构后的载荷时间曲线可发现滚轧模具径向进给停止后滚轧力开始减少；此外最大滚轧力小于 200kN，一般螺纹或花键滚轧设备即可满足。

螺纹花键同步滚轧成形过程的应变场如图 9.9 所示。可以看出，塑性变形仅发生在成形螺纹和花键的部分区域，其他区域几乎没有塑性变形；而且剧烈的塑性变形仅发生在这些区域的表层。轴截面上的分布特征相类似，但是横截面上应变分布特征相差较大。光杆位置的横截面上应变远小于成形螺纹段和花键段。随着进给量 s 的增加，大应变区域由表层向工件心部扩展。

当同步滚轧模具和工件间中心距达到预定中心距 a_f 时，模具径向进给停止，但是工件上的螺纹段小径和花键段齿根圆直径并未达到预定值。随后工件旋转半圈内仍有塑性变形发生，由于应变是累积值，因此其有所增加，由于部分区域尚存在压缩变形，所以变形仍向工件心部有所扩展。但是在这半圈内，变形量逐渐减少，因此成形载荷逐渐下降。

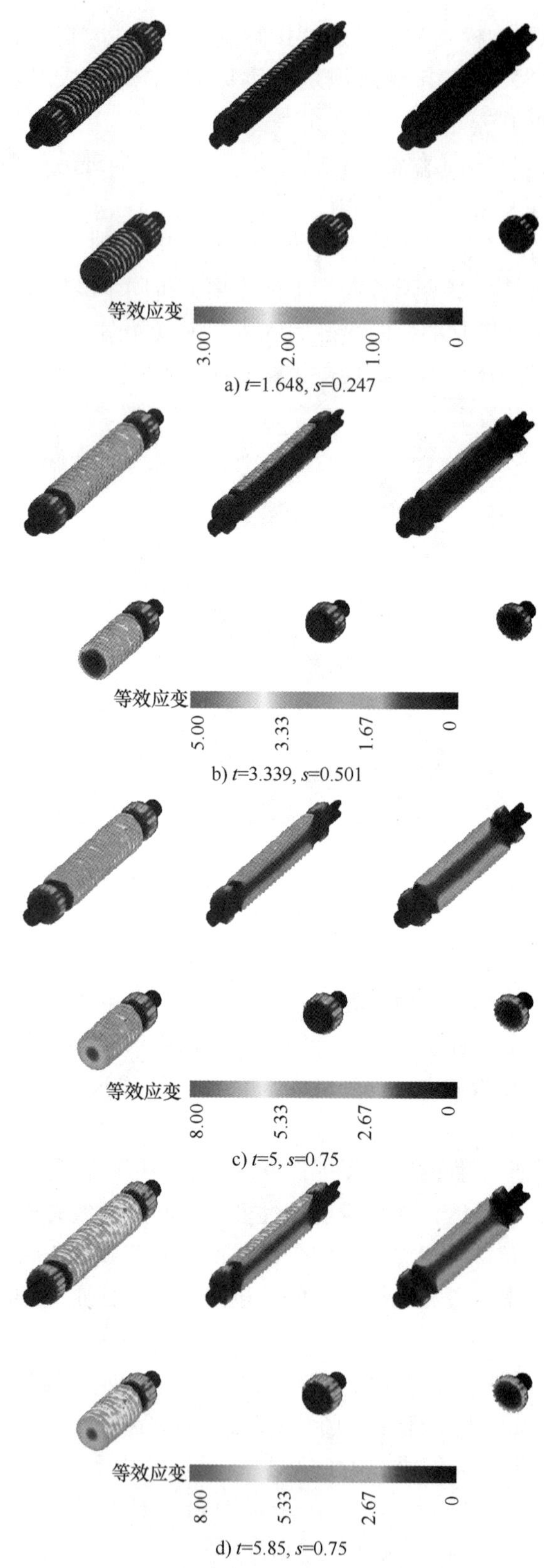

图 9.9　螺纹花键同步滚轧成形过程的应变场

9.3 大直径丝杠径向锻造成形

9.3.1 大直径重载丝杠径向锻造成形工艺

目前行星滚珠丝杠主要采用传统切削方法生产，即采用铸造或锻造方式生产坯料后通过机械加工和磨削生产。采用减材（切削）加工制造行星滚珠丝杠，存在浪费材料、加工工艺不稳定、加工周期长等问题。尤其是高速、重载、高性能的行星滚珠丝杠成形质量难以控制，产品性能、精度保持时间、使用寿命等不稳定，不能很好地满足高速、重载、低噪声及工况恶劣情况下的使用要求。而径向锻造成形工艺是一种局部连续渐进成形方法，不仅成形效率远大于切削加工，而且塑性变形可有效增加零件的表面强度，显著提高产品的力学性能。

基于现有的径向锻造技术，提出了两种径向锻造成形大直径重载行星滚珠丝杠的方法：连续进给径向锻造成形丝杠和间歇进给径向锻造成形丝杠。在锤头径向锻打过程中，连续进给径向锻造成形工艺，成形工件边旋转边进给；而间隙进给径向锻造成形工艺，工件仅作旋转运动。

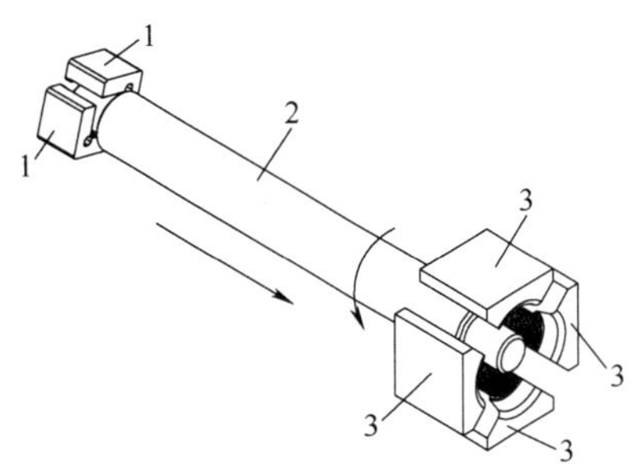

图 9.10　连续进给径向锻造成形原理图
1—机械手　2—工件　3—径向锻造锤头

连续进给径向锻造成形原理如图 9.10 所示，多个锤头径向同步锻打，锻打间隙工件旋转送进，送进距离较小，成形过程中可根据要求更换机械手加持端。锤头具有螺纹形状特征，多个锤头的螺纹形状连接组成和所成形丝杠相匹配的内螺纹面。

锻打间隙工件旋转角度为 θ_c，送进距离为 l_c，为了使锤头多次锻打成形的螺纹能够相互衔接，二者之间的关系应满足：

$$l_c = \frac{\theta_c}{2\pi} P_h \tag{9.13}$$

式中，l_c 是送进距离；θ_c 是锻打间隙工件旋转角度；P_h 是所成形丝杠的导程。

则工件旋转角速度 ω 和轴向进给速度 v 应满足：

$$v = \frac{P_h \omega}{2\pi} \tag{9.14}$$

一般旋转角度 θ_c 应在式（9.15）范围内选择。

$$0 < \theta_c < \frac{2\pi}{N} \tag{9.15}$$

式中，N 是径向锻造锤头数目。

对于长丝杠，一般其连续进给径向锻造过程为：工件边旋转边送进，锤头打击锻造，使工件上成形丝杠段 2/3~3/4 部分成形出螺纹形状；之后机械手夹持工件另一端，原夹持机械手松开并退出，工件继续旋转并送进，锤头不断打击、提起，使工件上成形丝杠段未成形部分成形出螺纹形状。

间歇进给径向锻造成形原理如图 9.11 所示，工件旋转，多个锤头径向同步锻打，锤头打击范围内成形螺纹形状后，工件快速送进并旋转一定角度，在新的成形区内，工件旋转，锤头径向锻打，直至成形所要求长度的丝杠。快速送进距离不大于锤头有效长度，成形过程中可根据要求更换机械手加持端。锤头应具有内螺纹形状特征，多个锤头的螺纹形状连接组成和所成形丝杠相匹配的内螺纹面。

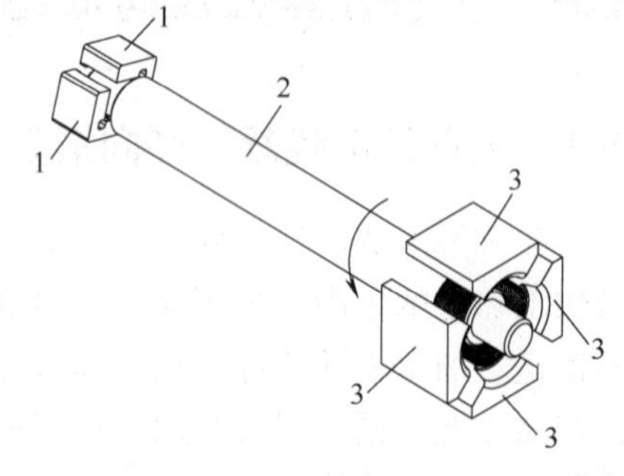

图 9.11　间歇进给径向锻造成形原理图
1—机械手　2—工件　3—径向锻造锤头

工件间歇送进距离为 l_i 不大于锤头有效长度 l_a，即：

$$l_i \leqslant l_a \tag{9.16}$$

为了使先后径向锻造区域的螺纹能够衔接上，工件间歇送进的同时或间歇送进后径向锻打前工件应旋转角度 ϕ，旋转角度 ϕ 应满足：

$$\phi = l_i \frac{2\pi}{P_h} \tag{9.17}$$

径向锻造时，工件仅作旋转运动。为了使不同锤头锻打成形的螺纹能够衔接，工件旋转角度 θ_c 应满足

$$\theta_c = \frac{2\pi}{n_w} \tag{9.18}$$

式中，n_w 是所成形丝杠的头数。

同时为了保证工件周向不留锻造死角，完全成形螺纹形状，工件旋转角度 θ_c 应同时满足

$$\theta_c \neq \frac{2\pi}{N} \tag{9.19}$$

对于长丝杠，一般其间歇进给径向锻造过程为：工件间歇送进，锤头打击锻造，使工件上成形丝杠段 2/3~3/4 部分成形出螺纹形状；机械手夹持工件另一端，原夹持机械手松开并退出，工件间歇送进，锤头径向打击，完成整个丝杠的成形。

连续径向锻造和径向锻造成形丝杠所用的模具结构相似。多个锤头的螺纹形状连接组成和所成形丝杠相匹配的内螺纹面，对锤头轴向位置精度和锻打同步性要求都比较高。由于连续径向锻造成形丝杠时轴向送进距离 l_c 远小于间歇送进径向锻造成形丝杠时的轴向送进距离 l_i，因此前者锤头具有螺纹形状特征的有效长度 l_a 可小于后者锤头上螺纹段长度。

同样由于连续径向锻造轴向送进距离较小，塑性变形区域较小，因此成形载荷较小。但当进给量小时，控制精度要求高。相比之下间隙进给径向锻造成形丝杠时，接触变形区域就大了许多，成形载荷也会显著增加，可能是前者成形过程的数倍或十几倍以上。间歇径向锻造成形的效率远大于连续径向锻造成形。根据式（9.18）和式（9.19），间歇进给径向锻造成形丝杠的规格范围受到限制，连续径向锻造成形丝杠规格范围更广泛。

由于丝杠零件径向锻造成形过程中塑性变形仅发生在工件表层区域，因此还可将上述两种径向锻造工艺和中高频感应加热相结合，以成形采用变形抗力大、硬度高、难变形材料的丝杠零件。

9.3.2　感应加热-径向锻造全过程有限元建模

大直径重载丝杠常采用难以进行冷塑性变形的中高强度钢（如 42CrMo）制造，因此在径向锻造之前，利用表面感应加热的方法提高坯料表面材料的塑性并降低成形力。丝杠温径向锻造成形工艺如图 9.12 所示，采用感应线圈对轴状坯料进行表面预热，通过控制机械手、尾顶和四个锻模之间的相对运动来实现丝杠表面螺纹的成形制造。

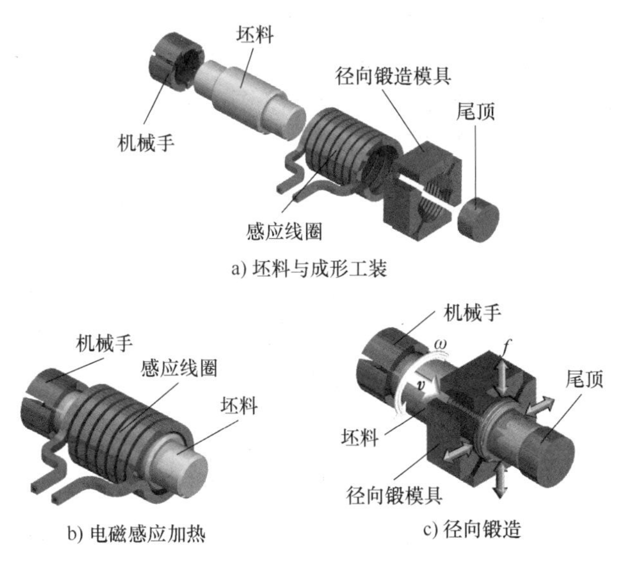

图 9.12　丝杠温径向锻造成形工艺

在图 9.12a 中，该工艺的坯料为台阶轴坯，待成形的螺纹段位于台阶轴中部。该工艺由机械手、尾顶、感应线圈和四个具有连续螺纹锻造表面的径向锻造模具实施。在图 9.12b 中，坯料通过快速的电磁感应加热实现非线性温度分布，即坯料的表面温度达到温锻区间，而芯部温度保持在较冷水平。

感应加热后，在坯料的温度分布趋于均匀之前立即进行径向锻造，使坯料的变形主要集中在表面螺纹区域。如果目标零件的螺纹段较长，无法在一次预热后完成锻造，可以将感应线圈安装在锻造模具之前，在坯料穿过线圈的过程中进行感应加热，当坯料离开线圈进入锻造区域时，其表面温度刚好达到锻造要求，从而实现大行程丝杠感应加热和锻造的连续实施。

在径向锻造阶段，坯料的一端由机械手夹持，另一端设有尾顶。机械手和尾顶同步进给和旋转，可在锻造时抑制材料的轴向流动，使坯料表面材料主要发生径向变形，从而提高螺纹的成形质量。四个锻模对称分布在坯料的径向截面上，可实现高频 f 下的短行程 S 径向同步锻打。模具的锻造表面为螺纹形状，当模具接触坯料时，坯料表面上的材料将发生塑性变形并沿锻模上的螺纹轮廓流动，最终填满模具齿廓间隙从而形成螺纹。

典型的径向锻造工艺需要 3~6 个锻造模具，兼顾考虑模具锻造力的自平衡性、模具的包覆性和模具驱动机构的尺寸，丝杠连续径向锻造模具结构，如图 9.13 所示，每个锻造模具上均设有螺纹齿廓，相邻模具之间的螺纹齿廓连续，四个模具可组成完整的螺纹内表面。为了获得更好的材料微观组织和较为平滑的锻造力，将模具的螺纹段分为锥形螺纹部分和标准螺纹部分。随着坯料的不断进给，锥形螺纹部分用于坯料的逐渐变形，标准螺纹部分用于螺纹轮廓的精确整形。

单头螺纹和多头螺纹的径向锻造模具结构相似。根据材料的变形难度不同，单头螺纹锻模的锥形螺纹长度 L_1 可设为螺距 P_h 的 2~3 倍，多头螺纹锻模的锥形螺纹长度 L_1 可设为螺距 P 的 4~6 倍。单头或多头螺纹锻模的标准螺纹部分的长度 L_2 均可设为螺距 P_h 的 3~5 倍。锻模螺纹齿的螺纹升角 α、螺距 P_h、大径 D_1、中径 D_0 和小径 D_2 应与被成形零件的相应参数相同。锥形螺纹部分的圆锥角 β 的正切值可设计为螺纹半齿高与 L_1 的比值，即式（9.20）。为防止锻造过程中模具发生碰撞，应在锻模之间设计周向间隙。为获得具有精确相对相位和连续螺纹段的一组锻模，可以先加工具有完整螺纹中心孔的方形模具，再将方形模具沿对角线均分为四个径向锻造模具。

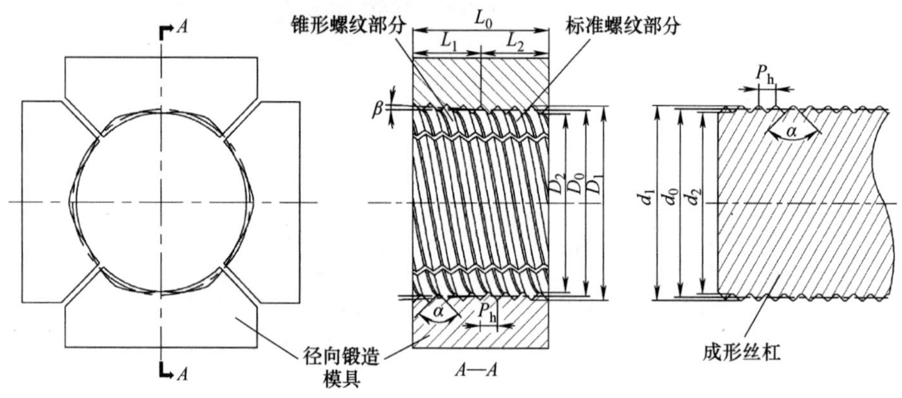

图 9.13　丝杠连续径向锻造模具结构

$$\beta=\arctan\left(\frac{D_1-D_2}{4L_1}\right) \tag{9.20}$$

根据某公司的行星滚珠丝杠产品手册，锻造模具螺纹段和目标成形丝杠的主要参数列于表 9.3 中。

表 9.3　螺纹主要参数

参数	符号	数值	单位
螺纹大径	$D_1(d_1)$	66.5	mm
螺纹中径	$D_0(d_0)$	64	mm
螺纹小径	$D_2(d_2)$	61.5	mm
螺距	P_h	6	mm
螺纹头数	n	6	—
螺旋升角	α	90	°
圆锥角	β	2.7	°

1. 材料模型

中高强度钢的温成形工艺兼具冷成形工艺的高尺寸精度和热成形工艺的良好成形能力等优点，因此丝杠径向锻造工艺主要在材料的温成形区间进行。作为重载丝杠的常用材料之一，选择合金钢 42CrMo 作为丝杠材料。42CrMo 材料的温成形温度区间宜选择为 600~750℃，如图 9.14 所示。这是由于该温度区间接近 42CrMo 的再结晶温度，材料变形抗力迅速下降，材料塑性显著提升。而根据 Forge 材料库中 42CrMo 的冷成形本构方程可知，温度从 20℃升高到 400℃过程中，42CrMo 材料的变形抗力下降缓慢，这表明 42CrMo 钢在 400℃以下较难变形。

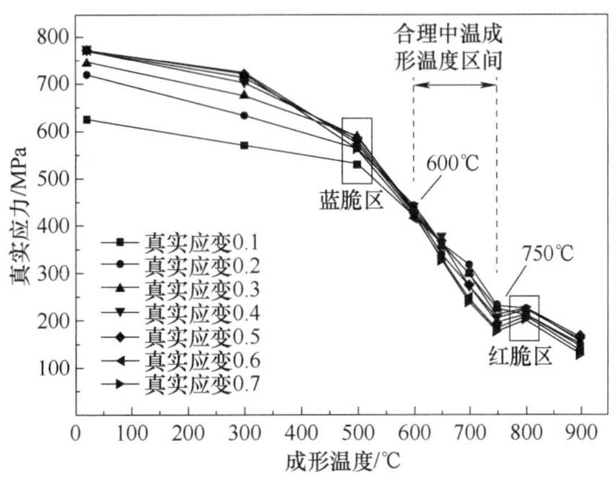

图 9.14　42CrMo 钢真实应力随成形温度的变化趋势

应变之间的关系可用 Arrhenius 方程描述，并且成形温度、应变速率对材料塑性变形行为的影响可通过 Zener-Hollomon 参数以指数方程表示。基于不同温度下的等温压缩试验，可确定描述 42CrMo 合金钢在温成形条件下的塑性变形行为 Zener-Hollomon 本构方程参数，可表示为

$$\begin{cases}\sigma=331.345\ln\left\{\left(\dfrac{Z}{3.536\text{E}18}\right)^{1/8.506}+\left[\left(\dfrac{Z}{3.536\text{E}18}\right)^{2/8.506}+1\right]^{1/2}\right\}\\ Z=\dot{\varepsilon}\exp\left(\dfrac{359326}{RT}\right)=3.536\text{E}18\left[\sinh(3.018\text{E}-3\sigma)\right]^{8.506}\end{cases} \tag{9.21}$$

式中，Z 是 Zener-Hollomon 参数；R 是理想气体常数。

2. 感应加热过程有限元模型

由于行星滚珠丝杠的螺纹径向锻造过程中存在剧烈的表面塑性变形，采用中高频感应加热将坯料表层区域加热至温成形温度。感应加热过程所形成的温度场应有利于坯料表面材料的变形并抑制坯料芯中材料的变形，提高螺纹成形质量和降低成形力。

基于 Forge 建立感应加热过程有限元模型，如图 9.15a 所示。模拟中采用的感应线圈为中频感应加热线圈，其结构尺寸如图 9.15b 所示。其中成形丝杠段坯料初始尺寸基于等体积成形原理计算并圆整所得。

为了产生更适合表面快速加热的磁场，线圈采用矩形管环绕而成，其外矩形尺寸为 12mm×10mm，内矩形孔尺寸为 7mm×5mm，线圈环绕中径为 ϕ80mm，匝数为 8，每匝线圈间距为 2mm。主要参数见表 9.4。

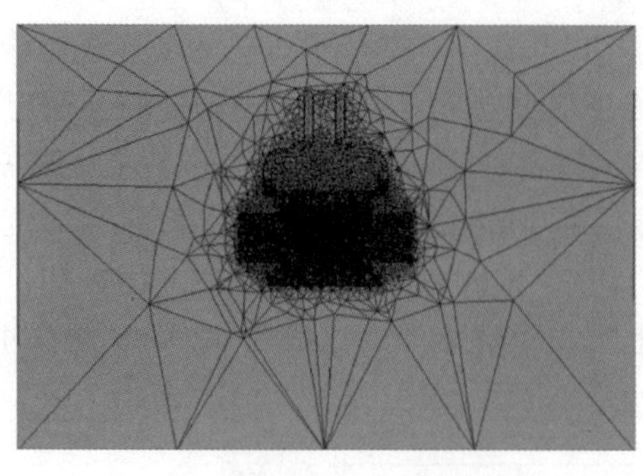

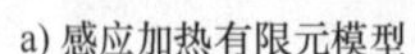
a) 感应加热有限元模型

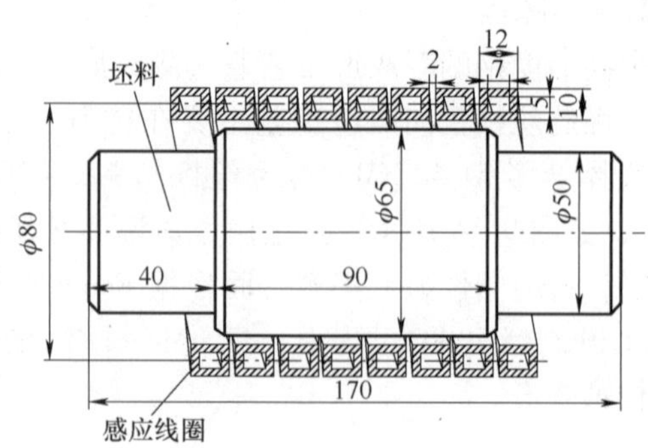

b) 感应线圈和坯料尺寸

图 9.15　感应加热阶段有限元模型

表 9.4　主要参数

参数	数值	单位
电流	800	A
电压	50	V
频率	4000	Hz
功率	40	kW

3. 温径向锻过程有限元模型

坯料被定义为塑性体，采用四节点四面体单元对其进行网格划分，并将坯料中间段的表面 5mm 区域（剧烈变形区）进行局部网格细化，最终划分了 260983 个单元和 54014 个节点。机械手、尾顶和锻模被定义为刚形体。机械手和尾顶同步设置了+Z 方向的间歇性旋转送进运动，使其可以带动坯料沿+Z 方向间歇性旋转进给和轴向送进。

四个锻模分别设置了沿+X、+Y，-X 和-Y 方向的同步往复运动。表 9.5 为径向锻造阶段各部件的主要运动参数。模具与坯料之间的摩擦系数 m 为温成形常用数值 0.3。坯料的原始温度场为上述中高频感应加热模拟所获温度场，锻模、机械手和尾顶的初始工作温度为 200℃，环境温度定义为 25℃。有限元模型如图 9.16a 所示。径向锻造过程中，坯料主要承受三种载荷的综合作用，即锻模提供的径向锻造力 F、机械手提供的轴向进给力 P_1 和尾顶提供的轴向夹紧力 P_2，如图 9.16b 所示。

表 9.5　径向锻造阶段各部件的主要运动参数

参数	符号	数值	单位
模具锻造频次	f	150	Hz
模具行程	S	4	mm
锻打次数	n	40	
坯料旋转步进角度	θ	30	°
坯料轴向步进距离	L	3	mm

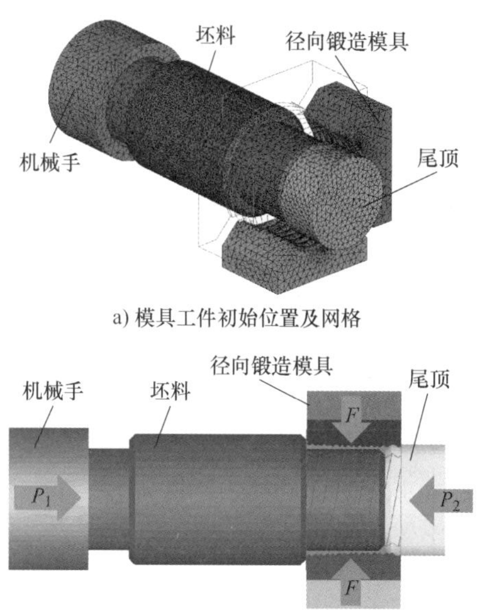

a) 模具工件初始位置及网格

b) 丝杠径向锻造过程主要作用载荷

图 9.16　丝杠径向锻造的有限元模型

9.3.3　丝杠温径向锻造过程变形特征

在感应加热模拟过程中，坯料在不同时刻的温度场分布如图 9.17 所示。当 $t_1 = 34.5\text{s}$ 时，坯料表面 5mm 范围内的材料温度达到 660～780℃，在所确定的温成形温度区间，坯料芯部温度整体低于 450℃。数值结果表明，获得了有利于后续螺纹锻造过程的温度分布。

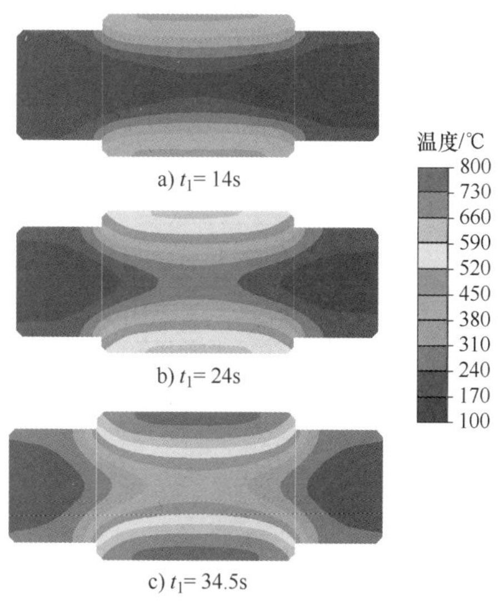

a) t_1= 14s

b) t_1= 24s

c) t_1= 34.5s

图 9.17　感应加热过程中的温度场演化

丝杠径向锻造有限元模拟预测的径向锻造力 F、机械手提供的轴向进给力 P_1 和尾顶提供的轴向夹紧力 P_2 三种载荷曲线如图 9.18 所示。由于径向锻造过程为间歇性锻造过程，故载荷曲线呈脉冲型。为了更直观地研究载荷变化规律，取三种主要载荷的每个脉冲峰值。根据坯料与锻模之间的相对位置，螺纹径向锻造过程可分为三个阶段：径向锻造模具进入阶段、径向锻造稳定执行阶段和径向锻造模具退出阶段。

在径向锻造模具进入阶段，锻造开始，坯料的中间部分（待成形螺纹部分）逐步与径向锻造模具螺纹接触。随着坯料的进给，坯料与模具之间的接触面积逐渐扩大，参与变形的材料逐步增加。在此期间，F、P_1 和 P_2 近似呈线性增加，P_1 和 P_2 近似相等，而 F 大于 P_1 或 P_2。

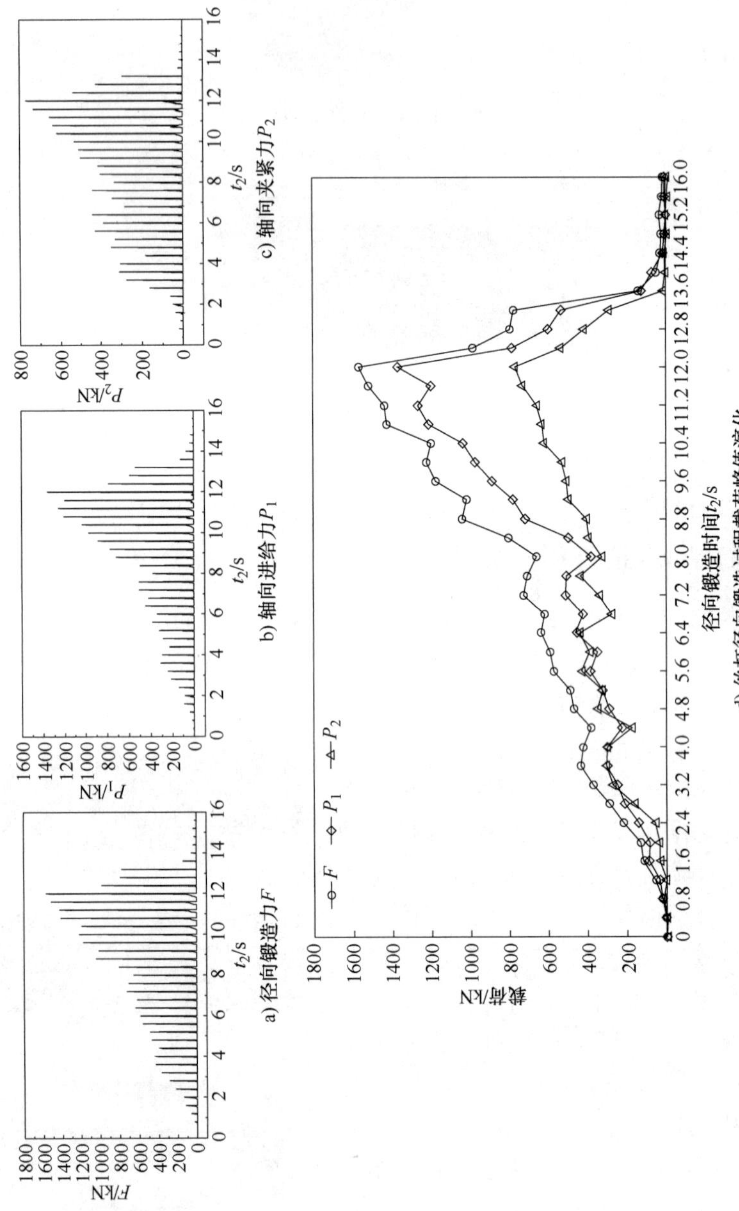

图 9.18　丝杠径向锻造过程中的载荷

径向锻造稳定执行阶段始于模具的整个螺纹段接触坯料时，并在坯料的中间部分（待成形螺纹部分）尾部全部进入模具螺纹段时结束。在此期间，锻模整个螺纹段均可以作用于坯料表面。锻造力 F 在阶段开始时缓慢增加，在阶段后期迅速增加。该现象一方面是由于材料在锻模圆锥螺纹部分的推动下逐步向坯料尾部积累使变形材料增多；另一方面是由于坯料整体温度趋于均匀引起的表面温度下降使材料的变形抗力增加。进给力 P_1 具有与 F 相似的特性。由于在成形过程中，坯料的变形区域逐步远离尾顶，故材料累积和表面温度降低对于夹紧力 P_2 的影响远小于 P_1，故 P_2 在该阶段自始至终呈缓慢增加趋势。在阶段结束时，F、P_1 和 P_2 分别达到最大值：160.2t、139.2t 和 78.6t。

在径向锻造模具退出阶段，螺纹齿形锻造基本完成，坯料上的大部分螺纹已经形成。随着坯料进给，坯料与模具之间的接触面积迅速收缩，变形的材料迅速减少，F、P_2 和 P_2 均迅速降低。最终，因为螺纹的局部形状校正，仅会偶尔出现很小的成形载荷。最终成形出的行星滚珠丝杠如图 9.19 所示。所获得的螺纹具有良好的形状，牙高基本符合表 9.3 中要求的形状参数。

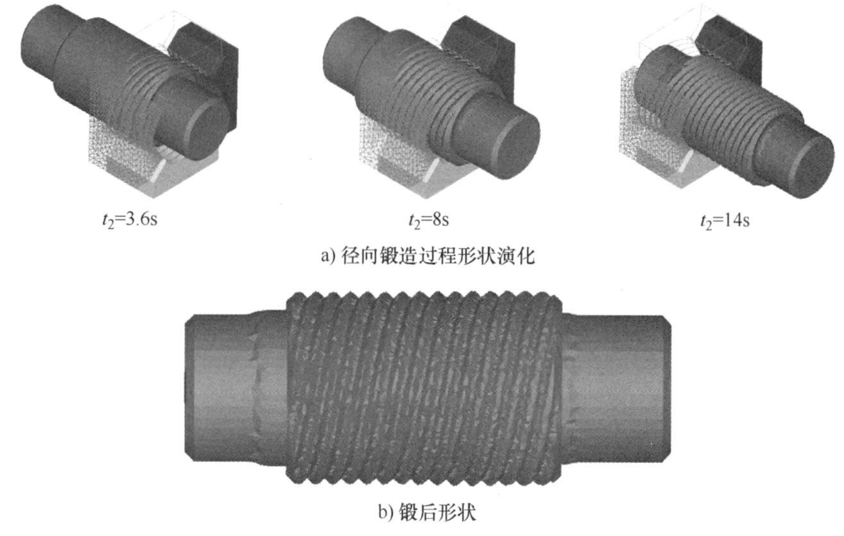

a) 径向锻造过程形状演化

b) 锻后形状

图 9.19　径向锻造丝杠形状

径向锻造成形后零件的应变分布如图 9.20 所示，可知螺纹径向锻造过程中的金属材料流动集中于螺纹区，剧烈的塑性变形仅发生在坯料表面。根据对三向主应力的研究，可知成形过程中坯料在多个模具的综合作用下，处于径向、周向和轴向的三向压应力状态，该应力状态和连续的锻造组织将有助于提高螺纹的强度和表面硬度，从而提高零件的性能和寿命。

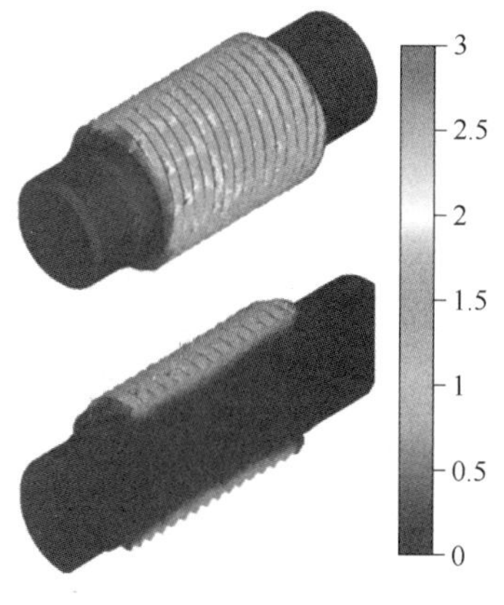

图 9.20　径向锻造丝杠应变分布

通过合理的模具设计和特定的运动控制方式，可以将电磁感应预热的轴状坯料在径向锻造过程中成形出具有良好齿形的丝杠或螺杆。通过机械手和尾顶的同步运动，可有效限制材料的轴向运动，提高成形效果。根据坯料和模具之间的相对位置，螺纹径向锻造过程可分为三个阶段，三种主要载荷在各阶段具有不同的特性。采用径向锻造方法制造出的螺纹，可以在螺纹附近区域积累较为剧烈的塑性变形且坯料整体处于三向压应力状态。

9.4 导向套筒内螺旋花键旋转锻造成形

9.4.1 旋转锻造成形工艺

旋转锻造简称为旋锻，是一种用于棒料、管材或线材精密加工的回转成形工艺，属于渐进成形和近净成形的范畴。旋转锻造具有脉冲渐进加载和多向高频锻打两大特点，这有利于提高金属塑性和实现近均匀变形。因此，此工艺不仅适用于一般钢材，还适用于低塑性的高强度合金，尤其是难熔金属及其合金的开坯和锻造。旋转锻造具有加工范围广、加工精度高、产品性能好、材料利用率高和生产灵活性大等特点。该工艺已广泛应用于机床、汽车、飞机、枪炮和其他机械的实心台阶轴、锥形轴、空心轴、带膛线的枪管和炮管等零件的生产。

在旋转锻造成形过程中，由两到四块锻模一方面环绕坯料轴线高速旋转，另一方面又对坯料进行高频锻打，从而使坯料轴截面尺寸减小或形状改变。按照锻模径向锻打方式和坯料轴向进给运动的不同，旋转锻造可分为进料式和凹进式两大类，如图 9. 21 所示。

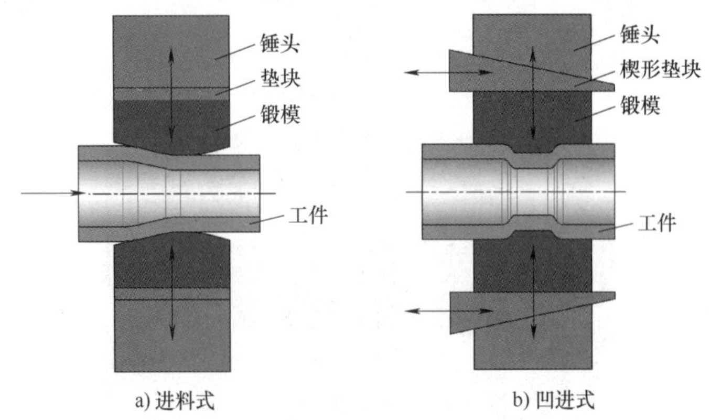

图 9. 21　旋转锻造成形工艺的两种典型类型

在进料式旋转锻造成形过程中，坯料沿轴向从锻模进料口进给，锻模绕坯料高速旋转，并对坯料进行高频锻打。这种加工方式常用于单向加工细长台阶轴类零件，其台阶处过渡圆锥角较小，一般最大为 20°。在凹进式旋转锻造成形过程中，锻模兼有绕坯料轴线的旋转运动和径向高频锻打，并通过楔块调节锻模的径向压下量，但坯料无轴向进给运动。这种加工方式通常用于局部成形，例如双向台阶和中间变细的场合，其加工台阶处过渡圆锥角较大。

旋转锻造机是一种锻模绕工件轴线旋转且产生径向高频打击的设备。当主轴旋转时，由于离心力的作用锻模和锤头沿着主轴端部凹槽向外移动；当主轴静止或旋转缓慢时，离心力较小，可部分或完全借助弹簧来实现模具的开启。一旦主轴旋转，锤头与滚柱接触受压，便开始模具向工件轴心的锤击冲程。当锤头顶部位于两个压力滚柱之间时，模具开启最大，工件可向前送进。模具最大开启量及闭合时的位置可通过调整垫块的轴向位置改变来调整。

旋转锻造锻模分为冷锻模和热锻模。对于冷锻模来讲，抗冲击性和耐磨性是两个最主要的性能指标。对于大批量加工，常用碳含量较高的模具钢，具有较好的抗冲击性。但是，碳含量越高，滚柱和锤头的磨损也会越大。冷锻模的材质一般选用高速钢，常用的工具钢有C12Mo1V，5Cr3Mn1SiMoV，W6Mo5Cr4V2，模具硬度应达到55～62HRC。旋锻模的工作条件是繁重而恶劣的，特别是热锻模不仅承受高频率的冲击载荷（旋锻频率为6800～12000次/min），而且直接与高温金属接触，锻模工作温度很高。因此，特别是对热锻模材质要求较高，如高热硬性，较好的高温强度，适当的冲击韧性，优良的耐热疲劳和抗回火性。热锻模常用材料有W6Mo5Cr4V2和4Cr5MoSiV1。但是在通常情况下，旋转锻造均为冷锻，采用热锻工艺，一般都属于径向锻的范畴。

旋转锻造成形用锻模可根据工件形状、尺寸和材料来设计制造。图9.22所示为旋转锻造模典型形状。旋转锻造典型锻模可分为以下八类：①单锥形模是旋转锻造模的基本类型，常用于棒料的制坯；②双锥形模与单锥形模一样，可以用来减小工件尺寸，并且还可以反过来使用，加工成不同的进料角，可以一模多用，增加了锻模的使用寿命；③复合锥面模用于大锻造比的旋锻加工，以减小锻模的尺寸；④漏斗形模主要用于凹进式旋锻加工，用于在工件中部成形；⑤凹锥形模用来加工特殊凸曲面形状的零件；⑥凸锥形模用来加工特殊凹曲面形状的零件；⑦单向延伸模常用于抗拉强度较低的棒料或管材的锻造，可以实现较大截面收缩率，锻造出较长的锥形面；⑧双向延伸模两侧均可加长，能锻造出更长的锥形面。

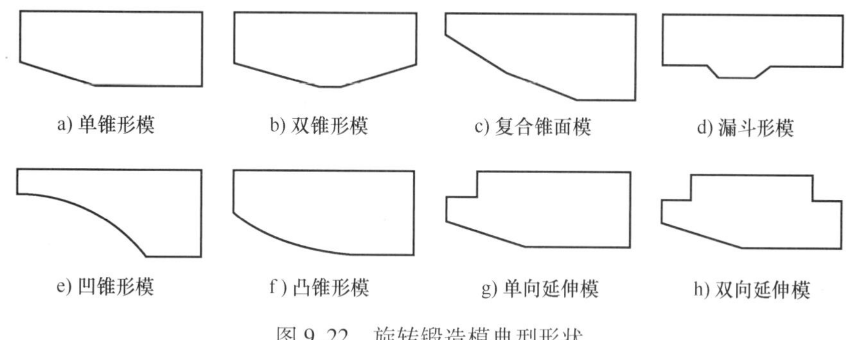

图 9.22　旋转锻造模典型形状

管料旋转锻造成形是一种渐进成形工艺，通过锻锤的多向高频锻打实现金属的塑性变形。材料变形首先出现在圆锥进料区内，获得与锻模进料区相同形状的圆锥表面。随着沿轴向的不断进给，管料进入整形区内，继续受到锻打，防止金属回弹，确保零件的最终尺寸符合要求。图9.23所示为管料旋转锻造成形应变分析数学模型。

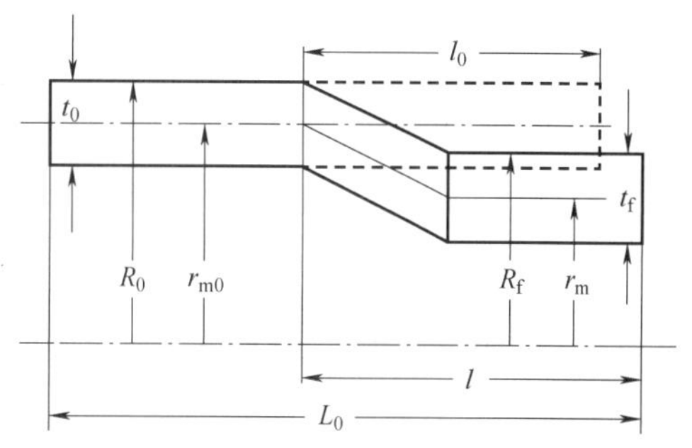

图 9.23　管料旋转锻造成形应变分析数学模型

为定量研究变形体的总应变，采用变形程度和相对尺寸变化的结论，做出以下几点基本假设：①忽略弹性变形，但考虑弹性回复；②在变形过程中，材料体积始终保持不变；③材料均匀连续且各向同性，忽略材料的包辛格效应；④接触面上的摩擦采用简化的库仑摩擦准则或纯剪切准则；⑤忽略管料的圆锥过渡区域，即只考虑零件的最终形状尺寸。

在管料旋转锻造成形过程中，受锻模径向锻打，材料主要沿轴向和径向流动。为定量研究金属的变形规律，轴向应变 ε_z、厚向应变 ε_t 和环向应变 ε_θ 定义为

$$\varepsilon_z = \ln \frac{l}{l_0} \tag{9.22}$$

$$\varepsilon_t = \ln \frac{t}{t_0} \tag{9.23}$$

$$\varepsilon_\theta = \ln \frac{r_m}{r_{m0}} \tag{9.24}$$

式中，t_0 是管料初始壁厚；t 是管料最终壁厚；l_0 是管料锻造区域初始长度；l 是管料锻造区域最终长度；r_{m0}是管料初始中径，$r_{m0}=r_0-t_0/2$；r_m 是管料最终中径，$r_m=r-t/2$。

旋转锻造成形前后管料锻造区域的体积 V_0 和 V 分别为

$$V_0 = l_0[\pi r_0^2 - \pi(r_0-t_0)^2] \tag{9.25}$$

$$V = l[\pi r^2 - \pi(r-t)^2] \tag{9.26}$$

根据体积不变原理，$V_0=V$，得到：

$$\frac{V}{V_0} = \frac{l[\pi r^2-\pi(r-t)^2]}{l_0[\pi r_0^2-\pi(r_0-t_0)^2]} = 1 \tag{9.27}$$

取自然对数，得到：

$$\ln \frac{V}{V_0} = \ln\left(\frac{l}{l_0}\cdot\frac{t}{t_0}\cdot\frac{r-\frac{t}{2}}{r_0-\frac{t_0}{2}}\right) = 0 \tag{9.28}$$

整理得到：

$$\ln \frac{l}{l_0} + \ln \frac{t}{t_0} + \ln \frac{r_m}{r_{m0}} = \varepsilon_z + \varepsilon_t + \varepsilon_\theta = 0 \tag{9.29}$$

由于旋转锻造锻模包角的影响，金属将主要沿轴向和厚度方向流动，使坯料厚度和长度发生变形。若使用芯轴加工，金属沿厚度方向的流动受到限制，管料主要沿轴向延伸。

齿形填充精度是内螺旋花键成形的主要质量指标之一，而这取决于成形过程中的厚向金属流动的大小。管料的旋转锻造成形中，影响金属流动的主要因素有管料壁厚、外径减缩率、摩擦条件等。因此，本节建立了管料无芯轴凹进式旋转锻造成形三维有限元模型，系统分析了凹进式旋转锻造成形中的应力应变状态和金属流动规律，揭示了不同壁厚、外径减缩率和摩擦条件对金属流动趋势的影响，并研究了锻模截面形状对无芯轴凹进式旋转锻造成形过程的影响，为汽车起动机导向套筒内螺旋花键旋转锻造成形提供理论基础。

9.4.2 旋转锻造成形过程有限元建模

采用三维设计软件 SolidWorks 建立内螺旋花键套筒旋转锻造几何模型，导入塑性成形有限元仿真软件 TRANSVALOR FORGE 2011 建立有限元分析模型。为便于分析，做出以下三点基本假设：①材料各向同性且匀质；②忽略模具与材料间的热交换；③忽略重力和惯性力的影响。

1. 几何模型的建立

在内螺旋花键套筒旋转锻造成形过程中，4 块锻模一边绕坯料轴线高速旋转，一边沿径向周期往复运动，坯料受到锻模的锻打产生塑性变形。芯轴与工件相对位置固定，在锻模的旋转带动下，可能产生微量旋转。基于三维设计软件 SolidWorks 进行几何建模，各个零件在各自独立的坐标系中完成，几何模型彼此独立。

（1）锻模设计

图 9.24 所示为汽车起动机导向套筒内螺旋花键旋转锻造成形锻模示意图，其锻模几何尺寸见表 9.6。为了避免锻模加紧或卡伤毛坯，并保证锻模在高频率压力下不致开裂，锻模采用双圆弧设计，锻模与坯料接触面为双圆弧面。R_1 根据坯料半径选取，仅在开始锻造时起压缩作用；R_2 根据零件形状选取，起成形作用。

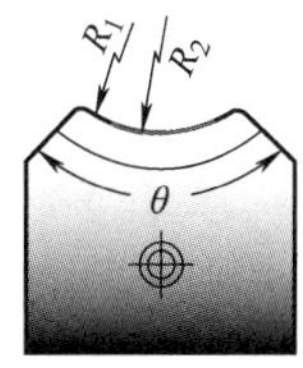

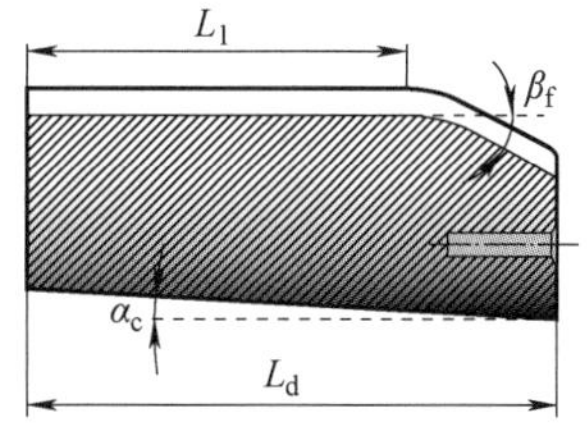

图 9.24　汽车起动机导向套筒内螺旋花键旋转锻造成形锻模示意图

表 9.6　汽车起动机导向套筒内螺旋花键旋转锻造成形锻模几何尺寸

进料角 β_f/(°)	垫块楔角 α_c/(°)	包角 θ/(°)	锻模长度 L_d/mm	成形区长度 L_1/mm
45	3	90	120	115

（2）芯轴设计

图 9.25 所示为汽车起动机导向套筒内螺旋花键旋转锻造成形芯轴。芯轴一端带有与所成形内螺旋花键相互啮合的外螺旋花键，另一端带有细牙螺纹，便于试验安装。花键齿数为 16，螺旋角为 22°，法向模数为 0.9，齿顶圆直径为 17.12mm，齿根圆直径为 14.92mm，花键长度为 18mm。

图 9.25　汽车起动机导向套筒内螺旋花键旋转锻造成形芯轴

（3）坯料设计

图 9.26 所示为某型号汽车起动机导向套筒零件图。导向套筒与传动主轴啮合，保证套筒同时具有转动与轴向滑动，它是实现汽车起动机功能的核心部件。该汽车起动机导向套筒带有内螺旋花键，齿数为 16，法面模数为 0.9，分度圆压力角为 30°，螺旋角为 22°，齿根圆直径为 14.92mm，齿顶圆直径为 17.12mm。

图 9.27 所示为汽车起动机导向套筒内螺旋花键旋转锻造成形坯料。坯料成形区内径为 17.5mm，成形区长度为 13mm，导向套筒总长度为 31mm，导向套筒法兰长度为 13mm。为研究坯料壁厚对花键填充精度的影响，坯料分为 5 组，壁厚 t_w 分别为 4.25mm、4.5mm、4.75mm、5mm、5.25mm，相应地坯料夹持端内径取不同值，以便于试验中区分坯料。

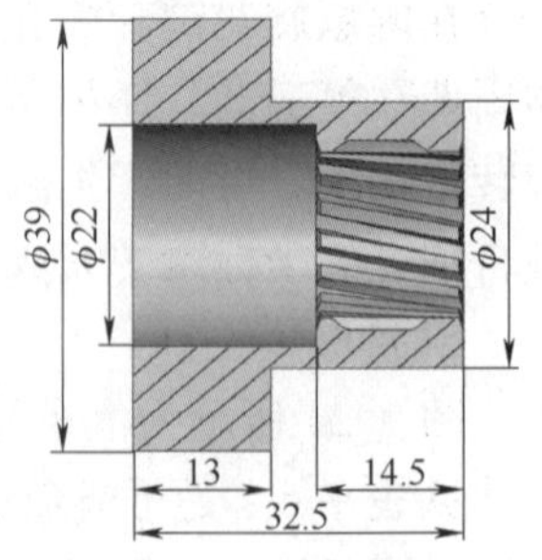

图 9.26　某型号汽车起动机导向套筒零件图

在 SolidWorks 中对几何模型进行装配建模，在全局坐标系中确定各个零件间的相对位置关系，然后将装配模型导入塑性成形有限元仿真软件 TRANSVALOR FORGE 2011，建立汽车起动机导向套筒内螺旋花键旋转锻造成形三维模型。图 9.28 所示为汽车起动机导向套筒内螺旋花键旋转锻造成形三维有限元模型。4 块锻模沿环向均匀分布，芯轴与坯料中心线重合。图 9.28 中所示的夹具为软件命令，非几何实体，用于控制坯料绕轴线的周期旋转运动。

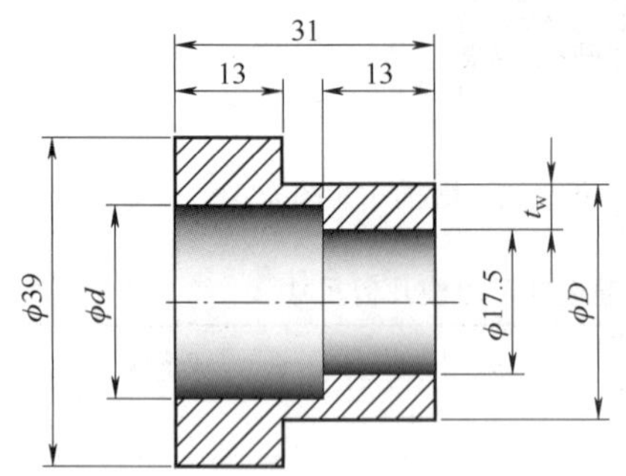

图 9.27　汽车起动机导向套筒内螺旋花键旋转锻造成形坯料

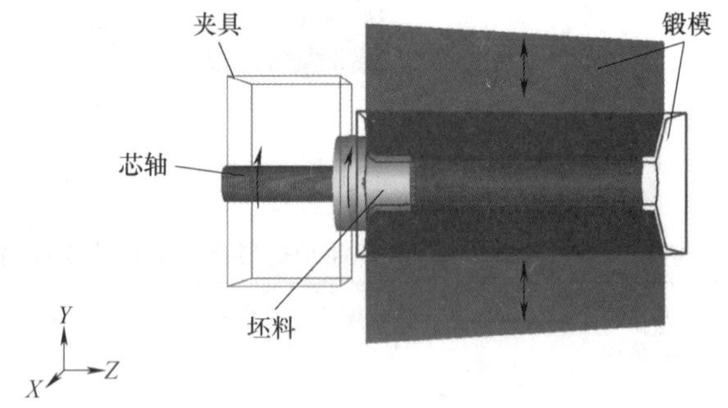

图 9.28　汽车起动机导向套筒内螺旋花键旋转锻造成形三维有限元模型

2. 有限元模型参数设置

在汽车起动机导向套筒内螺旋花键旋转锻造成形过程中，芯轴和坯料静止，锻模运动可分为绕坯料轴线的旋转和沿径向的高频锻打。按照相对运动的原理，对成形过程做出简化：锻模只沿径向做周期运动；芯轴绕轴线间歇旋转，每两次锻打间旋转 15°；坯料在夹具的夹持下绕轴线旋转，与芯轴的运动同步。

将锻模和芯轴设置为刚性体，采用三节点壳单元进行网格划分；将坯料设置为弹性体，采用四面体单元进行网格划分，坯料成形区内壁网格局部细化。图 9.29 所示为汽车起动机导向套筒内螺旋花键旋转锻造成形坯料网格模型。

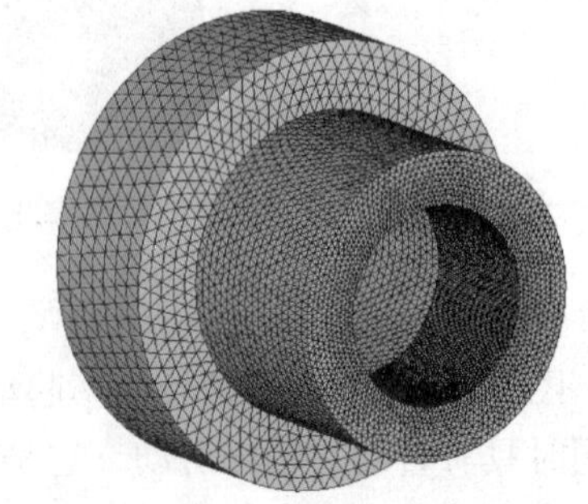
图 9.29　汽车起动机导向套筒内螺旋花键旋转锻造成形坯料网格模型

坯料材料为纯铜 T2，本构关系模型为 $\sigma=360\varepsilon^{0.15}$。在模拟仿真中，假设旋转锻造过程为恒温过程，在室温 20℃下进行。坯料与锻模间的摩擦选用混合摩擦模型，摩擦系数 μ 为 0.15，剪切摩擦因子 m 为 0.15。表 9.7 为汽车起动机导向套筒内螺旋花键旋转锻造成形有限元模型工艺参数。

表 9.7　汽车起动机导向套筒内螺旋花键旋转锻造成形有限元模型工艺参数

参数	第一组	第二组	第三组	第四组	第五组
坯料成形区外径 D/mm	26	26.5	27	27.5	28
坯料成形区壁厚 t_w/mm	4.25	4.5	4.75	5	5.25
坯料夹持端内径 d/mm	21	21.5	22	22.5	23
零件成形区最终外径 D_f/mm			24		
坯料网格单元数	85060	90613	94180	98562	120683
坯料网格节点数	19516	20827	21494	22863	23596
摩擦系数 μ			0.15		
剪切摩擦因子 m			0.15		
锻打周期 T/s			0.02		
锻打次数			13		
两次锻打间管料旋转角度 α_w/(°)			15		

9.4.3　导向套筒内螺旋花键旋转锻造成形变形特征

汽车起动机导向套筒内螺旋花键旋转锻造是一个涉及几何非线性、材料非线性以及边界条件非线性等多因素耦合影响的复杂成形过程。内螺旋花键齿形填充精度是决定成形质量的重要因素之一，而齿形填充精度与应力分布变化和金属流动规律密切相关。

图 9.30 所示为汽车起动机导向套筒内螺旋花键旋转锻造成形第三组零件形状。取横截面 $A—A'$和轴向截面 $B—B'$进行分析。

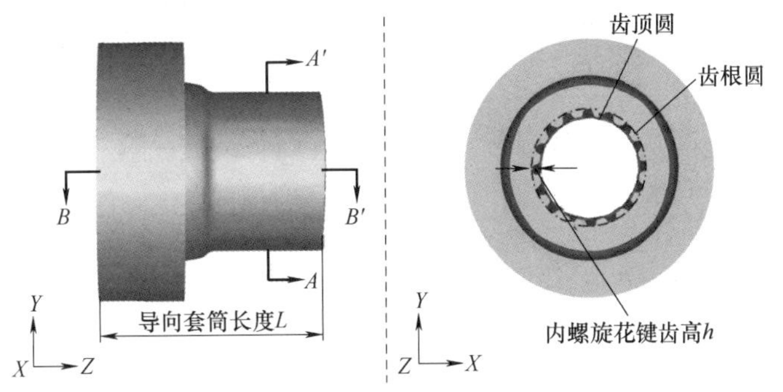

图 9.30　汽车起动机导向套筒内螺旋花键旋转锻造成形第三组零件形状

图 9.31 所示为第三组旋转锻造成形导向套筒内螺旋花键等效应力分布云图。可以看出，在成形初期，坯料与锻模接触区域相对其他区域等效应力较大，等效应力最大值分布在与芯轴花键齿顶接触的内花键齿根处。随着成形的进行，横截面 $A—A'$上的应力分布变得更加均匀，呈花瓣状分布，在内花键齿根处等效应力最大，最大值为 399MPa，在其他区域等效应力平均值为 320MPa。

图 9.32 所示为第三组旋转锻造成形导向套筒内螺旋花键等效应变分布云图。可以看出，

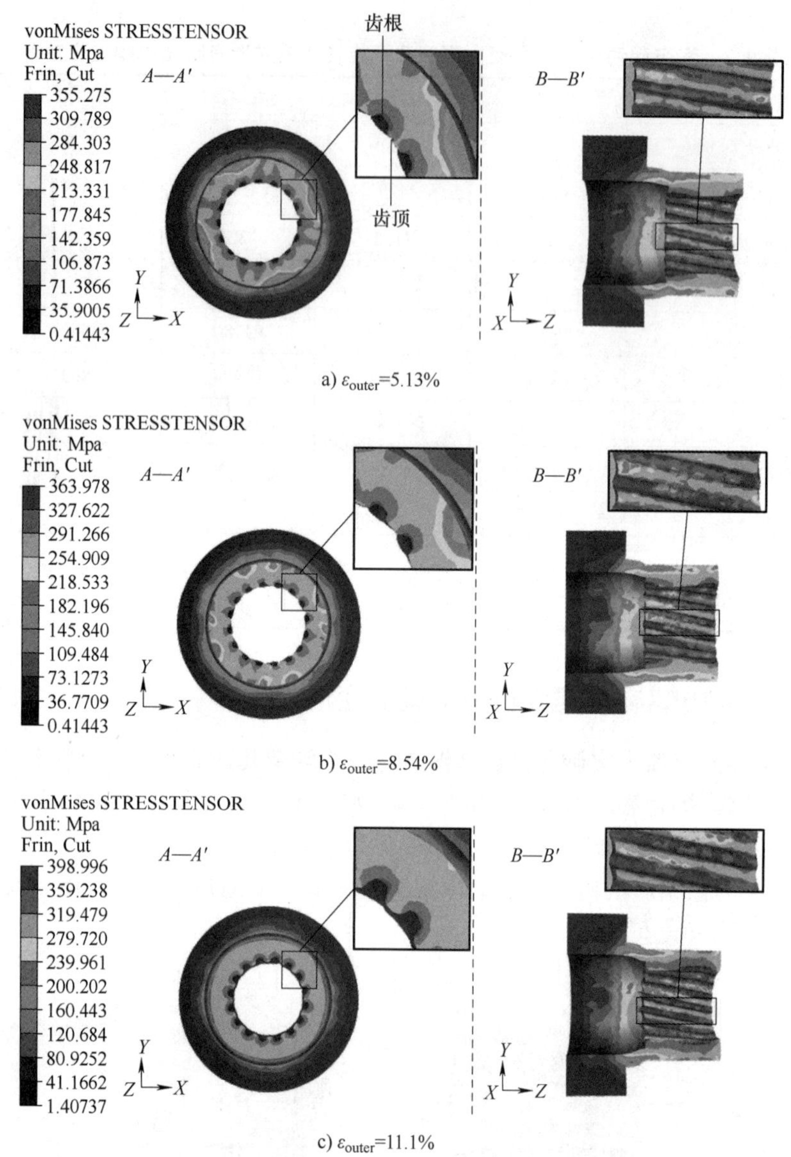

图 9.31　第三组旋转锻造成形导向套筒内螺旋花键等效应力分布云图

不同阶段内螺旋花键的应变值大小不同，也并非随着成形过程的进行呈线性增大。但是，等效应变的最大值总是出现在坯料与芯轴接触的内螺旋花键齿根处。随着成形的进行，等效应变的最大值会出现在内螺旋花键的轴向两端。由于旋转锻造四块锻模同步周期高频锻打坯料，从截面 A—A′上的等效应变分布可以看出呈花瓣状对称分布，与应力分布规律相似。总体上说，应变分布较为均匀。

图 9.33 所示为汽车起动机导向套筒内螺旋花键旋转锻造有限元模拟第五组金属流动云图与向量图。可以看出，在花键齿形填充完全之前，产生流动的材料集中在坯料与锻模接触的成形区内。成形区内的材料更多是沿径向向内流动，在两端端部区域会有少量材料沿轴向流动。在花键齿形填充完全之后，金属流动变得均匀，材料沿着芯轴向前流动。

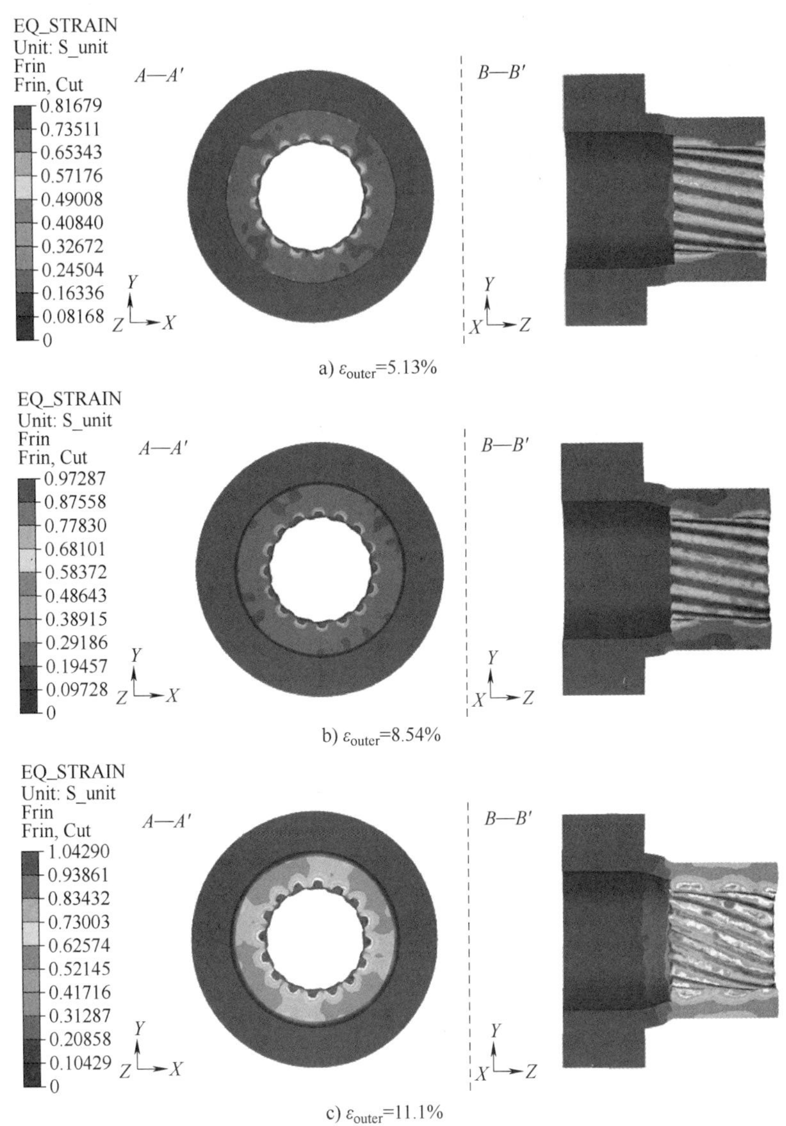

图 9.32　第三组旋转锻造成形导向套筒内螺旋花键等效应变分布云图

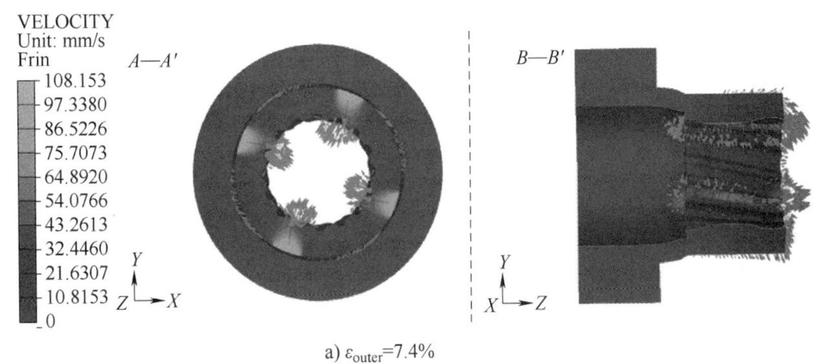

图 9.33　汽车起动机导向套筒内螺旋花键旋转锻造有限元模拟第五组金属流动云图与向量图

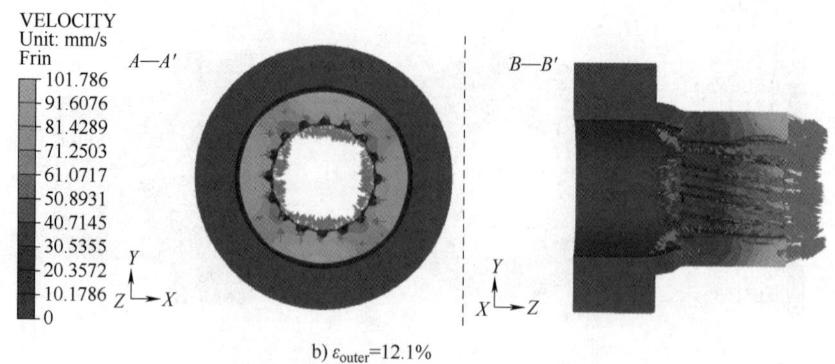

b) ε_{outer}=12.1%

图 9.33 汽车起动机导向套筒内螺旋花键旋转锻造有限元模拟第五组金属流动云图与向量图（续）

附录

附录 A　金属塑性成形力学基础

A.1　塑性变形应力分析

A.1.1　应力的基本概念

在材料力学中，为了求得物体内的应力，常常采用切面法，即假想把物体切开，在一定的假设条件下，直接利用内力和外力的平衡条件求得切面上的应力分布。而塑性力学和弹性力学，则采用另一种方法，就是假想把物体切成无数个极其微小的六面体，叫作单元体或微元体。一个单元体可代表物体的一个质点。根据单元体的平衡条件写出平衡微分方程，然后考虑其他必要的条件设法求解。这种方法也是一般连续体力学的通用方法。

在外力作用下，物体内各质点之间会产生相互作用的力，叫作内力。单位面积上的内力叫作应力。物体受外力系 F_1、F_2…的作用而处于平衡状态，如图 A.1 所示。设物体内有任意一点 Q，过 Q 作一法线为 N 的平面 A，将物体切开并移去上半部分，这时 A 面即可看成是下半部分的外表面，A 面上作用的内力应该与下半部分其余的外力保持平衡。这样，内力问题就可以转换成外力问题来处理。

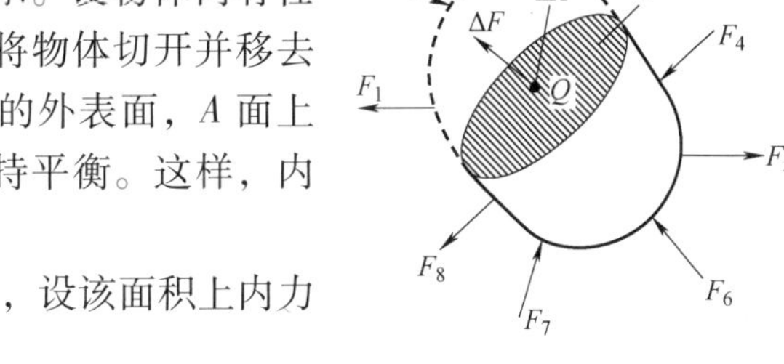

图 A.1　面力与内力

在 A 面上围绕 Q 点取一很小的面积 ΔA，设该面积上内力的合力为 ΔF，则有

$$S=\lim_{\Delta A\to 0}\frac{\Delta F}{\Delta A}=\frac{\mathrm{d}F}{\mathrm{d}A} \tag{A.1}$$

式中，S 是 A 面上 Q 点的全应力。全应力 S 可以分解成两个分量：一个垂直于 A 面，叫作正应力，一般用 σ 表示；另一个平行于 A 面，叫作剪应力，用 τ 表示。通过 Q 点可以作无限多的切面。在不同方向的切面上，Q 点的应力显然是不同的。一般塑性变形过程是多向受力的情况，为了全面地表示某一点的受力情况，就需要引入单元体及点应力状态的概念。

设在直角坐标系中有一承受任意力系的物体，物体内有一任意点 Q，围绕 Q 点切取一六面体作为单元体，其棱边分别平行于三个坐标轴，该六面体平行于坐标轴棱边的长度用 $\mathrm{d}x$、$\mathrm{d}y$、$\mathrm{d}z$ 表示。取六面体中三个相互垂直的表面作为微分面，如果这三个微分面上的应力已知，则该单元体任意方向上的应力都可以通过静力平衡求得。这就是说，可以用质点在三个相互垂直的微分面上的应力来完整地描述该质点的应力状态。

上述三个微分面上的应力都可以按坐标轴的方向分成三个分量。由于每个微分面都与一坐标轴垂直而与另两坐标轴平行，故三个应力分量中必有一个是正应力分量，另两个则是剪应力分量。三个微分面共有 9 个应力分量。因此在一般情况下，一点的应力状态应该用 9 个应力分量来描述，如图 A.2 所示。

三个微分面都可用各自的法线方向命名，在图 A.2 中，$ABCD$ 面为 x 面，$CDEF$ 面为 y 面，$BCFG$ 面为 z 面。每个应力分量的符号都带有两个下角标：第一个下角标表示该应力分量的作用面，第二个下角标表示它的作用方向。很明显，两个下角标相同的是正应力分量，如 σ_{xx} 即表示 x 面上平行于 x 轴的正应力分量，一般简写为 σ_x；两个下角标不同的是剪应力分量，如 τ_{xy} 即表示 x 面上平行于 y 轴的剪应力分量。为清楚起见，可将 9 个分量表示为：

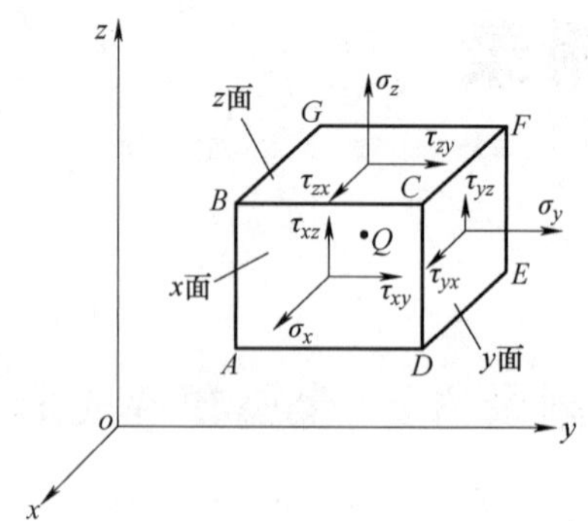

图 A.2　单元体上的应力分量

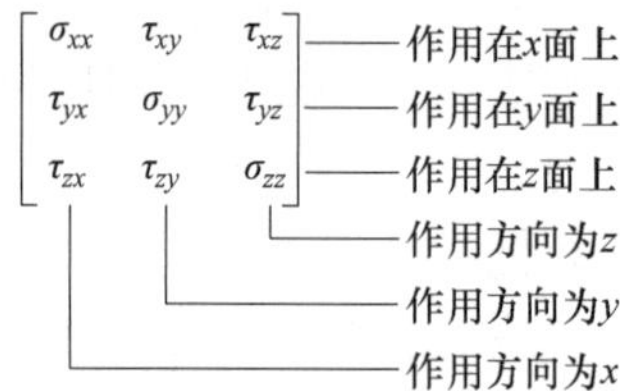

上述应力分量可以用 $\sigma_{ij}(i, j=x, y, z)$ 表示。使下角标 i、j 分别依次等于 x、y、z，即可得到九个分量。例如 $i=x$、$j=x$，可得 σ_{xx}，也即 σ_x；如 $i=x$、$j=y$，则得 σ_{xy}，也即 τ_{xy}。由于单元体处于静力平衡状态，故绕单元体各轴的合力矩必须等于零，由此可以导出关系式为

$$\tau_{xy}=\tau_{yx};\tau_{yz}=\tau_{zy};\tau_{zx}=\tau_{xz} \tag{A.2}$$

应力分量的正、负号按以下方法确定：在单元体上，外法线指向坐标轴正向的微分面（见图 A.2 中的前、右、上三个面）叫作正面，反之称为负面；在正面上，指向坐标轴正向的应力分量取正号，指向负向的取负号。负面上的应力分量则相反，指向坐标轴负向的为正，反之为负。按此规定，正应力分量以拉为正，以压为负，图 A.2 中画出的应力分量都是正的。

A.1.2　点的应力状态

如果通过一点的上述 9 个应力分量为已知，则可通过静力平衡求得该点任意方向上的应力。为此，在直角坐标系中任取一质点（单元体）Q，设其应力分量为 σ_{ij}。现有一任意方向的斜切微分面 ABC 把单元体切成一个四面体 $QABC$（见图 A.3），则该微分面上的应力就是质点在任意切面上的应力，它可通过四面体 $QABC$ 的静力平衡求得。

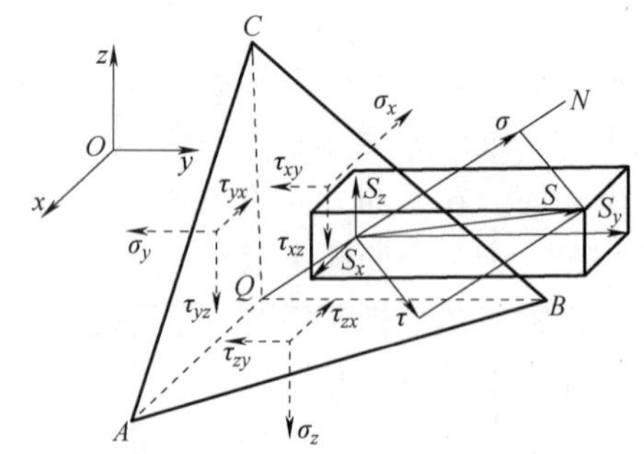

图 A.3　斜切微分面上的应力

设 ABC 微分面的外法线为 N，N 的方向余弦为 l、m、n（或 l_x、l_y、l_z，也可简记为 l_i），即 $l=\cos(N, x)$，$m=\cos(N, y)$，$n=\cos(N, z)$，用角标符号可简记为 $l_i=\cos(N, x_i)$。设微分面 ABC 的面积为 $\mathrm{d}A$，全应力为 S，它在三个坐标轴方向的应力分量为 S_x、S_y、S_z。由静力平衡

条件$\sum F_x=0$，将有

$$\sum F_x=S_x\mathrm{d}A-\sigma_x l\mathrm{d}A-\tau_{yx}m\mathrm{d}A-\tau_{zx}n\mathrm{d}A=0 \tag{A.3}$$

整理可得

$$S_x=\sigma_x l+\tau_{yx}m+\tau_{zx}n \tag{A.4}$$

同理，根据$\sum F_y=0$、$\sum F_z=0$可得

$$S_y=\tau_{xy}l+\sigma_y m+\tau_{zy}n$$

$$S_z=\tau_{xz}l+\tau_{yz}m+\sigma_z n$$

可采用角标符号记作

$$S_j=\sigma_{ij}l_i \tag{A.5}$$

于是，斜切微分面 ABC 上的全应力为

$$S^2=S_x^2+S_y^2+S_z^2=S_i^2 \tag{A.6}$$

通过全应力 S 及其分量 S_i，即可方便地求得斜切微分面上的正应力 σ 和剪应力 τ。正应力 σ 就是 S 在法线 N 上的投影，也就等于 S_i 在法线 N 上的投影之和，即

$$\sigma=\sigma_x l^2+\sigma_y m^2+\sigma_z n^2+2(\tau_{xy}lm+\tau_{yz}mn+\tau_{zx}nl) \tag{A.7}$$

则斜切微元面上的剪应力 τ 为

$$\tau^2=S^2-\sigma^2 \tag{A.8}$$

如果质点处在物体的边界上，斜切微分面 ABC 就是物体的外表面，则该面上作用的就是外力 $T_j(j=x,\ y,\ z)$。这时，式（A.4）或式（A.5）所表示的平衡关系仍应成立。因此，用 T_j 代替式（A.4）或式（A.5）中的 S_j，即可得到

$$T_j=\sigma_{ij}l_i \tag{A.9}$$

式（A.9）就是应力边界条件的表达式。

表示一点应力状态的单元体中存在 26 个特殊的微分面：6 个主平面、12 个主剪应力平面、8 个（正）八面体平面。其微分面上相应的应力为主应力、主剪应力、八面体应力。八面体平面上剪应力的 $3/\sqrt{2}$ 倍所得参量称为等效应力，其是一个不变量。

1. 主应力和应力张量不变量

若点应力状态的应力分量 σ_{ij} 已经确定，那么微分面 ABC 上的正应力 σ 及剪应力 τ 都将随法线 N 的方向，也即 l、m、n 的数值而变。根据张量的特性，一个对称张量必然有三个相互垂直的方向，叫作主方向。在主方向上，下标不同（$i\neq j$）的分量均为零，于是只剩下下标相同（$i=j$）的分量，叫作主值。在主方向上的三个正应力，叫作主应力，与三个主方向垂直的微分面为主平面，主平面上没有剪应力，和三个主方向一致的坐标轴为主轴。

已知 σ_{ij} 来求得主应力及主方向，可假定图 A.3 中法线的方向余弦为 l、m、n 的斜切微分面 ABC 正好就是主平面，主平面上的剪应力为 0，正应力就是全应力，即为 $\sigma=S$，于是由图 A.3 可得主应力 σ 在三个坐标轴方向上的投影，也就是 S_x、S_y 及 S_z 分别为

$$S_x=lS=l\sigma;S_y=mS=m\sigma;S_z=nS=n\sigma \tag{A.10}$$

将式（A.10）代入式（A.4），可得

$$\begin{cases}(\sigma_x-\sigma)l+\tau_{yx}m+\tau_{zx}=0\\ \tau_{xy}l+(\sigma_y-\sigma)m+\tau_{zy}n=0\\ \tau_{xz}l+\tau_{yz}m+(\sigma_z-\sigma)n=0\end{cases} \tag{A.11}$$

由解析几何可知，方向余弦 l、m、n 之间必须满足

$$l^2+m^2+n^2=1 \tag{A.12}$$

齐次线性方程组式（A.11）存在非零解的充要条件是方程组的系数所组成的行列式等于零，即

$$\begin{vmatrix} \sigma_x-\sigma & \tau_{yx} & \tau_{zx} \\ \tau_{xy} & \sigma_y-\sigma & \tau_{zy} \\ \tau_{xz} & \tau_{yz} & \sigma_z-\sigma \end{vmatrix}=0 \tag{A.13}$$

令

$$\begin{cases} J_1=\sigma_x+\sigma_y+\sigma_z \\ J_2=-(\sigma_x\sigma_y+\sigma_y\sigma_z+\sigma_z\sigma_x)+\tau_{xy}^2+\tau_{yz}^2+\tau_{zx}^2 \\ J_3=\sigma_x\sigma_y\sigma_z+2\tau_{xy}\tau_{yz}\tau_{zx}-(\sigma_x\tau_{yz}^2+\sigma_y\tau_{zx}^2+\sigma_z\tau_{xy}^2) \end{cases} \tag{A.14}$$

将式（A.13）展开，整理后可得

$$\sigma^3-J_1\sigma^2-J_2\sigma-J_3=0 \tag{A.15}$$

这是一个以 σ 为未知数的三次方程式，叫作应力状态的特征方程，它必然有三个实根，也就是有三个主应力 σ_x、σ_y、σ_z。将解得的每一个主应力代入式（A.11）并与式（A.12）联解，即可得到该主应力的方向余弦 l、m、n，这样就可以得到三个互相垂直的主方向。

对于一个确定的应力状态，只能有一组（三个）主应力的数值，因此，特征方程式（A.15）的系数 J_1、J_2 及 J_3 应该是单值的，不随坐标而变。于是可以得出以下重要结论：尽管应力张量的各分量随坐标而变，但按式（A.14）的形式组合起来的函数的值是不变的。因此把 J_1、J_2 及 J_3 分别称为应力张量的第一不变量、第二不变量和第三不变量。存在不变量也是张量的特性之一。

若重新建立与图 A.2 不同的直角坐标系，为了简化计算，更要明确相关的物理概念，在塑性力学中往往取三个主方向为坐标轴，一般用 1、2、3 代替 x、y、z，这时应力张量 $\boldsymbol{\sigma}_{ij}$ 为

$$\boldsymbol{\sigma}_{ij}=\begin{bmatrix} \sigma_1 & 0 & 0 \\ 0 & \sigma_2 & 0 \\ 0 & 0 & \sigma_3 \end{bmatrix} \tag{A.16}$$

在主方向为坐标轴系的情况下，将式（A.15）中 $\boldsymbol{\sigma}_{ij}$ 的各个分量代入式（A.4）、式（A.7）、式（A.8）中，即可得到 σ_1、σ_2、σ_3 主轴坐标系中法线的方向余弦为 l、m、n 的斜切微分面上的正应力 σ 和剪应力 τ 的计算公式：

$$\sigma=\sigma_1 l^2+\sigma_2 m^2+\sigma_3 n^2 \tag{A.17}$$

$$\tau^2=S^2-\sigma^2=\sigma_1^2 l^2+\sigma_2^2 m^2+\sigma_3^2 n^2-(\sigma_1 l^2+\sigma_2 m^2+\sigma_3 n^2)^2 \tag{A.18}$$

这样 σ_1、σ_2、σ_3 主轴坐标系中的 J_1、J_2 及 J_3 三个应力张量不变量分别为

$$\begin{cases} J_1=\sigma_1+\sigma_2+\sigma_3 \\ J_2=-(\sigma_1\sigma_2+\sigma_2\sigma_3+\sigma_3\sigma_1) \\ J_3=\sigma_1\sigma_2\sigma_3 \end{cases} \tag{A.19}$$

根据应力张量不变量，可以判断两个应力张量代表的应力状态的异同。

2. 主剪应力和最大剪应力

由式（A. 18）可知，剪应力同样随斜切平面的法线方向余弦 l、m、n 的不同而变化。一般把剪应力有极值的平面称为主剪应力平面，该面上作用的剪应力称为主剪应力。在主轴坐标系下，任意斜切面 l、m、n 上的剪应力可由式（A. 18）求得，考虑式（A. 12），可将 $n^2=1-l^2-m^2$ 代入式（A. 18）消去 n，可得

$$\tau^2=(\sigma_1^2-\sigma_3^2)l^2+(\sigma_2^2-\sigma_3^2)m^2+\sigma_3^2n^2-[(\sigma_1-\sigma_3^2)l^2+(\sigma_2-\sigma_3^2)m^2+\sigma_3n^2]^2 \tag{A. 20}$$

为求剪应力极值，将式（A. 20）分别对 l、m 求偏导数并使之等于零，得

$$\begin{cases}[(\sigma_1-\sigma_3)-2(\sigma_1-\sigma_3)l^2-2(\sigma_2-\sigma_3)m^2](\sigma_1-\sigma_3)l=0\\ [(\sigma_2-\sigma_3)-2(\sigma_1-\sigma_3)l^2-2(\sigma_2-\sigma_3)m^2](\sigma_2-\sigma_3)m=0\end{cases} \tag{A. 21}$$

该方程组（A. 21）的一组解是 $l=m=0$，这时 $n=\pm1$，是一对主平面，剪应力为零，不是所需的解。如 $\sigma_1=\sigma_2=\sigma_3$，则式（A. 21）无解，很明显，这时是球应力状态，$\tau\equiv0$。如 $\sigma_1\neq\sigma_2=\sigma_3$，则从式（A. 21）第一式解得，$l=\pm1/\sqrt{2}$，这是圆柱应力状态，这时，与 σ_1 轴成 45°（或 135°）的所有平面都是主剪应力平面，单向拉伸就是如此。

对于 $\sigma_1\neq\sigma_2\neq\sigma_3$ 的一般情况，如 $l\neq0$，$m\neq0$，则式（A. 21）中两式的方括号内必须同时为零，因此将有 $\sigma_1=\sigma_2$，这与前提条件 $\sigma_1\neq\sigma_2\neq\sigma_3$ 不符，所以这种情况下式（A. 21）无解。如 $l=0$，$m\neq0$，也即斜切微分面始终平行于主轴 1，则由式（A. 21）的第二式得

$$(\sigma_2-\sigma_3)(1-2m^2)=0 \tag{A. 22}$$

由此解得 $l=0$、$m=\pm1/\sqrt{2}$，从而 $n=\pm1/\sqrt{2}$。

同样，如 $l\neq0$、$m=0$，则可由式（A. 21）的第一式解得 $l=\pm1/\sqrt{2}$、$m=0$、$n=\pm1/\sqrt{2}$。

分别消去式（A. 18）中的 l 或 m，可同样求解。除去重复的解，还可以得到一组解为 $l=\pm1/\sqrt{2}$、$m=\pm1/\sqrt{2}$、$n=0$。

上列三组解各表示一对相互垂直的主剪应力平面，它们分别与一个主平面垂直并与另两个上平面成 45°角。每对主剪应力平面上的主剪应力都相等。将上列三组方向余弦值代入式（A. 19），即可求得三个主剪应力

$$\begin{cases}\tau_{23}=\pm(\sigma_2-\sigma_3)/2\\ \tau_{31}=\pm(\sigma_3-\sigma_1)/2\\ \tau_{12}=\pm(\sigma_1-\sigma_2)/2\end{cases} \tag{A. 23}$$

主剪应力中绝对值最大的一个，也就是一点所有方向切面上剪应力的最大者，叫作最大剪应力，以 τ_{max} 表示。如设 $\sigma_1>\sigma_2>\sigma_3$，则

$$\tau_{max}=\pm(\sigma_1-\sigma_3)/2 \tag{A. 24}$$

将三组方向余弦值带入式（A. 17），即可求得主剪应力平面上的正应力

$$\begin{cases}\sigma_{23}=(\sigma_2+\sigma_3)/2\\ \sigma_{31}=(\sigma_3+\sigma_1)/2\\ \sigma_{12}=(\sigma_1+\sigma_2)/2\end{cases} \tag{A. 25}$$

每对主剪应力平面上的正应力都是相等的。

3. 应力球张量和应力偏张量

应力张量和向量一样，也是可以分解的。现设 σ_m 为三个正应力分量的平均值，即

$$\sigma_{\mathrm{m}}=\frac{1}{3}(\sigma_x+\sigma_y+\sigma_z)=\frac{1}{3}J_1=\frac{1}{3}(\sigma_1+\sigma_2+\sigma_3) \tag{A.26}$$

σ_{m} 一般叫作平均应力，是不变量，与所取坐标无关，对于一个确定的应力状态，它是单值的，在塑性加工领域常被称为静水压力。于是可将应力张量写成以下形式：

$$\boldsymbol{\sigma}_{ij}=\begin{bmatrix}\sigma_x'+\sigma_{\mathrm{m}} & \tau_{xy} & \tau_{xz}\\ \tau_{yx} & \sigma_y'+\sigma_{\mathrm{m}} & \tau_{yz}\\ \tau_{zx} & \tau_{zy} & \sigma_z'+\sigma_{\mathrm{m}}\end{bmatrix}=\begin{bmatrix}\sigma_x' & \tau_{xy} & \tau_{xz}\\ \tau_{yx} & \sigma_y' & \tau_{yz}\\ \tau_{zx} & \tau_{zy} & \sigma_z'\end{bmatrix}+\begin{bmatrix}\sigma_{\mathrm{m}} & 0 & 0\\ 0 & \sigma_{\mathrm{m}} & 0\\ 0 & 0 & \sigma_{\mathrm{m}}\end{bmatrix}=\sigma_{ij}'+\delta_{ij}\sigma_{\mathrm{m}} \tag{A.27}$$

式中，δ_{ij}是一个常用的符号，称为克氏符号（Kronecker delta），是单位球张量的标记。当$i=j$时，$\delta_{ij}=1$；当 $i\neq j$ 时，$\delta_{ij}=0$。

张量 $\delta_{ij}\sigma_{\mathrm{m}}$ 表示一种球应力状态，故称为应力球张量。在球应力状态下，任何方向都是主方向，而且主应力相同，所以 σ_{m} 可看成是一种静水应力。再者，由于球应力状态在任何切面上都没有剪应力，所以它不能使物体产生形状变化和塑性变形，而只能产生体积变化。张量 σ_{ij}'叫作应力偏张量，它是由原应力张量 σ_{ij}减去应力球张量 $\delta_{ij}\sigma_{\mathrm{m}}$ 后得到的，即

$$\sigma_{ij}'=\sigma_{ij}-\delta_{ij}\sigma_{\mathrm{m}} \tag{A.28}$$

由于应力球张量没有剪应力，任意方向都是主方向且主应力相同，所以，由 σ_{ij}减去应力球张量后得到的 σ_{ij}'的剪应力分量、主剪应力、最大剪应力及应力主轴等都与原应力张量相同。应力偏张量只能使物体产生形状变化，而不能产生体积变化。塑性变形也主要与应力偏张量有关。

应力偏张量同样有三个不变量，可用 J_1'、J_2'及 J_3'表示。将应力偏张量 σ_{ij}'的分量均代入式（A. 14）中，可得

$$\begin{cases}J_1'=\sigma_x'+\sigma_y'+\sigma_z'=(\sigma_x-\sigma_{\mathrm{m}})+(\sigma_y-\sigma_{\mathrm{m}})+(\sigma_z-\sigma_{\mathrm{m}})=0\\ J_2'=-(\sigma_x'\sigma_y'+\sigma_y'\sigma_z'+\sigma_z'\sigma_x')+\tau_{xy}^2+\tau_{yz}^2+\tau_{zx}^2\\ \quad=\dfrac{1}{6}[(\sigma_x-\sigma_y)^2+(\sigma_y-\sigma_z)^2+(\sigma_z-\sigma_x)^2]+\tau_{xy}^2+\tau_{yz}^2+\tau_{zx}^2\\ J_3'=\begin{vmatrix}\sigma_x' & \tau_{xy} & \tau_{xz}\\ \tau_{yx} & \sigma_y' & \tau_{yz}\\ \tau_{zx} & \tau_{zy} & \sigma_z'\end{vmatrix}\end{cases} \tag{A.29}$$

对于主轴坐标系，则有

$$\begin{cases}J_1'=0\\ J_2'=\dfrac{1}{6}[(\sigma_1'-\sigma_2')^2+(\sigma_2'-\sigma_3')^2+(\sigma_3'-\sigma_1')^2]\\ J_3'=\sigma_1'\sigma_2'\sigma_3'\end{cases} \tag{A.30}$$

已知质点的应力状态可以用三个主应力来表示，在满足屈服准则的条件下，它们的有无、正负和数值的大小可以千变万化，构成无限多的情况。研究表明，应力状态对塑性的影响起实际作用的是其应力球张量，它反映了质点三向均等受压或受拉的程度。当 σ_{m} 为正值，越大，则材料所受各向等拉作用越强；反之，当 σ_{m} 为负值，绝对值越大（即代数值越小）时，则材料所受各向等压作用越强。显然，在后者的情况下，材料的塑性状态会比前

者的好。

A. 1. 3　应力平衡微分方程

设图 A. 4 中物体（连续体）内有一点 Q，其坐标为 x、y、z。以 Q 为顶点切取一个边长为 $\mathrm{d}x$、$\mathrm{d}y$、$\mathrm{d}z$ 的平行六面体。六面体另一顶点 Q'的坐标即为 $x+\mathrm{d}x$、$y+\mathrm{d}y$、$z+\mathrm{d}z$。由于坐标的微量变化，各个应力分量也将产生微量变化。设应力分量是坐标的连续函数，而且有连续的一阶偏导数。当 Q 点的应力状态为 σ_{ij}，其 x 面上的正应力分量为

$$\sigma_x = f(x, y, z) \tag{A. 31}$$

在 Q'点的 x 面上，由于坐标变化了 $\mathrm{d}x$，故其正应力分量将为

$$\sigma_x + \mathrm{d}\sigma_x = f(x+\mathrm{d}x, y, z) = f(x, y, z) + \frac{\partial f}{\partial x}\mathrm{d}x + \frac{1}{2}\frac{\partial^2 f}{\partial x^2}\mathrm{d}x^2 + \cdots \approx \sigma_x + \frac{\partial \sigma_x}{\partial x}\mathrm{d}x$$

其余的 8 个应力分量也可用同样的方法推导，得到相类似的式子。设图 A. 4 所示的单元体处于静力平衡状态，且不考虑体力，则由平衡条件 $\sum P_x = 0$ 有

$$\left(\sigma_x + \frac{\partial \sigma_x}{\partial x}\mathrm{d}x\right)\mathrm{d}y\mathrm{d}z + \left(\tau_{yx} + \frac{\partial \tau_{yx}}{\partial y}\mathrm{d}y\right)\mathrm{d}z\mathrm{d}x + \left(\tau_{zx} + \frac{\partial \tau_{zx}}{\partial z}\mathrm{d}z\right)\mathrm{d}x\mathrm{d}y - \sigma_x\mathrm{d}y\mathrm{d}z - \tau_{yz}\mathrm{d}z\mathrm{d}x - \tau_{zx}\mathrm{d}x\mathrm{d}y = 0 \tag{A. 32}$$

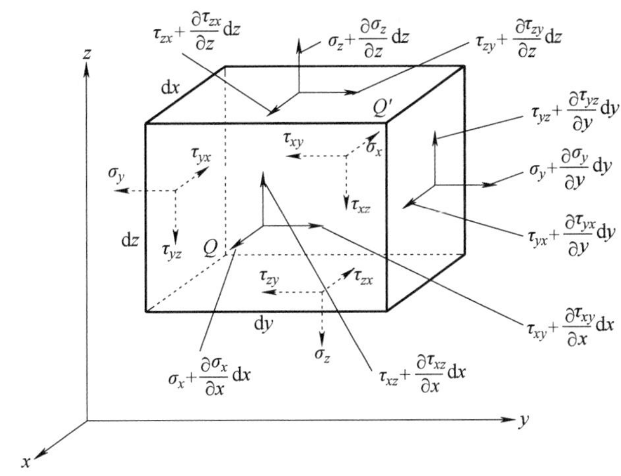

图 A. 4　单元体六个面上的应力

简化整理后得

$$\frac{\partial \sigma_x}{\partial x} + \frac{\partial \tau_{yx}}{\partial y} + \frac{\partial \tau_{zx}}{\partial z} = 0 \tag{A. 33}$$

由 $\sum P_y = 0$ 和 $\sum P_z = 0$ 还可以推得

$$\frac{\partial \tau_{xy}}{\partial x} + \frac{\partial \sigma_y}{\partial y} + \frac{\partial \tau_{zy}}{\partial z} = 0$$

$$\frac{\partial \tau_{xz}}{\partial x} + \frac{\partial \tau_{yz}}{\partial y} + \frac{\partial \sigma_z}{\partial z} = 0$$

可简记为

$$\frac{\partial \sigma_{ij}}{\partial x_i} = 0 \tag{A. 34}$$

考虑力矩的平衡。以过单元体中心且平行于 x 轴的直线为轴线取力矩，由 $\sum M_x=0$，有

$$\left(\tau_{yz}+\frac{\partial\tau_{yz}}{\partial y}\mathrm{d}y\right)\mathrm{d}x\mathrm{d}z\,\frac{\mathrm{d}y}{2}+\tau_{yz}\mathrm{d}x\mathrm{d}z\,\frac{\mathrm{d}y}{2}-\left(\tau_{zy}+\frac{\partial\tau_{zy}}{\partial z}\mathrm{d}z\right)\mathrm{d}x\mathrm{d}y\,\frac{\mathrm{d}z}{2}-\tau_{zy}\mathrm{d}x\mathrm{d}y\,\frac{\mathrm{d}z}{2}=0 \tag{A.35}$$

整理并略去微量后可得

$$\tau_{yz}=\tau_{xy}$$

同理可得

$$\tau_{zx}=\tau_{xz};\tau_{xy}=\tau_{yz}$$

这就是剪应力互等定律。

在式（A.35）所列的平衡微分方程中，三个式子包含 6 个未知应力分量，所以是超静定的。为使方程能有解，还应寻找其他的补充方程。针对轴对称应力状态，上述应力平衡微分方程可进行简化。

在塑性成形过程中经常遇到旋转体。当旋转体承受的外力为对称于旋转轴的分布力而且没周向力时，则物体内的质点就处于轴对称应力状态。处于轴对称状态时，旋转体的每个子午面都始终保持平面，而且各子午面之间的夹角始终不变。由于变形体是旋转体，所以采用圆柱坐标或球坐标更为方便。圆柱坐标中单元体上的应力分布如图 A.5 所示。

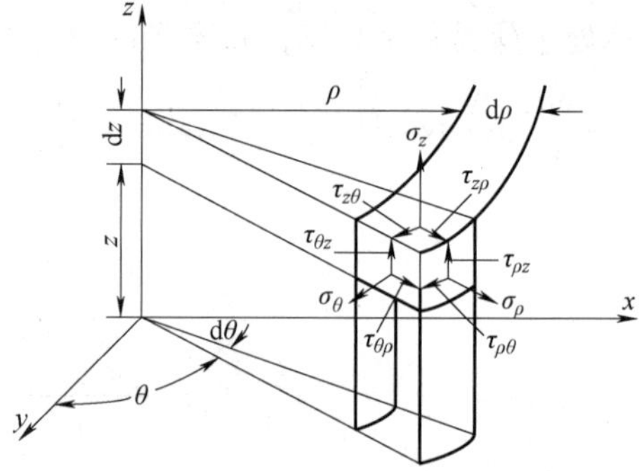

图 A.5　圆柱坐标中单元体上的应力分布

在圆柱坐标系下，微单元体一般的应力张量为

$$\boldsymbol{\sigma}_{ij}=\begin{bmatrix}\sigma_\rho & \tau_{\rho\theta} & \tau_{\rho z}\\ \tau_{\theta\rho} & \sigma_\theta & \tau_{\theta z}\\ \tau_{z\rho} & \tau_{z\theta} & \sigma_z\end{bmatrix} \tag{A.36}$$

因此，平衡微分方程的一般形式为

$$\begin{cases}\dfrac{\partial\sigma_\rho}{\partial\rho}+\dfrac{1}{\rho}\dfrac{\partial\tau_{\theta\rho}}{\partial\theta}+\dfrac{\partial\tau_{z\rho}}{\partial z}+\dfrac{\sigma_\rho-\sigma_\theta}{\rho}=0\\ \dfrac{\partial\tau_{\rho\theta}}{\partial\rho}+\dfrac{1}{\rho}\dfrac{\partial\sigma_\theta}{\partial\theta}+\dfrac{\partial\tau_{z\theta}}{\partial z}+\dfrac{2\tau_{\rho\theta}}{\rho}=0\\ \dfrac{\partial\tau_{\rho z}}{\partial\rho}+\dfrac{1}{\rho}\dfrac{\partial\tau_{\theta z}}{\partial\theta}+\dfrac{\partial\sigma_z}{\partial z}+\dfrac{\tau_{\rho z}}{\rho}=0\end{cases} \tag{A.37}$$

轴对称状态时，由于子午面（也即 θ 面）在变形过程中始终不会扭曲，所以其特点是：①在 θ 面上没有剪应力，即 $\tau_{\rho\theta}=\tau_{\theta z}=0$，故应力张量只有等分量，即 σ_ρ、σ_θ、σ_z、$\tau_{\rho z}$ 等分量，而且 σ_θ 是一个主应力；②各应力分量与 θ 坐标无关，对 θ 的偏导数都为零。所以，平衡微分方程可简化为

$$\begin{cases}\dfrac{\partial\sigma_\rho}{\partial\rho}+\dfrac{\partial\tau_{z\rho}}{\partial z}+\dfrac{\sigma_\rho-\sigma_\theta}{\rho}=0\\ \dfrac{\partial\tau_{\rho z}}{\partial\rho}+\dfrac{\partial\sigma_z}{\partial z}+\dfrac{\tau_{\rho z}}{\rho}=0\end{cases} \tag{A.38}$$

在有些轴对称问题中，例如圆柱体的平砧均匀镦粗、锥孔模均匀挤压和拉拔等，其径向正应力和周向正应力是相等的，即 $\sigma_\rho=\sigma_\theta$，这样就又减少了一个未知量。

A.2　塑性变形应变分析

A.2.1　位移与几何方程

应变是表示物体变形大小的一个物理量。物体变形时，体内各质点在所有方向上都会有应变，故同样需要引入“点应变状态”的概念。点应变状态也是二阶对称张量，与应力张量有许多相似的性质。但是，应变分析主要是几何学和运动学的问题，它与物体中的位移场或速度场有密切联系。在材料力学及一般弹塑性理论中所讨论的变形大多不超过 $10^{-3}\sim10^{-2}$ 数量级。这种很小的变形统称为小变形。在分析小变形基础上再进一步讨论大塑性变形的特点。

物体内质点变形的大小可用应变来表示，应变可分正应变和剪应变。如图 A.6a 所示，在直角坐标系中取一各个面分别平行于 x 轴、y 轴、z 轴的六面体微单元体 $ABCDEFGH$，其边长分别为 $\mathrm{d}x$、$\mathrm{d}y$、$\mathrm{d}z$。当在初始位置为（x，y，z）的 A 点经过位移 u、v、w 到达 $A'(x+u$，$y+v$，$z+w)$，相应的六面体微单元体产生小变形后变成图 A.6b 中的偏斜的平行六面体 $A'B'C'D'E'F'G'H'$。

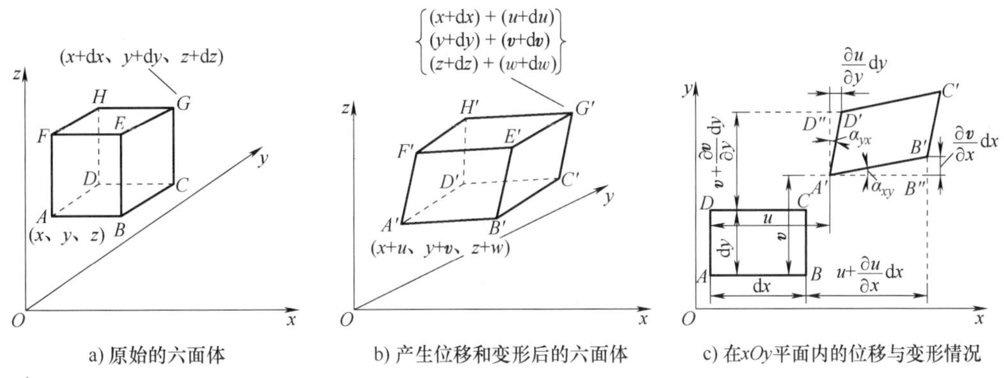

图 A.6　立体微单元的位移与变形情况

设物体内任意点的位移向量为 $\boldsymbol{u}$，则它在三个坐标轴方向的投影叫作该点的位移分量，可用 u、v、w 表示，记为 u_i。由于物体在变形之后仍应保持连续，故位移分量应是坐标的连续函数（而且一般都假定它有连续的二阶偏导数）

$$\begin{cases}u=u(x,y,z)\\v=v(x,y,z)\\w=w(x,y,z)\end{cases}\tag{A.39}$$

或

$$u_i=u_i(x,y,z)$$

由于 A 点的位移分量为 $u_i(x,\ y,\ z)$，故 G 点的位移分量必为

$$u_i+\delta u_i=u_i(x+\mathrm{d}x,y+\mathrm{d}y,z+\mathrm{d}z)$$

用泰勒公式展开，并略去高阶微量，得

$$u_i+\delta u_i=u_i+\frac{\partial u_i}{\partial x_j}\mathrm{d}x_j \tag{A.40}$$

$$\begin{cases}\delta u=\dfrac{\partial u}{\partial x}\mathrm{d}x+\dfrac{\partial u}{\partial y}\mathrm{d}y+\dfrac{\partial u}{\partial z}\mathrm{d}z\\ \delta v=\dfrac{\partial v}{\partial x}\mathrm{d}x+\dfrac{\partial v}{\partial y}\mathrm{d}y+\dfrac{\partial v}{\partial z}\mathrm{d}z\\ \delta w=\dfrac{\partial w}{\partial x}\mathrm{d}x+\dfrac{\partial w}{\partial y}\mathrm{d}y+\dfrac{\partial w}{\partial z}\mathrm{d}z\end{cases} \tag{A.41}$$

将位移与变形前后的平行六面体微单元体 $ABCDEFGH$、$A'B'C'D'E'F'G'H'$ 均向 xOy 平面投影，相应的各个点的位移与变形如图 A.6c 所示。变形前边长为 $\mathrm{d}x$ 的 AB 边，变形后为 $A'B'$，则在 x 方向的线元 $\mathrm{d}x$ 在 x 方向产生的正应变为

$$\varepsilon_x=\frac{A'B''-AB}{AB}=\frac{\left(\mathrm{d}x+u+\dfrac{\partial u}{\partial x}\mathrm{d}x-u\right)-\mathrm{d}x}{\mathrm{d}x}=\frac{\partial u}{\partial x} \tag{A.42}$$

在小应变分析中，$\dfrac{\partial u}{\partial x}$与 1 相比为微小量，可以忽略，$AB$ 边在 xOy 平面内的转角为

$$\alpha_{xy}\approx\tan\alpha_{xy}=\frac{B'B''}{A'B''}=\frac{\dfrac{\partial v}{\partial x}\mathrm{d}x}{\mathrm{d}x+u+\dfrac{\partial u}{\partial x}\mathrm{d}x-u}=\frac{\dfrac{\partial v}{\partial x}}{1+\dfrac{\partial u}{\partial x}}\approx\frac{\partial v}{\partial x} \tag{A.43}$$

同理

$$\alpha_{yx}=\frac{\partial u}{\partial y}$$

$$\varepsilon_y=\frac{\partial v}{\partial y},\alpha_{yz}=\frac{\partial w}{\partial y},\alpha_{zy}=\frac{\partial v}{\partial z}$$

$$\varepsilon_z=\frac{\partial w}{\partial z},\alpha_{zx}=\frac{\partial u}{\partial z},\alpha_{xz}=\frac{\partial w}{\partial x}$$

若令

$$\begin{cases}\gamma_{xy}=\gamma_{yx}=\dfrac{1}{2}(\alpha_{xy}+\alpha_{yx})\\ \gamma_{yz}=\gamma_{zy}=\dfrac{1}{2}(\alpha_{yz}+\alpha_{zy})\\ \gamma_{zx}=\gamma_{xz}=\dfrac{1}{2}(\alpha_{zx}+\alpha_{xz})\end{cases}$$

则有小应变时，位移分量和应变分量之间的关系为

$$\begin{cases}\varepsilon_x=\dfrac{\partial u}{\partial x},\gamma_{xy}=\gamma_{yx}=\dfrac{1}{2}\left(\dfrac{\partial u}{\partial y}+\dfrac{\partial v}{\partial x}\right)\\ \varepsilon_y=\dfrac{\partial v}{\partial y},\gamma_{yz}=\gamma_{zy}=\dfrac{1}{2}\left(\dfrac{\partial w}{\partial y}+\dfrac{\partial v}{\partial z}\right)\\ \varepsilon_z=\dfrac{\partial w}{\partial z},\ \gamma_{zx}=\gamma_{xz}=\dfrac{1}{2}\left(\dfrac{\partial u}{\partial z}+\dfrac{\partial w}{\partial x}\right)\end{cases} \tag{A.44}$$

可简记为

$$\varepsilon_{ij}=\frac{1}{2}\left(\frac{\partial u_i}{\partial x_j}+\frac{\partial u_j}{\partial x_i}\right) \tag{A.45}$$

相应地，应变张量 $\boldsymbol{\varepsilon}_{ij}$ 为

$$\boldsymbol{\varepsilon}_{ij}=\begin{bmatrix} \varepsilon_x & \gamma_{xy} & \gamma_{xz} \\ \gamma_{yx} & \varepsilon_y & \gamma_{yz} \\ \gamma_{zx} & \gamma_{zy} & \varepsilon_z \end{bmatrix} \tag{A.46}$$

两个下标的意义可以这样来理解：第一个下标表示通过 A 点的单元体棱边（线元）的方向，第二个下标表示该线元变形的方向。例如 ε_x(即 ε_{xx}) 表示过 A 点 x 方向线元在 x 方向的线应变，γ_{xy}表示 x 方向线元朝着 y 方向的偏转角。如物体中的位移场为已知，则可由几何方程求得小应变分量为 ε_{ij}。小应变分量 ε_{ij}也是坐标的连续函数，它可以确定物体中的应变张量场。

A.2.2 变形连续方程

由几何方程可知，6 个应变分量均取决于三个位移分量 u、v、w 对 x、y、z 的偏导数，所以 6 个应变分量不能是相互无关的函数，它们之间应有一定的关系，才能保证物体中的所有单元体在变形之后仍可以连续地组合起来，这样的关系就叫小变形连续方程或协调方程。

将几何方程式（A.44）中的 ε_x 对 y 求两次偏导数，将 ε_y 对 x 求两次偏导数，可得

$$\begin{cases} \dfrac{\partial^2 \varepsilon_x}{\partial y^2}=\dfrac{\partial^2}{\partial x\,\partial y}\left(\dfrac{\partial u}{\partial y}\right) \\ \dfrac{\partial^2 \varepsilon_y}{\partial x^2}=\dfrac{\partial^2}{\partial x\,\partial y}\left(\dfrac{\partial v}{\partial x}\right) \end{cases} \tag{A.47}$$

将式（A.47）第一式和第二式相加，得

$$\frac{\partial^2 \varepsilon_x}{\partial y^2}+\frac{\partial^2 \varepsilon_y}{\partial x^2}=\frac{\partial^2}{\partial x\,\partial y}\left(\frac{\partial u}{\partial y}+\frac{\partial v}{\partial x}\right)=2\,\frac{\partial^2 \gamma_{xy}}{\partial x\,\partial y}$$

用同样的方法还可以得到其他两个式子，连同上式共三个等式：

$$\begin{cases} \dfrac{\partial^2 \gamma_{xy}}{\partial x\,\partial y}=\dfrac{1}{2}\left(\dfrac{\partial^2 \varepsilon_x}{\partial y^2}+\dfrac{\partial^2 \varepsilon_y}{\partial x^2}\right) \\ \dfrac{\partial^2 \gamma_{yz}}{\partial y\,\partial z}=\dfrac{1}{2}\left(\dfrac{\partial^2 \varepsilon_y}{\partial z^2}+\dfrac{\partial^2 \varepsilon_z}{\partial y^2}\right) \\ \dfrac{\partial^2 \gamma_{zx}}{\partial z\,\partial x}=\dfrac{1}{2}\left(\dfrac{\partial^2 \varepsilon_z}{\partial x^2}+\dfrac{\partial^2 \varepsilon_x}{\partial z^2}\right) \end{cases} \tag{A.48}$$

式（A.48）表示在每个坐标平面内应变分量之间的关系。

将式（A.44）中的 ε_x 对 y 及 z 求偏导数，γ_{xy}对 x 及 z 求偏导数，γ_{zx}对 x 及 y 求偏导数，γ_{yz}对 x 求两次偏导数，再进行必要的加减运算后可得

$$\frac{\partial}{\partial x}\left(\frac{\partial \gamma_{zx}}{\partial y}+\frac{\partial \gamma_{xy}}{\partial z}-\frac{\partial \gamma_{yz}}{\partial x}\right)=\frac{\partial^2 \varepsilon_x}{\partial y\,\partial z} \tag{A.49}$$

同理，分别可得

$$\begin{cases}\dfrac{\partial}{\partial y}\left(\dfrac{\partial\gamma_{xy}}{\partial z}+\dfrac{\partial\gamma_{yz}}{\partial x}-\dfrac{\partial\gamma_{zx}}{\partial y}\right)=\dfrac{\partial^2\varepsilon_y}{\partial z\,\partial x}\\ \dfrac{\partial}{\partial z}\left(\dfrac{\partial\gamma_{yz}}{\partial x}+\dfrac{\partial\gamma_{zx}}{\partial y}-\dfrac{\partial\gamma_{xy}}{\partial z}\right)=\dfrac{\partial^2\varepsilon_z}{\partial x\,\partial y}\end{cases} \tag{A.50}$$

式（A.49）和式（A.50）表示不同平面中应变分量之间的关系。式（A.48）~式（A.50）即所谓的应变连续方程。如果已知位移分量为 u_i，则用几何方程式（A.44）求得的应变分量 ε_{ij} 自然满足连续方程。如果先用其他方法求得应变分量，则它们必须同时满足连续方程，才能通过式（A.44）求得正确的位移分量。

设微单元六面体的初始边长为 dx、dy、dz，于是初始体积为

$$V_0=\mathrm{d}x\mathrm{d}y\mathrm{d}z \tag{A.51}$$

小变形时，可以认为只有正应变才引起边长和体积的变化，而剪应变引起的边长和体积的变化是可以忽略的。因此变形后单元体的体积为

$$V_1=(1+\varepsilon_x)\mathrm{d}x(1+\varepsilon_y)\mathrm{d}y(1+\varepsilon_z)\mathrm{d}z\approx(1+\varepsilon_x+\varepsilon_y+\varepsilon_z)\mathrm{d}x\mathrm{d}y\mathrm{d}z \tag{A.52}$$

因此，微单元六面体的体积变化率为

$$\Delta=\frac{V_1-V_0}{V_0}=\varepsilon_x+\varepsilon_y+\varepsilon_z \tag{A.53}$$

弹性变形时，体积变化率必须考虑；塑性变形时，虽然体积也有微量变化，但与塑性应变相比较则是很小的，可以忽略不计。因此，一般认为塑性变形时体积不变，如以 $\varepsilon_x^{\mathrm{p}}$、$\varepsilon_y^{\mathrm{p}}$、$\varepsilon_z^{\mathrm{p}}$ 分别表示塑性变形时的正应变分量，则有

$$\Delta^{\mathrm{p}}=\varepsilon_x^{\mathrm{p}}+\varepsilon_y^{\mathrm{p}}+\varepsilon_z^{\mathrm{p}}=0 \tag{A.54}$$

式（A.54）即为塑性变形时的体积不变条件。若不计弹性变形，则式（A.54）中的上角标“p”就可以省去不用。由式（A.54）可以看出，塑性变形时，三个正应变分量不可能全部是同号的。

A.2.3 点的应变状态

通过一点，存在三个相互垂直的应变主方向（主轴），若在主方向上的线元没有角度偏转，只有正应变，该正应变就叫主应变，一般以 ε_1、ε_2、ε_3 表示。如取应变主轴为坐标轴，则式（A.46）所表示的应变张量 $\boldsymbol{\varepsilon}_{ij}$ 就可简化为

$$\boldsymbol{\varepsilon}_{ij}=\begin{pmatrix}\varepsilon_1 & 0 & 0\\ 0 & \varepsilon_2 & 0\\ 0 & 0 & \varepsilon_3\end{pmatrix} \tag{A.55}$$

和 A.1 节所述的主应力 σ_1、σ_2、σ_3 的求取方法类似，主应变 ε_1、ε_2、ε_3 可由应变张量的特征方程

$$\varepsilon^3-I_1\varepsilon^2-I_2\varepsilon-I_3=0 \tag{A.56}$$

求得，式中的 I_1、I_2、I_3 就是应变张量的第一不变量、第二不变量和第三不变量，可表示为

$$\begin{cases}I_1=\varepsilon_x+\varepsilon_y+\varepsilon_z=\varepsilon_1+\varepsilon_2+\varepsilon_3\\ I_2=-(\varepsilon_x\varepsilon_y+\varepsilon_y\varepsilon_z+\varepsilon_z\varepsilon_x)+(\gamma_{xy}^2+\gamma_{yz}^2+\gamma_{zx}^2)=-(\varepsilon_1\varepsilon_2+\varepsilon_2\varepsilon_3+\varepsilon_3\varepsilon_1)\\ I_3=\varepsilon_x\varepsilon_y\varepsilon_z+2\gamma_{xy}\gamma_{yz}\gamma_{zx}-(\varepsilon_x\gamma_{yz}^2+\varepsilon_y\gamma_{zx}^2+\varepsilon_z\gamma_{xy}^2)=\varepsilon_1\varepsilon_2\varepsilon_3\end{cases} \tag{A.57}$$

根据体积不变条件，塑性变形时体积不变，故式（A. 57）中的 $I_1=0$。

在与应变主方向成±45°角的方向上，存在三对各自相互垂直的线元，它们的剪应变有极值，叫作主剪应变，其大小为

$$\begin{cases}\gamma_{12}=\pm\dfrac{1}{2}(\varepsilon_1-\varepsilon_2)\\ \gamma_{23}=\pm\dfrac{1}{2}(\varepsilon_2-\varepsilon_3)\\ \gamma_{31}=\pm\dfrac{1}{2}(\varepsilon_3-\varepsilon_1)\end{cases} \tag{A. 58}$$

当 $\varepsilon_1\geqslant\varepsilon_2\geqslant\varepsilon_3$ 时，则最大剪应变为

$$\gamma_{\max}=\pm\frac{1}{2}(\varepsilon_1-\varepsilon_3) \tag{A. 59}$$

设三个正应变分量的平均值为 ε_m，即

$$\varepsilon_m=\frac{1}{3}(\varepsilon_x+\varepsilon_y+\varepsilon_z)=\frac{1}{3}(\varepsilon_1+\varepsilon_2+\varepsilon_3)=\frac{1}{3}I_1 \tag{A. 60}$$

则应变张量可以分解成两个张量

$$\boldsymbol{\varepsilon}_{ij}=\begin{pmatrix}\varepsilon_x-\varepsilon_m & \gamma_{xy} & \gamma_{xz}\\ \gamma_{yz} & \varepsilon_y-\varepsilon_m & \gamma_{yz}\\ \gamma_{zx} & \gamma_{zy} & \varepsilon_z-\varepsilon_m\end{pmatrix}+\begin{pmatrix}\varepsilon_m & 0 & 0\\ 0 & \varepsilon_m & 0\\ 0 & 0 & \varepsilon_m\end{pmatrix}=\boldsymbol{\varepsilon}'_{ij}+\boldsymbol{\delta}_{ij}\varepsilon_m \tag{A. 61}$$

$\boldsymbol{\varepsilon}'_{ij}$是应变偏张量，表示单元体的形状变化；$\boldsymbol{\delta}_{ij}\varepsilon_m$ 是应变球张量，表示单元体的体积变化。塑性变形时体积不变，$\varepsilon_m=0$，所以应变偏张量就是应变张量。

如果以应变主轴为坐标轴，同样可以作出八面体，八面体平面法线方向的线元的应变叫作八面体应变。将八面体剪应变乘以系数$\sqrt{2}$，所得参量叫作等效应变，也称为广义应变或应变强度。

一般认为应变状态对金属塑性变形能力的影响为：压缩应变有利于金属塑性变形能力的发挥，而拉伸应变则不利于金属塑性变形。因而在三种主应变状态图中（见图 A. 7），两向压缩一向拉伸金属塑性变形能力最好；一向压缩一向拉伸的次之；一向压缩两向拉伸的最差。这是因为金属（特别是铸锭）中不可避免地存在着气孔、夹杂物等缺陷，这些缺陷在一向压缩、两向拉伸的应变条件下，有可能向两个方向延展而变为面缺陷；反之在两向压缩、一向拉伸的应变条件下，则可能收缩成线缺陷，对塑性变形的危害减小。

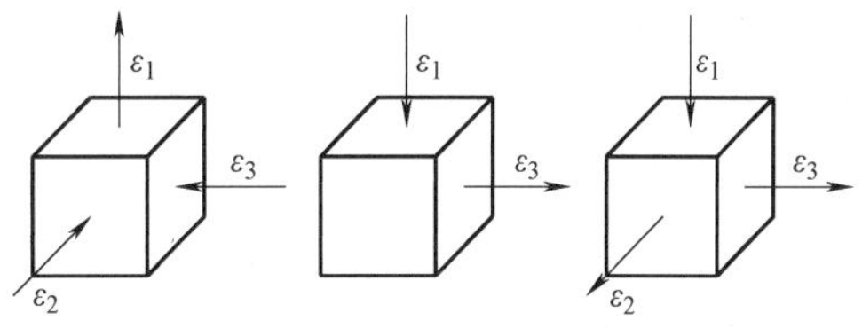

图 A. 7　主应变简图

A. 3　屈服准则

A. 3. 1　与屈服准则相关的基本概念

当标准试样拉伸时，若拉伸的单向应力到达屈服极限时，则试样即开始塑性变形。在多向应力状态下，显然不能仅用某一个应力分量来判断质点是否进入塑性状态，而必须同时考

虑所有的应力分量。实际上只有当各应力分量之间符合一定的关系时，质点才进入塑性状态。这种关系称为屈服准则，也称为塑性条件或塑性方程。屈服准则的数学表达式一般呈如下形式：

$$f(\sigma_{ij})=C \tag{A.62}$$

式（A.62）左边是应力分量的函数 $f(\sigma_{ij})$，对于各向同性材料，它一般是应力不变量的函数；等式右面的 C 是一个只与材料变形时的性质、应变有关而与应力状态无关的常数，可通过试验求得。对于各向同性材料，由于坐标选择与屈服准则无关，故可用主应力来表示屈服准则。质点在整个塑性变形过程中，上述应力分量之间的关系应始终保持着，所以屈服准则是求解塑性问题的必要的补充方程。

由于屈服准则只是针对质点而言的，如物体内的应力场是均布的（如单向拉伸试验时），则所有质点可以同时进入塑性状态，物体即开始塑性变形。实际中的工件形状复杂，在塑性成形时，应力场的分布一般是不均匀的，于是在加载过程中某些质点将早一些进入塑性状态。如式（A.62）中的函数 $f(\sigma_{ij})<C$ 时，质点处于弹性状态；$f(\sigma_{ij})=C$ 时，质点处于塑性状态，但是在任何情况下都不存在 $f(\sigma_{ij})>C$ 状态。也就是说，不存在“超过”屈服准则的应力状态。

图 A.8 所示为应力应变曲线及某些简化模型。弹性变形时应力与应变完全呈线性关系的材料，称为理想弹性材料。对于这种材料，可以假定它从弹性变形过渡到塑性变形是突然的。

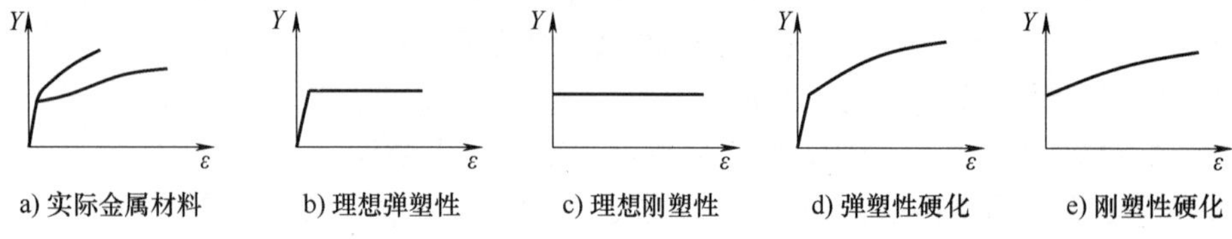

图 A.8　应力应变曲线及某些简化模型

塑性变形时不产生硬化的材料称为理想塑性材料。这种材料在进入塑性状态之后，应力不再增加，也即在中性载荷时即可连续产生塑性变形。

在塑性变形时要产生硬化的材料称为变形硬化材料。这种材料在进入塑性状态后，如应力保持中性变载，则不能进一步变形，只有在应力不断增加，也即在加载条件下才能连续产生塑性变形。

如果在塑性变形之前，材料像刚体一样不产生弹性变形，这样的材料就称为刚塑性材料，刚塑性材料实际上是没有的，但在金属塑性加工大塑性变形时，弹性变形相对来说很小，可以忽略不计，于是就可把该材料看成是刚塑性材料。

理想塑性材料的屈服准则和硬化材料的屈服准则当然是不同的。一般材料在塑性变形之前以及塑性变形的同时都有弹性变形，所以也称为弹塑性材料。

实际金属材料在拉伸曲线的比例极限以下是理想弹性的，由于比例极限和弹性极限以至屈服极限通常都很接近，所以一般可以认为金属材料是理想弹性材料。金属材料在慢速热变形时接近理想塑性，冷变形时则一般都要硬化。但是，部分材料在拉伸曲线上有明显的物理屈服点。这时曲线上的屈服平台部分接近于理想塑性，过了平台之后，材料才开始硬化。

A.3.2　特雷斯卡屈服准则与米泽斯屈服准则

本节着重讨论两个适用于各向同性理想塑性材料的屈服准则，即特雷斯卡屈服准则和米泽斯屈服准则。

1. 特雷斯卡（H. Tresca）**屈服准则**（最大剪应力不变条件）

法国工程师特雷斯卡（H. Tresca）通过对金属挤压的研究，于1864年提出了一个屈服准则。他提出这一准则很可能是受多年前库仑（C. A. Comlomb）在力学中的研究结果提出的最大剪应力强度理论的影响，并结合了自己所做的金属挤压试验结果。

特雷斯卡屈服准则可表述如下：当材料（质点）中的最大剪应力达到某一定值时，材料就屈服。或者说材料处于塑性状态时，其最大剪应力始终是一不变的定值，该定值只取决于材料在变形条件下的性质，而与应力状态无关。

由A.1节可知，最大剪应力τ_{max}是三个主剪应力中绝对值最大的一个，而主剪应力则是两个主应力之差的一半。所以根据特雷斯卡屈服准则，只要$|\sigma_1-\sigma_2|$、$|\sigma_2-\sigma_3|$、$|\sigma_3-\sigma_1|$之中有一个达到某一定值，材料即行屈服。如设$\sigma_1 \geqslant \sigma_2 \geqslant \sigma_3$，则特雷斯卡屈服准则可表示为

$$\sigma_1-\sigma_3=C \tag{A.63}$$

式中，常数C是与应力状态无关的常数，可通过试验求得。由于屈服准则必须适合任何应力状态，故可用最简单的应力状态，例如可通过单向拉伸或纯剪（薄壁管扭转）试验来求得这一常数。设在某一温度和变形速度条件下，由材料单向拉伸试验所得的屈服应力为σ_s时，则应力状态为$\sigma_1=\sigma_s$，$\sigma_2=\sigma_3=0$，将它们代入式（A.63）即可求得常数C为

$$C=\sigma_s \tag{A.64}$$

于是，在$\sigma_1 \geqslant \sigma_2 \geqslant \sigma_3$条件下特雷斯卡屈服准则即为

$$\sigma_1-\sigma_3=\sigma_s \tag{A.65}$$

在无法确定主应力的大小次序时，特雷斯卡屈服准则的普遍表达式应为

$$\begin{cases} |\sigma_1-\sigma_2|=\sigma_s \\ |\sigma_2-\sigma_3|=\sigma_s \\ |\sigma_3-\sigma_1|=\sigma_s \end{cases} \tag{A.66}$$

式（A.66）中任一式满足，该点即进入塑性状态。在事先知道主应力次序的情况下，特雷斯卡准则的使用是非常方便的。在一般的三向应力条件下，主应力是待求的，大小次序也不能事先知道，这时使用特雷斯卡准则就不是很方便。

2. 米泽斯（Von. Mises）**屈服准则**（弹性形变能不变条件）

德国力学家米泽斯于1913年提出米泽斯（Mises）屈服准则，其可以表述为：当应力偏张量的第二不变量J_2'达到某定值时，材料就会屈服；或者说，材料处于塑性状态时，等效应力始终是一不变的定值，即

$$\bar{\sigma}=\sqrt{\frac{1}{2}[(\sigma_1-\sigma_2)^2+(\sigma_2-\sigma_3)^2+(\sigma_3-\sigma_1)^2]}=C \tag{A.67}$$

同样，将单向拉伸屈服时的应力状态（σ_s，0，0）代入式（A.67）即可得到常数C

$$\sqrt{\frac{1}{2}[(\sigma_s-0)^2+(0-\sigma_s)^2]}=\sigma_s=C \tag{A.68}$$

于是，米泽斯屈服准则的表达式为

$$(\sigma_1-\sigma_2)^2+(\sigma_2-\sigma_3)^2+(\sigma_3-\sigma_1)^2=2\sigma_s^2 \tag{A.69}$$

或

$$(\sigma_x-\sigma_y)^2+(\sigma_y-\sigma_z)^2+(\sigma_z-\sigma_x)^2+6(\tau_{xy}^2+\tau_{yz}^2+\tau_{zx}^2)=2\sigma_s^2$$

德国人亨盖（H. Hencky）于 1924 年阐明了米泽斯屈服准则的物理意义：当材料的质点内单位体积的弹性形变能（单位体积形状改变的弹性位能）达到某临界值时，材料就屈服。米泽斯准则还可以有其他的物理解释，例如纳达依（A. Nadai）认为，米泽斯准则的式（A. 69）意味着，当八面体剪应力为某一临界值时，材料就屈服了。

3. 屈服准则比较

米泽斯屈服准则和特雷斯卡屈服准则实际上相当接近。在有两个主应力相等的应力状态下两者还是一致的。大量试验证明，对于绝大多数金属材料，米泽斯准则更接近于试验数据。

两个屈服准则有一些共同的特点，这些特点对于各向同性理想塑性材料的屈服准则是有普遍意义的：①屈服准则的表达式和坐标的选择无关，等式左边都是不变量的函数；②三个主应力可以任意置换而不影响屈服，同时，认为拉应力和压应力的作用一样；③各屈服准则表达式和应力球张量无关，试验证明，在通常的工作压力下，应力球张量对材料屈服的影响较小，可以忽略不计。应指出的一点是，如果应力球张量的三个分量是拉应力，那么球张量大到一定程度后材料就将脆性断裂，不能发生塑性变形。

进一步考查两个屈服准则之间的差别，设 $\sigma_1\geqslant\sigma_2\geqslant\sigma_3$，则特雷斯卡准则可写成式（A. 65）。这时，中间主应力 σ_2 可以在 σ_1 到 σ_3 之间任意变化而不影响材料的屈服。但在米泽斯准则中 σ_2 是有影响的，为了评价其影响，应先找到一个能表征中间主应力变化的参数，此参数应不受应力球张量的影响。罗德（W. Lode）在 1926 年用铜、铁、镍等薄壁管加轴向拉力和内压力进行试验，来验证上述两个屈服准则，为此他引入了罗德应力参数 μ_σ。

$$\mu_\sigma=\frac{(\sigma_2-\sigma_3)-(\sigma_1-\sigma_2)}{(\sigma_1-\sigma_3)}=\frac{\sigma_2-\dfrac{\sigma_1+\sigma_3}{2}}{\dfrac{\sigma_1-\sigma_3}{2}} \tag{A.70}$$

当 σ_2 在 $\sigma_1\sim\sigma_3$ 之间变化时，μ_σ 将在 $-1\sim1$ 之间变化。将式（A. 70）改写成关于 σ_2 的表达式，然后将其带入式（A. 69）消去中间主应力，可将米泽斯准则改写为

$$\sigma_1-\sigma_3=\frac{2}{\sqrt{3+\mu_\sigma^2}}\sigma_s \tag{A.71}$$

若设

$$\beta=\frac{2}{\sqrt{3+\mu_\sigma^2}}$$

则式（A. 71）即可写成

$$\sigma_1-\sigma_3=\beta\sigma_s \tag{A.72}$$

式中 β 值的变化范围为 1~1. 155，如图 A. 9 所示。

特雷斯卡屈服准则相当于式（A. 72）中 $\beta\equiv1$ 的情况，即图 A. 9 中的水平线。这样，两个屈服准则及中间主应力的影响就很清楚了。其中，单向应力叠加球张量时，两个准则是一致的；平面应变，也即纯剪叠加球张量时，两个准则相差最大，为 15. 5%。

由以上分析可知，只要采用不同的β值，式（A.72）也可成为两个准则的统一表达式。这种表达式还可以写成另一种形式，式（A.72）中等号左边的$\sigma_1-\sigma_3$等于屈服时的最大剪应力的2倍。如以符号K表示屈服时的最大剪应力，则

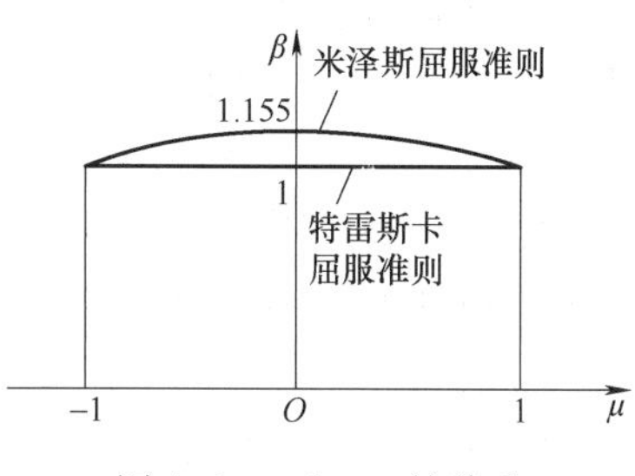

图 A.9　β和μ_σ的关系

$$K=\pm\frac{1}{2}(\sigma_1-\sigma_3)=\pm\frac{\beta}{2}\sigma_s \tag{A.73}$$

于是，式（A.72）即可改写成

$$\sigma_1-\sigma_3=\pm 2K \tag{A.74}$$

式中，$K=0.5\sigma_s$是特雷斯卡屈服准则；$K=(0.5\sim0.577)\sigma_s$是米泽斯屈服准则。

A.3.3　屈服准则几何表达

屈服准则的数学表达式可以用几何图形形象化地表示出来，在主应力空间中，屈服准则都是空间曲面，叫作屈服表面。如把屈服准则表示在各种平面坐标系中，则它们都是封闭曲线，叫作屈服轨迹。屈服表面和屈服轨迹是进一步分析屈服准则的有力工具。

1. 两向应力状态的屈服轨迹

以$\sigma_3=0$代入式（A.69）即可得到两向应力状态的米泽斯屈服准则

$$\sigma_1^2-\sigma_1\sigma_2+\sigma_2^2=\sigma_s^2 \tag{A.75}$$

式（A.69）在$\sigma_1\sigma_2$坐标平面中是一个椭圆，如图A.10所示，它的中心为原点，对称轴与坐标轴成45°，长半轴为$\sqrt{2}\sigma_s$，短半轴为$\sqrt{2/3}\sigma_s$，与坐标轴的截距是$\pm\sigma_s$，这个椭圆为$\sigma_1\sigma_2$平面上的米泽斯屈服轨迹，称为米泽斯椭圆。

同样，将$\sigma_3=0$代入式（A.66），可得两向应力状态时的特雷斯卡屈服准则

$$|\sigma_1-\sigma_2|=\sigma_s;\ |\sigma_2|=\sigma_s;\ |\sigma_1|=\sigma_s \tag{A.76}$$

这是一个六边形，内接于米泽斯椭圆，如图A.10所示，这个六边形为$\sigma_1\sigma_2$平面上的特雷斯卡屈服轨迹，称为特雷斯卡六边形。

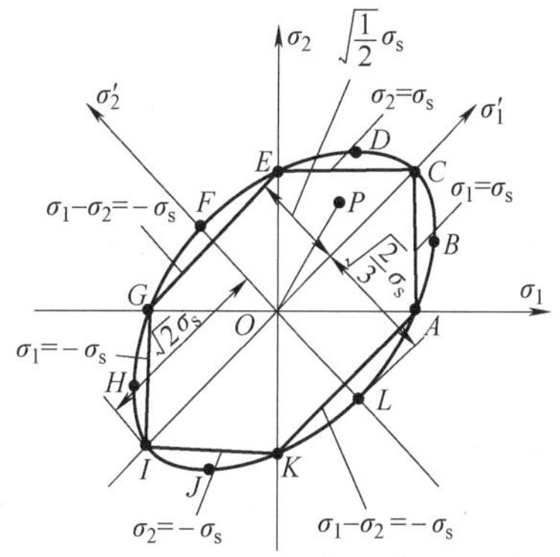

图 A.10　两向应力状态的屈服轨迹

任一两向应力状态都可用$\sigma_1\sigma_2$平面上的一点P表示，并可用向量$\boldsymbol{OP}$来表示，如P点在屈服轨迹里面，则材料的质点处于弹性状态，如P点在轨迹上，则质点处于塑性状态，对于理想塑性材料，P点不可能在轨迹的外面。

特雷斯卡六边形内接于特雷斯卡椭圆，这就意味着，在六个角点上，两个准则是一致的，其中与坐标轴相交的A、E、G、K四点表示单向应力状态；另两点C、I是椭圆的长轴端点，其特征是$\sigma_1=\sigma_2$。除这六点外，两个准则都不一致。椭圆在外，意味着按米泽斯准则需要较大的应力才能使材料屈服。两者差别最大的也有六点，其中F、L两点的特征是$\sigma_1=-\sigma_2$，即纯剪状态；另四点是B、D、H、J的特征是$\sigma_1=2\sigma_2$或$2\sigma_1=\sigma_2$，在这六个点上，两个准则的差别都是15.5%。

2. 主应力空间的屈服表面

以主应力为坐标轴可以构成一个主应力空间，如图A.11所示。一种应力状态

(σ_1，σ_2，σ_3) 即可用该空间中的一点 P 来表示，并可用向量 $\boldsymbol{OP}$ 来代表。设 ON 为空间第一象限的等倾线。由 P 点引一直线 $PM \perp ON$，并把向量 $\boldsymbol{OP}$ 分解成 $\boldsymbol{OM}$ 及 $\boldsymbol{MP}$，则 $\boldsymbol{OM}$ 就是应力张量中的球张量，而 $\boldsymbol{MP}$ 就是三个偏应力 σ_1'、σ_2'、σ_3'。因此向量 $\boldsymbol{OM}$ 和 $\boldsymbol{MP}$ 即可分别代表 P 点的应力球张量和偏张量。等倾线 ON 有这样的特点：在垂直于 ON 的平面上，任何点的应力球张量都相同；在平行于 ON 的直线上，各点的应力偏张量都相同。以下讨论在主应力空间中表示屈服准则。

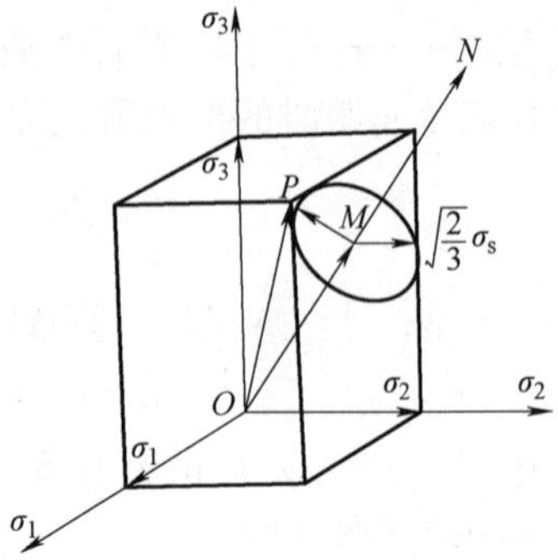

图 A.11　主应力空间

由于

$$\boldsymbol{OP}=\boldsymbol{OM}+\boldsymbol{MP} \tag{A.77}$$

代表应力偏张量的向量 $\boldsymbol{MP}$ 的模为

$$|\boldsymbol{MP}|=\sqrt{|\boldsymbol{OP}|^2-|\boldsymbol{OM}|^2} \tag{A.78}$$

其中

$$|\boldsymbol{OP}|^2=\sigma_1^2+\sigma_2^2+\sigma_3^2 \tag{A.79}$$

而 $|\boldsymbol{OM}|$ 就是 σ_1、σ_2、σ_3 在 ON 线上的投影之和，考虑 ON 的方向余弦为 $l=m=n=1/\sqrt{3}$，有

$$|\boldsymbol{OM}|=\sigma_1 l+\sigma_2 m+\sigma_3 n=\frac{1}{\sqrt{3}}(\sigma_1+\sigma_2+\sigma_3) \tag{A.80}$$

将式 (A.79)、式 (A.80) 代入式 (A.78)，可得

$$|\boldsymbol{MP}|=\sqrt{\sigma_1^2+\sigma_2^2+\sigma_3^2-\frac{1}{3}(\sigma_1+\sigma_2+\sigma_3)^2}=\sqrt{\frac{1}{3}[(\sigma_1-\sigma_2)^2+(\sigma_2-\sigma_3)^2+(\sigma_3-\sigma_1)^2]}$$

$$=\sqrt{\frac{2}{3}}\bar{\sigma} \tag{A.81}$$

根据米泽斯准则式 (A.67) 可知，当 $|\boldsymbol{MP}|=\sqrt{2/3}\sigma_s$ 时，材料就将发生屈服。由于垂直于 ON 线的平面上所有的点都具有相同的球张量，而球张量又不影响屈服，所以，如以 M 为圆心，$\sqrt{2/3}\sigma_s$ 为半径，在垂直于 ON 的平面上作一圆，则圆上的每一点都是屈服的应力状态。又由于平行于 ON 的直线上所有的点都有相同的偏张量，因此，以 ON 为轴心以 $\sqrt{2/3}\sigma_s$ 为半径作一圆柱面，面上的点都符合米泽斯屈服准则。该圆柱面就是主应力空间的米泽斯屈服表面，如图 A.12所示。当 P 点在圆柱面里面时质点处于弹性状态，在表面上即处于塑性状态。对于理想塑性材料，P 点不能在圆柱面之外。特雷斯卡准则也可以同样处理，得到一个内接于米泽斯圆柱面的正六棱柱面。

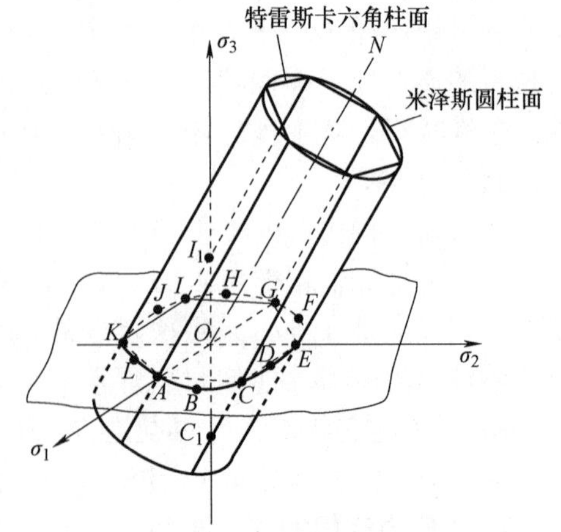

图 A.12　主应力空间的米泽斯屈服表面

实际上前面图 A.10 所示的屈服轨迹就是上述屈服表面与 $\sigma_1 O \sigma_2$ 平面的交线。图 A.10 中的12 个特征点在屈服表面上就成了柱面的母线。其中通过 A、C、E、G、I、K 六点的母线就是六棱柱面的

棱，它们都与坐标轴相交。所以，这六条母线上的点实际上都代表叠加了不同静水压力的单向屈服应力状态。

3. π 平面上的屈服轨迹

在主应力空间中，通过原点并垂直于等倾线 ON 的平面叫作 π 平面，它的方程是

$$\sigma_1+\sigma_2+\sigma_s=0 \tag{A.82}$$

π 平面与两个屈服表面都垂直，屈服表面 π 平面上的投影（也即交线）是圆及其内接正六边形，也就是 π 平面上的屈服轨迹，如图 A.13 所示。主应力空间中代表应力状态的向量在 π 平面上的投影 ***OP*** 即可代表应力偏张量。因此，π 平面上的屈服轨迹能更清楚地表示出屈服准则的性质。

三根主轴在 π 平面上的投影互成 120°角。如把主轴负向的投影也画出来，就把平面分成了 6 个 60°角的区间，每个区间内主应力的大小次序互不相同。三根主轴线上的点都表示（减去了球张量）单向应力状态；每个 30°角平分线上的点都表示纯剪切状态。由于 6 个区间的轨迹是一样的，所以实际上只要用一个区间（如图中的 $\sigma_1 \geqslant \sigma_2 \geqslant \sigma_3$ 区间），就可以表示出整个屈服轨迹的性质。

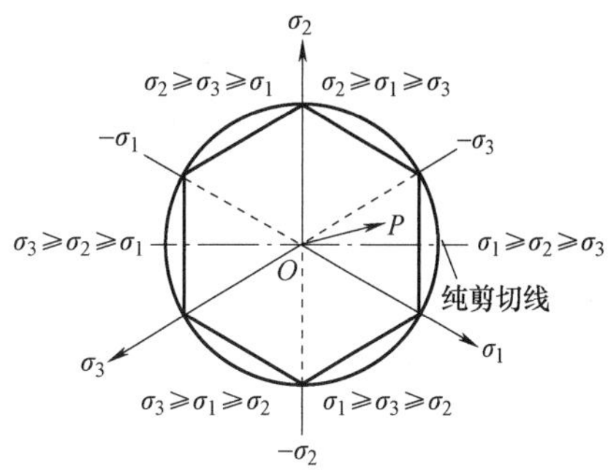

图 A.13　π 平面上的屈服轨迹

附录 B　CAD 技术理论基础

B.1　几何建模及特征建模

所谓建模就是对于现实世界中的物体，从人们的想象出发，到完成它的计算机内部表示的这一过程。即首先对物体进行抽象，得到一种想象中的模型；然后将这种想象模型以一定的格式转换成符号或算法表示的形式，形成信息模型，该模型表示了物体的信息类型和逻辑关系；最后形成计算机内部的数字化存储模型。通过这种方法定义和描述的模型，必须是完整的、简明的、通用的和唯一的，并且能够从模型中提取设计、制造过程中的全部信息。

在计算机辅助设计（CAD）的前期，人们普遍关注的是产品的外部结构，这些都与零件的尺寸、形状有关。早期的 CAD 仅仅就是计算机绘图，以完成图形的设计和绘制工作为主，当然这也与当时计算机的软硬件限制有关。将零件的几何形状用计算机表示，就是几何建模。然而随着计算机辅助制造的深入，人们很快发现，仅有几何形状信息不能满足辅助设计和制造的要求，还需要找到一种方法，将设计、制造和管理的信息集中管理，这就是特征建模。

几何建模就是对形体的描述和表达，是建立在几何信息和拓扑信息基础上的建模。它是以几何信息和拓扑信息反映物体的形状和位置。所谓几何信息是指物体在欧氏空间中的形状、位置和大小，最基本的几何元素是点、直线、面。但是只用几何信息难以准确地表示物体，常会出现物体表示上的二义性，可能产生多种理解。为保证描述物体的完整性和数学的严密性，必须同时给出几何信息的拓扑信息。所谓拓扑信息是指拓扑元素（顶点、边棱线

和表面）的数量及其相互间的连接关系。

几何建模就是以计算机能够理解的方式对三维几何形体进行确切的定义，即赋予一定的数学描述，再以一定的数据结构形式对定义的几何实体加以描述，从而在计算机内部构造出一个几何实体模型。几何建模只是对物体几何数据及拓扑关系的描述，无明显的功能、结构和工程含义，所以若从这些信息中提取、识别工程信息是相当困难的。而特征建模包含了公差、材料、技术要求等一系列与产品功能及生产制造相关的信息，而且还能够描述这些信息之间的关系，便于计算机辅助工艺设计（CAPP）和计算辅助制造（CAM）直接使用 CAD 系统生成的产品信息，便于实现 CAD 与 CAPP 和 CAM 的集成。

CAD 的建模技术主要包括几何建模和特征建模技术，建模技术的发展先后主要经历了线框建模、曲面建模、实体建模和特征建模这几个阶段，越来越复杂，包含的信息量越来越大。其中线框建模、曲面建模、实体建模是几何建模技术。

B.1.1 线框建模

1. 建模原理

用棱线来表示物体的方法就是线框建模，是 CAD 建模技术中最简单的一种建模技术。通俗地讲，线框模型就如同用一个铁丝做一个骨架来表示一个物体，也就是利用基本线素（空间直线、圆弧和点）来定义物体的框架线段信息（物体各个外表面之间的交线）。这种实体模型由一系列直线、圆弧、点及自由曲线组成，描述的是产品的轮廓外形。从 CAD 技术的发展历程来看，在 CAD 刚刚起步时惯用的建模方法就是线框建模。

线框建模包括二维线框模型和三维线框模型。一般二维 CAD 软件都是基于线框建模技术，二维几何建模实质上是二维线框模型，它以二维平面的基本图元（如点、线、圆弧等）为基础表达二维图形。二维几何建模系统比较简单适用，同时大部分提供了方便的人机交互功能。早期甚至根据人们的习惯，加入了辅助线、辅助圆、切圆等功能，因此很受人们的欢迎，容易被当时的设计人员接受。

如果任务仅局限于计算机辅助绘图或对回转体零件的数控编程，则可采用二维建模系统。但在二维系统中，由于各视图及剖视图是独立产生的，因此不可能将描述同一个零件的不同信息构成一个整体模型，所以当一个视图改变时，其他视图不能自动改变。这就是二维几何建模系统的一个很大的弱点。

线框结构不仅仅适用于二维 CAD 软件的几何模型，一些三维软件所基于的模型也是线框结构的几何模型。当然，和二维软件相比，三维软件对线框结构做了进一步改进，其三维模型的基础是多边形，已经不是线段、圆弧这样零碎的图素。

2. 数据结构

建模的数据和结构在计算内部要用具体的数据结构来表示。数据结构指的是数据之间的结构关系，它包括数据的逻辑结构和物理结构。数据的逻辑结构描述数据之间的逻辑关系，从客观的角度组织和表达数据；数据的物理结构指的是数据在计算机内部的存储方式，从物理存储的角度描述数据以及数据间的关系。这里着重介绍不同建模技术和方法计算机内部描述物体的方法，即数据的逻辑结构。

在 CAD 建模技术中一般常用到的数据结构（逻辑结构）有线性表结构和树结构。线性表结构是一种线性结构，可以用数表的形式表示数据，数据间的关系比较简单，只是顺序排列的位置关系。线性树结构是一种非线性结构，数据间的逻辑关系比较复杂，数据元素之间的关系是一种多元关系。

线框模型在计算机内部是采用线性表结构来描述物体的。以三维模型为例，其在计算机内部是以边表、点表来表示物体的。也就是说，三维线框模型采用数表的形式，在计算机内部存储物体的顶点及棱线信息，将实体的几何信息和拓扑信息层次清楚地记录在边表、点表中。

图 B. 1 所示的三维物体，其三维线框模型在计算机内部是用 18 条边、12 个顶点来表示的。任意一点的几何信息可用直角坐标系中的三个坐标分量定义；任意一条直线的几何信息，可用两个端点的空间坐标定义，例如图 B. 1 所示棱线 K_1 由 P_1 点和 P_2 点定义。而拓扑信息，也就是点（或边）的数量及相互之间的关系也记录在了相应的数据表中。表 B. 1和表 B. 2 为图 B. 1 所示三维物体的顶点及棱线的数据表。

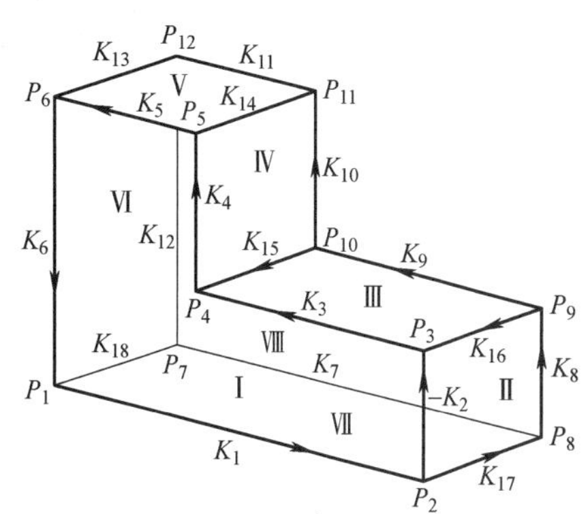

图 B. 1　三维物体示意图

表 B. 1　顶点表

点号	坐标		
	x	y	z
P_1	x_1	y_1	z_1
P_2	x_2	y_2	z_2
…	…	…	…
P_{12}	x_{12}	y_{12}	z_{12}

表 B. 2　边表

边号	线两端点编号	
K_1	P_1	P_2
K_2	P_2	P_3
…	…	…
K_{18}	P_1	P_7

3. 线框模型的特点

从线框模型所采用的在计算机内部描述物体的数据结构来看，这种描述方法信息量小，计算速度快，对硬件要求低。由于是计算机内部表示，只需要建立一个顶点表和一个棱线表，因此数据结构简单，所占的存储空间小，数据处理容易，绘图显示速度快。它也十分符合原来手工绘图的习惯，用户容易掌握，使用系统就好像是人工绘图的延伸。

但是线框模型所表示的图形有时存在二义性，即使用一种数据表示的一种图形，有时也可能看成为另外一种图形。图 B. 2a 所示的线框模型可能会被看成为图 B. 2b 所示的几种情况。

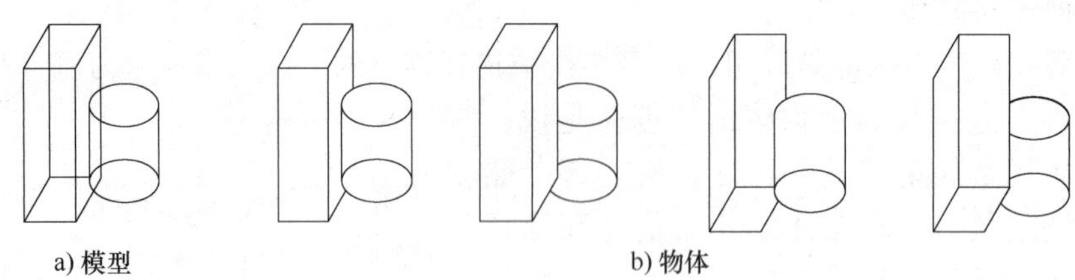

图 B.2　线框模型及其二义性

从数据存储结构也不难看出，线框模型的数据结构缺乏面的信息，也没有体的信息。由于缺少面的信息，不能消除隐藏线和隐藏面。由于没有面和体的信息，不能对立体图进行着色和特征处理，不能计算形体的体积、面积、质量、惯性矩等几何特性和物理特性。由于没有面的信息，不能解决两个平面的交线问题。构造的物体表面是无效的，没有方向性，不能满足表面特性组合和存储及多坐标数控加工刀具轨迹的生成等方面的要求。

线框结构的几何模型是在 CAD 刚刚起步时惯用的几何模型，它也是一种比较广泛被采用的模型。由于存在上述缺点，线框模型不适用于对物体需要进行完整性信息描述的场合。但在评价物体外部形状、位置或绘制图样时，线框模型提供的信息是足够的，同时它具有较好的时间响应性，对于适时仿真技术或中间结果的显示是适用的。

B.1.2　曲面建模

1. 建模原理

随着航空、航天和汽车工业的发展以及型式速度的提高，为了满足空气动力学的要求，飞机、汽车的外形越来越复杂了，用线段、圆弧等这样简单的图形元素来描述已经很不现实，线框建模难以满足几何建模的要求，必须用更先进的描述手段——光滑的曲面来描述。

曲面建模是通过对物体的各个表面或曲面进行描述而构成曲面的一种建模方法，用顶点、边线和表面的有限元在计算机内部描述。建模时，先将复杂的外表面分解成若干个组成面，这些组成面可以构成一个个基本的曲面元素，然后通过这些面素的拼接就构成了所要的曲面，如图 B.3 所示。如果说线框模型用“铁丝”构造物体的话，则曲面建模就是拿一张张的皮子往这些“铁丝”上进行蒙皮。

图 B.3　复杂曲面的分解与构型

当用曲面建模时，首先是将复杂的外表面分解成若干个组成面，然后定义描述这些的基本组成面元素，基本面元素可以是平面或二次曲面，例如圆柱面、圆锥面、圆环面、回转面等，通过各面素的连接构成了组成面，各组成面的拼接就是所构造的模型。对于一些十分复杂的物体表面，会借助一些自由曲面来描述其面素。也可将曲面划分成一系列的多边形网格，每个网格构成一个平面，用一系列小的平面逼近实际曲面。

2. 数据结构

曲面模型在线框模型的基础上增加了对边与面拓扑关系的记录，并增加了有关面和边的信息、表面特征、棱边的连接等内容。对于基本组成面为平面的曲面模型数据结构同样可采用线性表结构，只需要在线框建模的基础上建立一个面表，即曲面是由哪些基本曲线构成。这种数据结构中一般将边所包围成的部分定义为面，并增加一个面表来描述面。

对于图 B.1 所示的三维物体，在计算机内部是用 12 个顶点、18 条边、8 个面来表示的。点可以用直角坐标系中的三个坐标分量定义，直线用两个端点的空间坐标定义，点（或边）的数量及相互之间的关系也记录在了相应的数据表中。除了边线表和顶点表以外，还提供了描述各个组成面素的信息的面表。平面用有序棱线的集合定义，该面表见表 B.3。

表 B.3 面表

面号	面上线号	线数
Ⅰ	K_1、K_2、K_3、K_4、K_5、K_6	6
Ⅱ	K_2、K_{17}、K_8、K_{16}	4
…	…	…
Ⅷ	K_7、K_8、K_9、K_{10}、K_{11}、K_{12}	6

上述曲面模型的描述是基于线框模型的扩充来完成的，但对于一些十分复杂的物体表面，如模具型面，无法采用这种方法来描述，需要用空间自由曲线和自由曲面进行描述。一些常用的曲面及其生成方法介绍如下。

（1）简化曲面

曲面的生成是比较复杂的，对于一般常用的曲面，可以采用下面几种简化曲面生成的方法。

线性拉伸面（平移表面），这是一种将某曲线沿固定方向拉伸而产生曲面的方法。

直纹面，给定两条相似的 NURBS 曲线或其他曲线，它们具有相等的次数和相等的节点个数，将两条曲线上对应的节点用直线连接，就形成了直纹曲面。

旋转面，将指定的曲线，绕旋转轴，旋转一个角度，所生成的曲面就是旋转曲面。

扫描面，构造方法很多，其中应用最多、最有效的方法是沿导向曲线（也称为控制线）扫描而形成曲面，它适用于创建有相同构形规律的表面。

边界曲面，在 4 条连接直线或多义线间建立一个三维表面。

（2）复杂曲面

工程常用的复杂曲面有 Coons 曲面、Bezier 曲面、B 样条曲面等，这里着重介绍后两种曲面。空间自由曲面的构造一般先通过参数 u 将点调配成曲线，然后通过参数 v 将曲线调配成曲面，一般 $m \times n$ 次参数曲面方程可表示为

$$P(u,v)=\sum_{i=0}^{m}\sum_{j=0}^{n}X_i(u)Q_{ij}X_j(v) \tag{B.1}$$

式中，m 是关于参数 u 的函数的次数；n 是关于参数 v 的函数的次数；$X_i(u)$、$X_j(v)$ 是关于参数 u、v 的函数，两者结构相同；Q_{ij}是给定已知几何条件，如空间控制网格或空间控制点。

如果式（B.1）中关于参数的函数和几何条件取 Bezier 曲线的基函数和几何条件，式（B.1）即为 Bezier 曲面方程；若取 B 样条曲线的基函数和几何条件，式（B.1）即为 B

样条曲面方程。

Bezier 曲线在所定义区间内任何一点均要受到所有控制点的影响，即改变其中任何一个控制点的位置对整段曲线都有影响。改变 K 次 B 样条曲线中一个控制点，只对 K+1 段 B 样条曲线有影响。虽然 Bezier 曲面和 B 样条曲面都是一组空间输入点的近似曲面，但是 Bezier 曲面不具备局部控制功能，而 B 样条曲面具有局部控制功能。

非均匀有理 B 样条（NURBS）曲面是目前 CAD 领域中应用最广泛的参数曲面，NURBS 曲面不仅可以表示标准的解析曲面，如圆锥曲面、一般二次曲面和旋转曲面等，而且可以表示复杂的自由曲面。

（3）组合曲面

所谓组合曲面就是由曲面片拼合成的复杂曲面。因为在现实中，复杂的几何产品很难用一个简单的曲面进行表示。所以将整张复杂曲面分解为若干个曲面片，每张曲面片由满足给定边界约束的方程表示。理论上，采用这种分片技术，任何复杂曲面都可以由定义完善的曲面片拼合而成。

3. 曲面模型的特点

曲面模型由于增加了面的信息，因此在实体信息的完整性和严密性方面更进了一步，它克服了线框模型的许多缺点，能够完整地定义三维物体的表面，可以在屏幕上生成逼真的彩色图像，可以消除隐藏线和隐藏面。

但是曲面建模实际上采用蒙面的方式构造零件的形体，因此很容易在零件建模中漏掉某个甚至某些面的处理，这就是常说的“丢面”。依靠蒙面的方法把零件的各个面粘贴上去，往往会在面与面的连接处出现重叠或者间隙，不能保证建模精度。由于曲面模型中没有各个表面的相互关系，不能描述物体的内部结构，很难说明这个物体是一个实心的还是一个薄壳，不能计算其质量特性。因此在数控加工中，若只针对某一个表面进行处理是可行的，倘若同时考虑多个表面的加工及检验可能出现干涉，必须采用三维实体建模。

曲面模型不仅可以为设计、绘图提供几何图形信息，还可以为其他应用场合继续提供数据，例如当曲面设计完成以后，可以根据用户要求自动进行有限元网格的划分、三坐标或五坐标 NC 编程以及计算和确定刀具轨迹等。曲面建模主要适用于其表面不能用简单数学模型进行描述的物体，如飞机、汽车、船舶等的一些外表面。

B.1.3 实体建模

1. 建模原理

在曲面建模中无法确定面的哪一侧存在实体，哪一侧没有实体。而实体建模是在计算机内部以实体描述客观事物，这样一方面可以提供实体完整的信息，另一方面可以实现对可见边的判断，具有消隐功能。实体建模主要通过定义基本体素，利用体素的集合运算，或基本变形操作实现的，特点在于覆盖三维立体的表面与其实体同时生成。基本体素通过少量参数即可完成定义和描述，如长方体通过长、宽、高定义。

实体建模能够定义三维实体的内部结构形状，完整描述物体的所有几何信息和拓扑信息，包括实体的点、线、面、体的信息。实体建模技术主要包括基本体素的定义和描述、基本体素间的逻辑运算两部分。目前实体建模方法主要有体素法和扫描法，体素法也称为实体几何构造法。

体素法是利用一些基本的体素（如长方体、圆柱、圆环、圆球等）通过集合运算（布尔运算）组合成产品模型。根据设计需要，对基本几何形体的尺寸参数进行赋值即可得到对应的几何形体。集合运算是依据集合论中的交、并、差等运算理论，把简单体素组合成复杂形体。

扫描法包括平面轮廓扫描和三维实体扫描。平面轮廓扫描法是一种将二维封闭的轮廓，沿指定的路线平移或绕任意一个轴线旋转得到形体。平面轮廓扫描法与二维系统密切结合，其前提条件是要有一个封闭的平面轮廓，一般使用在棱柱体或回转体上。三维实体扫描法是用一个三维实体作为扫描体，让它作为基体在空间运动，运动可以是沿某个曲线移动，也可以是绕某个轴的转动，或绕某一个点的摆动。运动的方式不同产生的结果也就不同，如图 B.4 所示。扫描法获得的形体也可作为基本体素进行集合运算等体素间的逻辑运算。

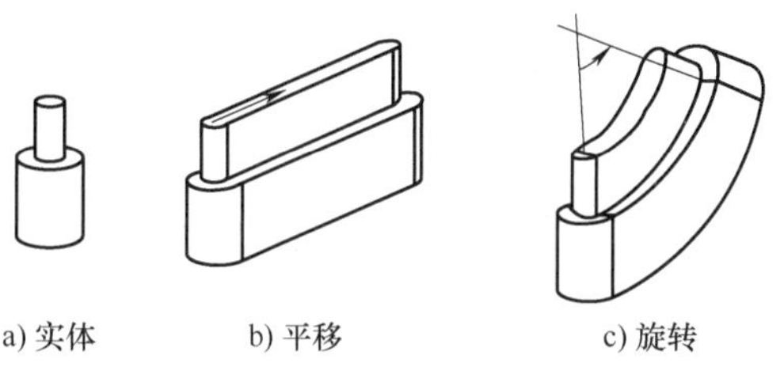

a) 实体　　b) 平移　　c) 旋转

图 B.4　三维实体扫描

2. 数据结构

三维实体建模存储数据结构的方法很多，目前三维实体模型的计算机内部表示有以下几种方法：边界表示法、构造立体几何法、混合模型、空间单元表示法等。

（1）边界表示法

边界表示法是用物体封闭的边界表面描述物体的方法，这一封闭的边界表面是由一组面的并集组成的。这样一个形体就可以通过它的边界，也就是面的子集来表示。因为是用封闭的边界表面来描述，可以标示出面的哪一侧是实体。

边界表示法（B-Rep）采用线性表结构存储数据，其中棱线表和面表与曲面建模有很大不同。对于图 B.1 所示三维物体，表 B.4 和表 B.5 为三维实体建模的线表和面表结构形式。可以看出，棱线表记录的内容更加丰富，可以从面表找到构成面的棱线，从棱线表中可以找到两个构成的棱线的面。与曲面建模相比，实体模型不仅记录了全部几何信息，而且记录了全部点、线、面、体的信息。

表 B.4　实体模型棱线表

边号	起点	终点	右面号	左面号	前趋	后继	属性	
							线型	颜色
K_1	P_1	P_2	Ⅶ	Ⅰ	0	K_2	—	—
K_2	P_2	P_3	Ⅱ	Ⅰ	K_1	K_3	—	—
K_3	P_3	P_4	Ⅲ	Ⅰ	K_2	K_4	—	—
K_4	P_4	P_5	Ⅳ	Ⅰ	K_3	K_5	—	—
⋮	⋮	⋮	⋮	⋮	⋮	⋮	⋮	⋮

表 B.5 实体模型面表

表面号	组成棱线	前趋	后继
Ⅰ	K_1、K_2、K_3、K_4、K_5、K_6	0	Ⅱ
Ⅱ	K_{17}、K_8、K_{16}、$-K_2$	Ⅰ	Ⅲ
Ⅲ	$-K_{16}$、K_9、K_{15}、$-K_3$	Ⅱ	Ⅳ
⋮	⋮	⋮	⋮

确定实体存在域比较简单的方法就是直接使用一个外法向向量表示存在侧，如图 B.5 所示，法向向量指向物体之外，向量指向相反的方向为实体。这就要求记录组成面的棱线时有一定的次序，当组成面的棱线符合右手螺旋准则，其所指方向是物体之外。面表 B.5 中组成棱线的表示方法同曲面建模中表 B.3 表示有很大区别，有方向性。标示出了实体区域，记录了棱线与面的相邻关系，边界表示法采用线性表结构对拓扑信息的描述更加严谨。

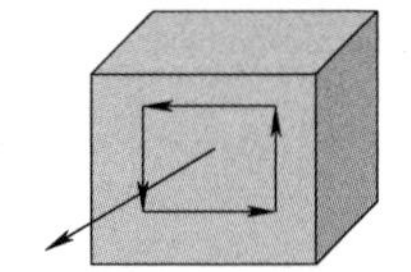

图 B.5 实体存在域

虽然都采用表结构的表示方法，但同曲面模型相比，边界表示法的表面必须封闭、有向，各表面间有严格的拓扑关系，形成一个整体。而表曲面模型的面可以不封闭，面的上下表面都可以有效，不能判定面的哪一侧是体内与体外，此外，曲面模型没有提供各表面之间相互连接的信息。

边界表示法强调的是形体的外表细节，详细记录了形体的所有几何信息和拓扑信息。数据结构在管理上易于实现，也便于系统直接存取组成实体的各种几何元素的具体参数，当需要进行有关几何体的结构运算时，可以直接使用几何体的面、边、体、点定义的数据，进行交、并、差运算，甚至可以直接通过人机交互的方式对实体进行修改。面的边线存储是按照逆时针存储，因此边在计算机内部存储都是两次，这样边的数据存储有冗余。此外，它没有记录实体是由哪些基本体素构成的，无法记录基本体素。但有利于生成和绘制线框图、投影图，有利于与二维绘图功能衔接，生成工程图。

（2）构造立体几何法

构造立体几何法（CSG）的基本是物体都是一些基本体素按照一定的顺序拼合而成的。在计算机内部，它是通过记录基本体素及它们的集合运算表示物体的生成过程。因此，存储主要是物体的生成过程。适用于利用一些简单形状的体素，经过变换和布尔运算构成复杂形体的模式。

构造立体几何法采用树结构，一般采用二叉树结构来描述体素构成复杂形体的关系。树的非终端结点表示各种运算（包括一些变换矩阵），树的终端结点表示体素。构造立体几何法表示的物体没有二义性，但表示不是唯一的，一个物体可能有几种构造立体几何法的表示，如图 B.6 所示，这说明物体的生成过程并不一样。

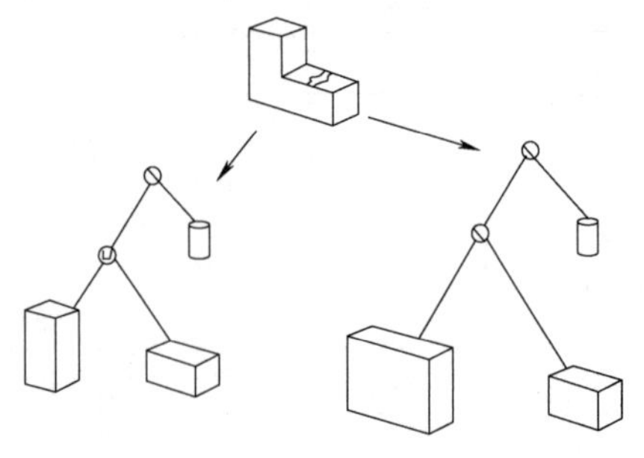

图 B.6 同一物体不同的 CSG 表示

构造立体几何法的数据结构非常简单，每个基本体素不必再分，而是将体素直接存储在数据结构中。能够记录物体结构生成的过程，对于物体结构的修改非常方便，只需要修改拼合的过程或编辑基本体素，可以方便地实现对实体的局部修改。记录的信息不是很详细，无法存储物体最终的详细信息，如边界、顶点的信息等。当要产生图形显示时，需要计算形体的边界，计算量较大。

边界表示法采用自由曲面造型技术，能够构造像飞机、汽车那样具有复杂外形的实体，用 CSG 法的体素拼合则难以做到。商业化造型系统的发展趋势是将线框表示、曲面表示和实体表示统一在一个统一框架中，用户根据实际问题的需要选取合适的技术。而由边界表示转换为线框模型非常简单。目前，纯 CSG 系统很少使用，一般使用混合模型。

（3）混合模型

从上述两种数据结构构造方式看，边界表示法（B-Rep 法）强调形体的外表细节，详细记录了形体的所有几何信息和拓扑信息，具有速度快等优点，但不能记录产生模型的过程。而构造立体几何法（CSG 法）具有记录产生实体的过程，便于交、并、差运算等优点，缺点在于对物体记录不详细。构造立体几何法的缺点是边界表示法的优点，边界表示法的缺点是构造立体几何法的优点，若果将它们混合在一起，发挥各自的优点克服缺点，这就是混合模型的思想。

目前边界表示法与构造立体几何法混合模型是在原有的 CSG 二叉树的非终端结点上扩充一级 B-Rep 法的边界数据结构，该结构就可以存储一些中间结果。CSG 法作外部窗口，便于数据输入和体素定义；B-Rep 法为内部模型，将输入的模型数据转化为 B-Rep 法的数据结构，便于存储更为详细的模型信息。

混合模型是在构造立体几何法基础上的逻辑拓展，起主导地位的还是构造立体几何法，边界表示法的存在减少了中间环节的计算工作量，提高了显示速度。由于混合模型是以构造立体几何法为主，边界表示法的某些优点在混合模型中仍然不能很好地发挥作用，但构造立体几何法（CSG 法）的优点在混合模型中得到了完全的发挥。

（4）空间单元表示法

空间单元表示法也叫分割法，是一种近似表示法，通过一系列空间单元构成的图形来表示物体的一种表示方法。这些单元是有一定大小的空间立方体。在计算机内部通过定义各个单元的位置是否填充来建立整个实体的数据结构。

空间单元表示法计算及内部表示的数据结构也是采用树结构，常采用四叉树或八叉树。在计算机内部通过定义各个单元的位置是否充填来建立整个实体的数据结构。四叉树常用作二维物体描述，将平面划分为 4 个子平面，通过定义这些子平面内是否充填图形来描述不同形状的物体，四叉树每一个节点对应描述每一个子平面，这些子平面可以继续划分。八叉树用于描述三维实体，将空间分为 8 个子空间，通过定义这些子空间内是否充填实体来描述不同形状的三维物体。

以三维实体为例介绍空间单元法描述物体的判定过程，如图 B.7 所示。首先定义三维实体的外接立方体，并将其分割成 8 个子立方体；然后依次判断每个子立方体，若为空，则表示无实体，若为满表示有实体充满。若判断结果为部分有实体填充，则将该子立方体继续分解为 8 个子立方体，直到所有的子立方体或为空，或为满，达到给定的精度。

采用八叉树表示后，物体之间的集合运算变得十分简单，八叉树的数据结构也大大简化了消隐算法，同时利于作局部修改，便于物性计算和有限元分析。但是数据存储量大，且不

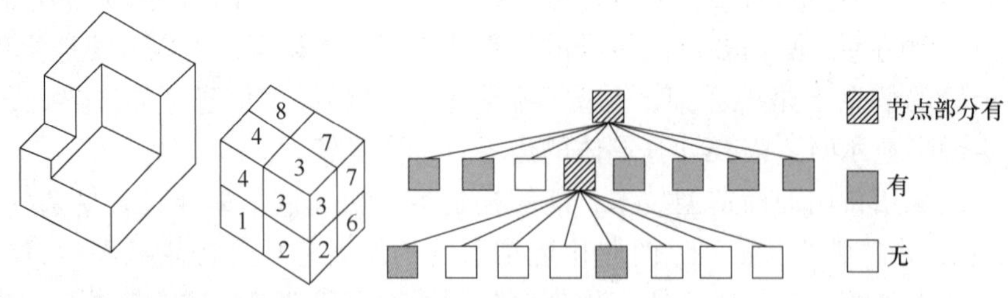

图 B.7 空间实体八叉树描述

能表示物体各部分之间的关系，也没有点、线、面的概念。

3. 几何建模技术比较

实体模型与曲面模型的不同之处在于实体模型可确定表面的哪一侧存在实体这一问题。实体模型的数据结构不仅记录了全部几何信息，而且记录了全部点、线、面、体的拓扑信息，这是实体模型与线框或表面模型的根本区别。实体建模系统对物体的几何信息和拓扑信息的表达克服了线框建模存在二义以及曲面建模容易丢失面的信息等缺陷，可以生成真实感的图像和进行干涉检查。可方便实现实体的消隐、剖切、有限元网格划分、数控加工刀具轨迹生成，并且具有着色、光照、纹理处理等功能。表 B. 6 为不同几何建模技术比较。

表 B. 6 不同几何建模技术比较

建模技术	线框建模	曲面建模	实体建模
计算机硬件要求	低	高	高
模型的数据量	小	较大	大
物体渲染	无	可以	可以
零部件干涉检查	无	基本可以	可以
零部件装配	无	基本可以	可以
物性计算	棱线长度相关的计算	可以	可以
有限元网格模型	杆、梁单元模型	板、壳模型	任意单元模型
数控加工编程	平面数控编程	2~5 轴	2~5 轴

B. 1. 4 特征建模

1. 特征的含义

特征的概念在工程应用中首次提出是针对 CAM 的要求，希望找到一种从 CAD 几何模型中提取相应零件加工几何信息的方法。此时特征的含义是一组彼此相关的几何或拓扑实体的集合。随着特征技术研究的深入，研究者从各自不同的应用角度和目的出发给出了不同的定义。

从制造角度来说，特征是与基本机械加工操作相对应的几何元素体，与特定机械加工工艺相对应。

从几何角度来说，特征是零件表面上有意义的区域。

从设计角度来说，特征是用于设计、分析和评价的信息单元，是对应于设计和制造活动的某种功能形状。

目前较为通用的定义，特征就是任何已被接受的某一个对象的几何、功能元素和属性，与设计、制造相关，并含有工程意义上的基本几何或信息的几何，通过特征可以很好地理解该对象的功能、行为和操作等。

特征兼有形状和功能两种属性，是产品信息的集合，它不仅具有按一定拓扑关系组成的特定形状，且反映特定的工程语义，适宜在设计、分析和制造中使用。从它的名称和语义足以联想其特定几何形状、拓扑关系、典型功能、绘图表示方法、制造技术、公差要求等系列信息。

机械产品的特征通常可分为形状特征、精度特征、材料特征、装配特征、技术特征、管理特征。形状特征，产品上的一组几何实体，按照一定的尺寸和拓扑约束关系构成的特定形状要素，并具有特定的工程语义。精度特征，产品成形后的实际形状与名义公称几何形状之间的差别等。材料特征，产品在材料特性和材料处理等方面的属性信息。装配特征，产品定义中，零件与其他零件之间装配关系的一种信息。技术特征，包括零件的性能和技术要求等。管理特征，管理有关的信息集合。

2. 建模方法

以特征来表示零件的方式即为零件的特征模型。由于特征的定义常依赖于应用，因而对不同的应用就有不同的特征模型，例如，有设计特征模型、制造特征模型、形状特征模型等。实际上特征建模是在几何建模的基础上，赋予特征的概念面向整个产品设计、分析和制造过程进行的建模方法。目前，提出发展的特征建模方法主要有三种：交互式特征定义、特征识别、基于特征的设计。

（1）交互式特征定义

首先，利用现有的几何造型系统建立产品的几何模型；然后由用户直接通过图形交互拾取在已有几何模型上提取定义特征所需要的几何要素，并将特征参数或精度、技术要求、材料热处理等信息作为属性添加到几何模型中，从而建立产品描述的数据结构，见图 B. 8。

该方法易于实现，可以添加多种信息，但效率低，且几何信息和非几何信息是分离的，因此数据的共享难以实现；同时信息处理过程中容易产生人为的错误，难以保证特征模型的一致性。交互式特征定义的方法出现在特征技术应用的初期。

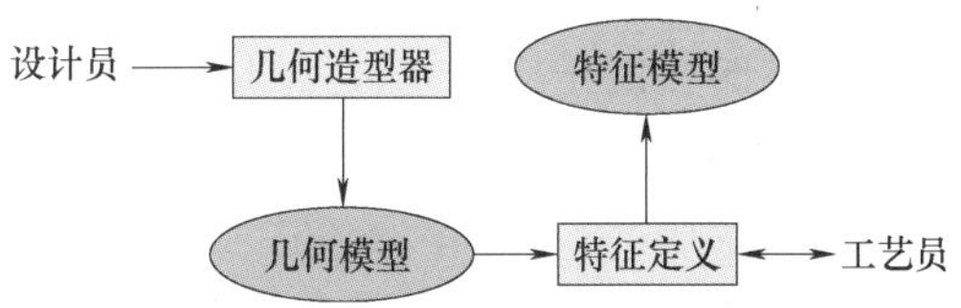

图 B. 8　交互式特征定义建模流程

（2）特征识别

首先建立一个几何模型；然后由程序将几何模型的某部分与系统内预定义的特征相比较，进而识别并提取出相匹配的特征实例，形成产品的特征建模，见图 B. 9。

图 B. 9　特征识别建模流程

特征识别常包括以下几个过程：模式匹配，标识出相应的特征；参数确定，计算特征参数，如圆孔直径、深度等；提取，提取出特征实例；规整，建立特征关系。用于特征识别的方法一般有句法模式识别法、基于规则法、基于 CSG 模型的方法、神经网络法、体积分解识别法等。

采用特征识别法建立特征模型，特征是从零件的几何模型中提取的。设计人员可以较自由地利用几何体素定义物体形状，但已知的功能信息就丢失了。几何描述可以适应不同的场合，然而仅可以识别出数据库中已存储的特征。

（3）基于特征的设计

预先将一些标准的特征或用户自定义的特征存储在特征库中，直接以特征库中的特征为基础来定义零件的几何结构，几何模型可以由特征生成，见图 B.10。

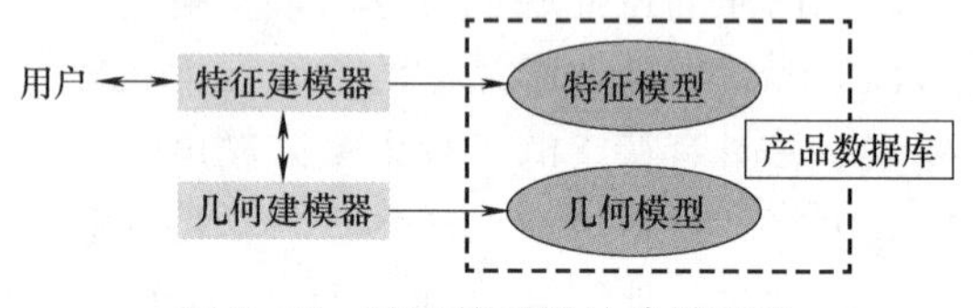

图 B.10　基于特征设计建模流程

针对不同情况，基于特征的设计方法大致可分为三种：面向制造的设计，它同时进行产品设计和加工工艺方案设计，在设计阶段就充分考虑加工要求，采用加工方式进行设计，设计过程中所采用的体素就是加工工艺结构要素；面向装配的设计，它采用公差分析方法，根据“成本-公差”曲线来优化装配公差，以装配为目标来指导零件设计，在设计阶段就初步确定各加工面（或特征面）的加工方法，通过“成本-公差”优化加工方式组合，依据成组技术编码来组织零件设计和生产；参数化设计，各个零件族的变化都可用一组参数控制，因此各零件族的几何特征及加工过程都可以用参数来表达，这种方法具有较高的效率。

由于特征定义形式的差异较大，种类繁多，因此在特征设计之前必须作成组技术分析，建立标准化的特征库，以实现设计过程和工艺流程的标准化。特征库的建立以特征定义和特征分类为基础。在基于特征的设计方法中，特征从一开始就加入到产品模型中，特征型的定义被放入一个库中，通过定义尺寸、位置参数和各种属性值可以建立特征实例。

3. 特征模型的特点

特征建模着眼于更好地表达产品完整的技术和生产管理信息，为建立产品的集成信息模型服务。它的目的是用计算机可以理解和处理的统一产品模型，替代传统的产品设计和施工成套图样以及技术文档，使得一个工程项目或机电产品的设计和生产准备各环节可以并行展开，信息流畅通。

能够使产品设计工作在更高的层次上进行，设计人员的操作对象不再是原始的线条和体素，而是产品的功能要素，像螺纹孔、定位孔、键槽等。特征的引用直接体现设计意图，使得建立的产品模型容易为别人理解和组织生产，设计的图样更容易修改。设计人员可以将更多的精力用在创造性构思上。

有助于加强产品设计、分析、工艺准备、加工、检验各部门间的联系，更好地将产品的设计意图贯彻到各个后续环节并且及时得到后者的意见反馈，为开发新一代的基于统一产品信息模型的 CAD/CAPP/CAM 集成系统创造前提。

有助于推动行业内的产品设计和工艺方法的规范化、标准化和系列化，使得产品设计中及早考虑制造要求，保证产品结构有更好的工艺性。将推动各行业实践经验的归纳总结，从中提炼更多规律性知识，以丰富各领域专家的规则库和知识库，促进智能 CAD 系统和智能制造系统的逐步实现。

B.2　图形变换

图形是工程的语言，计算机图形处理是 CAD 技术的重要基础组成。人机交互式的造型设计、工程分析过程的显示、结构运动和加工过程的仿真都离不开计算机图形处理，图形变换是 CAD 交互式绘图的关键技术之一，也是计算机图形学的基础内容之一。通过图形变换，可由简单图形生成复杂图形，可用二维图形表示三维形体，甚至可以对静态图形经过快速变换而获得图形的动态显示效果。这里简单介绍图形变换的相关理论基础知识。

图形由图形的顶点坐标、顶点之间的拓扑关系以及组成图形的面和线的表达模型所决定，CAD 的图形变换一般只改变顶点的坐标和面、线表达模型中的参数，不会改变它们的拓扑关系。而且面、线表达模型参数也是由相关的顶点所确定的。

图形变换中主要采用向量、矩阵表示，并通过其运算来完成变换。其基本原理是用矩阵描述一个图形，用变换矩阵表示平移、旋转、缩小和放大等功能，而通过这几种矩阵的运算，即可改变图形的位置、方向或大小。

1. 基本变换

图形变换一般是指对图形的几何信息经过几何变换后产生新图形。对于线框图的变换，通常以点变换作为基础，把图形的一系列顶点作几何变换后，连接新的顶点系列即可产生新的图形。对于一个图形作几何变换，实际上就是对一系列点进行变换。其基本变换包括平移变换、旋转变换、比例变换。

（1）平移变换

将 xy 平面内点 $P(x, y)$ 在 x 轴方向、y 轴方向分别平移距离 t_x、t_y，变换至新的位置得到点 $P'(x', y')$，如图 B.11a 所示，这种变换称为平移变换，平移变换的关系式为

$$\begin{cases} x' = x + t_x \\ y' = y + t_y \end{cases} \tag{B.2}$$

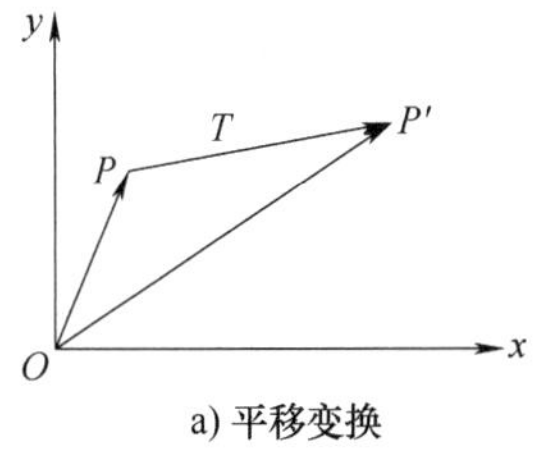

a) 平移变换

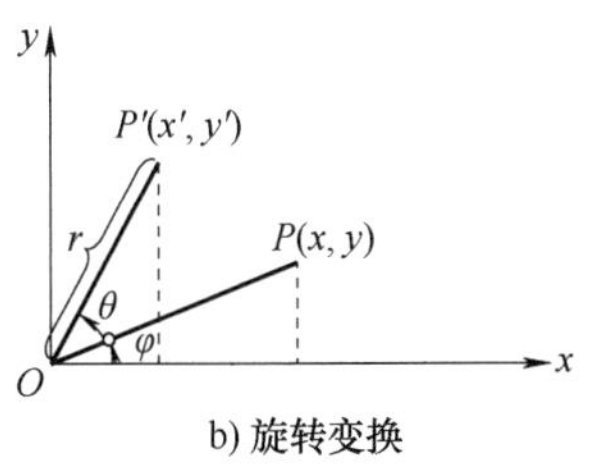

b) 旋转变换

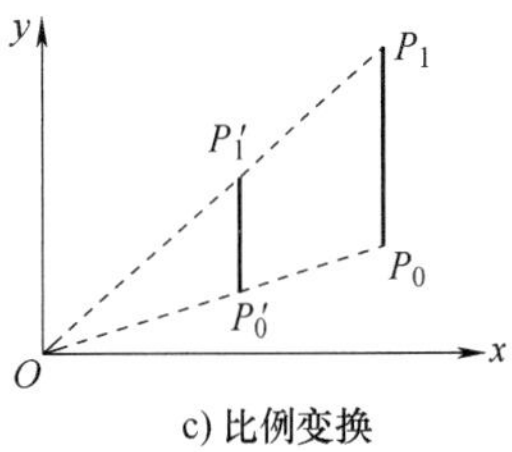

c) 比例变换

图 B.11　基本变换

写成矩阵形式为

$$\boldsymbol{P}' = \boldsymbol{P} + \boldsymbol{T} \tag{B.3}$$

式中

$$\begin{cases} \boldsymbol{P}' = (x' \quad y')^{\mathrm{T}} \\ \boldsymbol{P} = (x \quad y)^{\mathrm{T}} \\ \boldsymbol{T} = (t_x \quad t_y)^{\mathrm{T}} \end{cases}$$

矩阵 $\boldsymbol{T}$ 称为平移变换矩阵，记作 $\boldsymbol{T}(t_x, t_y)$。平移使图形相对于原坐标系由一个位置移动至另一个位置，而图形本身不发生变化。

(2) 旋转变换

图形绕坐标原点旋转某一角度生成变换后的图形，这种变换称为旋转变换。设 xy 平面内点 $P(x, y)$ 在绕坐标原点旋转角度 θ 后到达新的位置 $P'(x', y')$，如图 B.11b 所示。其中，角度 θ 逆时针旋转为正，顺时针旋转为负。

极坐标下坐标旋转推导比较方便，以 x 轴正向为极轴，旋转前点 P 到原点的距离为 r，极角为 φ。则在极坐标系下，点 P 和 P' 表示为

$$\begin{cases} x = r\cos\varphi \\ y = r\sin\varphi \end{cases} \tag{B.4}$$

$$\begin{cases} x' = r\cos(\theta+\varphi) \\ y' = r\sin(\theta+\varphi) \end{cases} \tag{B.5}$$

应用三角函数公式展开，并代入式 (B.4)，可得

$$\begin{cases} x' = r\cos\theta\cos\varphi - r\sin\theta\sin\varphi = x\cos\theta - y\sin\theta \\ y' = r\sin\theta\cos\varphi + r\cos\theta\sin\varphi = x\sin\theta + y\cos\theta \end{cases} \tag{B.6}$$

写成矩阵形式为

$$\boldsymbol{P}' = \boldsymbol{R} \cdot \boldsymbol{P} \tag{B.7}$$

式中

$$\boldsymbol{R} = \begin{pmatrix} \cos\theta & -\sin\theta \\ \sin\theta & \cos\theta \end{pmatrix}$$

矩阵 $\boldsymbol{R}$ 称为旋转变换矩阵，记作 $\boldsymbol{R}(\theta)$。旋转变换以坐标原点为旋转参照点或基准点，旋转使图形绕参照点旋转了一个角度，保持图形各部分间的线形关系和角度关系，直线的长度不变。

(3) 比例变换

将 xy 平面内点 $P(x, y)$ 在 x 轴方向、y 轴方向分别乘以 s_x 和 s_y，可得到新的点 $P'(x', y')$，如图 B.11c 所示，这种变换称为比例变换，也称为放缩变换，s_x 和 s_y 为两坐标方向上的比例系数，相当于两坐标方向上分别放缩 s_x 倍和 s_y 倍。放缩变换的关系式为

$$\begin{cases} x' = s_x x \\ y' = s_y y \end{cases} \tag{B.8}$$

写成矩阵形式为

$$\boldsymbol{P}' = \boldsymbol{S} \cdot \boldsymbol{P} \tag{B.9}$$

式中

$$\boldsymbol{S} = \begin{pmatrix} s_x & 0 \\ 0 & s_y \end{pmatrix}$$

矩阵 $\boldsymbol{S}$ 称为比例变换矩阵，记作 $\boldsymbol{S}(s_x, s_y)$。比例变换以坐标原点为放缩参照点或基准点，一般放缩不仅改变了图形的大小和形状，也改变了它离坐标原点的距离。

比例系数之间的关系和大小不同，获得变换后图形效果也完全不同。当 $s_x = s_y$ 时，不改变形状，只改变大小，可把图形等比例放大 ($s_x = s_y > 1$) 或缩小 ($s_x = s_y < 1$)，特殊的 $s_x = s_y = 1$ 图形不变；当 $s_x \neq s_y$ 时，图形沿两个坐标轴作非均匀比例变换，相当于把图形沿平行于坐标轴的方向拉伸或压缩，使图形发生变形；当 s_x 或 s_y 为负值时，变换后的图形与变换前的图

形关于 x 轴或 y 轴对称，如当 $s_x=-1$、$s_y=1$ 时，产生关于 y 轴的镜像。

2. 矩阵表达式和齐次坐标

利用矩阵计算变换后的坐标十分方便快捷，但平移、旋转和放缩变换矩阵运算形式不统一，其变换矩阵形式也不相同。不同变换的矩阵结构和运算表示形式不同，计算多次不同变换时，分别利用矩阵计算各变换导致计算量大。特别是多种变换作用与多个目标时，计算量非常大，如果进行变换矩阵运算，然后再作用于图形对象，可减少计算量。但是不同变换矩阵的结构不同，运算形式也不相同，无法进行。引入齐次坐标用一种一致的方法来表示这三种变换。统一运算形式后，可以先合成变换运算的矩阵，再作用于图形对象。

所谓齐次坐标表示法就是用 $n+1$ 维矢量表示 n 维矢量的方法，如用三维矢量表示二维位置矢量。将二维点（x，y）附加第三个坐标，于是每个点的坐标都用一个三元组（x_h，y_h，h）来表示，称为点（x，y）的齐次坐标，其中 $x_h=hx$，$y_h=hy$，$h\neq0$。h 可以取不同的值，也就是说每个点齐次坐标不唯一。如果坐标 h 不为零，那么可以用它作为除数，由（x_h，y_h，h）得到：

$$\begin{pmatrix}\frac{x_h}{h} & \frac{y_h}{h} & \frac{h}{h}\end{pmatrix}=(x \quad y \quad 1) \tag{B.10}$$

它们代表同一点，这个过程称为正常化或规范化处理，将 x_h/h 和 y_h/h 称为齐次点（x_h，y_h，h）的笛卡儿坐标。一般来说，当 h 不为零时，我们采用 h 为 1 的坐标，这样 x、y 坐标没有变化，只是增加了 $h=1$ 的一个附加坐标。

齐次坐标表示法可以用矩阵运算把一个点集从一个坐标系映射为另一个坐标系内对应的一个点集。当取 $h=0$ 时，齐次坐标实际上表示一个无穷远点。齐次坐标表示法使图形变换更方便。

若点的矢量采用齐次坐标表示，则三种基本变换可表示为：

平移变换

$$\begin{pmatrix}x'\\y'\\1\end{pmatrix}=\begin{pmatrix}1&0&t_x\\0&1&t_y\\0&0&1\end{pmatrix}\begin{pmatrix}x\\y\\1\end{pmatrix}=\boldsymbol{T}(t_x,t_y)\begin{pmatrix}x\\y\\1\end{pmatrix} \tag{B.11}$$

旋转变换

$$\begin{pmatrix}x'\\y'\\1\end{pmatrix}=\begin{pmatrix}\cos\theta&-\sin\theta&0\\\sin\theta&\cos\theta&0\\0&0&1\end{pmatrix}\begin{pmatrix}x\\y\\1\end{pmatrix}=\boldsymbol{R}(\theta)\begin{pmatrix}x\\y\\1\end{pmatrix} \tag{B.12}$$

比例变换

$$\begin{pmatrix}x'\\y'\\1\end{pmatrix}=\begin{pmatrix}s_x&0&0\\0&s_y&0\\0&0&1\end{pmatrix}\begin{pmatrix}x\\y\\1\end{pmatrix}=\boldsymbol{S}(s_x,s_y)\begin{pmatrix}x\\y\\1\end{pmatrix} \tag{B.13}$$

采用齐次坐标后，统一了三种变换的运算形式，但每种变换的性质尚有区别。平移变换和旋转变换具有可加性，见式（B.14）和式（B.15）；比例变换具有可乘性，见式（B.16）。

$$\boldsymbol{T}(t_{x_2},t_{y_2})\cdot\boldsymbol{T}(t_{x_1},t_{y_1})=\boldsymbol{T}(t_{x_1}+t_{x_2},t_{y_1}+t_{y_2}) \tag{B.14}$$

$$\boldsymbol{R}(\theta_2)\cdot\boldsymbol{R}(\theta_1)=\boldsymbol{R}(\theta_1+\theta_2) \tag{B.15}$$

$$\boldsymbol{S}(s_{x_2},s_{y_2})\cdot\boldsymbol{S}(s_{x_1},s_{y_1})=\boldsymbol{S}(s_{x_1}s_{x_2},s_{y_1}s_{y_2}) \tag{B.16}$$

平移变换、旋转变换、比例变换三种基本变换都具有可逆性，即

$$\begin{pmatrix}x\\y\\1\end{pmatrix}=\begin{pmatrix}1&0&-t_x\\0&1&-t_y\\0&0&1\end{pmatrix}\begin{pmatrix}x'\\y'\\1\end{pmatrix}=\boldsymbol{T}^{-1}(t_x,t_y)\begin{pmatrix}x'\\y'\\1\end{pmatrix} \tag{B.17}$$

$$\begin{pmatrix}x\\y\\1\end{pmatrix}=\begin{pmatrix}\cos\theta&\sin\theta&0\\-\sin\theta&\cos\theta&0\\0&0&1\end{pmatrix}\begin{pmatrix}x'\\y'\\1\end{pmatrix}=\boldsymbol{R}^{-1}(\theta)\begin{pmatrix}x'\\y'\\1\end{pmatrix} \tag{B.18}$$

$$\begin{pmatrix}x\\y\\1\end{pmatrix}=\begin{pmatrix}\frac{1}{s_x}&0&0\\0&\frac{1}{s_y}&0\\0&0&1\end{pmatrix}\begin{pmatrix}x'\\y'\\1\end{pmatrix}=\boldsymbol{S}^{-1}(s_x,s_y)\begin{pmatrix}x'\\y'\\1\end{pmatrix} \tag{B.19}$$

3. 复合变换

除上述讨论的基本变换外，实际图形通常需要更加复杂的变换，进行多次变换。如绕非坐标原点的任意点旋转、多次的平移变换、平移变换复合旋转变换等。任何一个复杂的线性变换都可以分解为平移变换、旋转变换、比例变换等基本变换。如图形绕任意点旋转，可以通过三个简单变换来实现，即平移变换-旋转变换-平移变换。一系列简单的变换可通过复合组合成为一个复杂的变换。对图形作较复杂的变换时，不直接去计算这个变换，而是将其先分解成多个基本变换，再合成总的变换。

连续变换时，先计算变换矩阵，再计算坐标，这就是变换合成。变换合成可提高对图形依次做多次变换的运算效率。如图形上有 n 个顶点 P_i，如果依次施加的变换为平移变换和旋转变换，那么顶点 P_i 变换后的坐标为，先平移然后旋转，每个顶点需要 2 次矩阵相乘；而采用变换合成的方法，每个顶点需要 1 次矩阵相乘。此外变换合成提供了一种构造复杂变换的方法。在复合变换中，变换的顺序问题十分重要，不同的变换次序，一般会得到不同的结果。

绕任意点旋转是一个组合变换，是通过以下步骤实现：①平移对象使参照点或基准点移到原点；②绕坐标原点旋转；③平移对象使参照点回到原始位置。通过三种基本变换的有序复合，可求得总的变换矩阵。如在 xy 平面内绕任意点 $P_r(x_r,\ y_r)$ 旋转 θ 角，实现过程如图 B. 12 所示，变换矩阵如下

$$\begin{aligned}\boldsymbol{R}(x_r,y_r;\theta)&=\boldsymbol{T}(x_r,y_r)\cdot\boldsymbol{R}(\theta)\cdot\boldsymbol{T}(-x_r,-y_r)\\&=\begin{pmatrix}1&0&x_r\\0&1&y_r\\0&0&1\end{pmatrix}\begin{pmatrix}\cos\theta&-\sin\theta&0\\\sin\theta&\cos\theta&0\\0&0&1\end{pmatrix}\begin{pmatrix}1&0&-x_r\\0&1&-y_r\\0&0&1\end{pmatrix}\\&=\begin{pmatrix}\cos\theta&-\sin\theta&x_r(1-\cos\theta)+y_r\sin\theta\\\sin\theta&\cos\theta&y_r(1-\cos\theta)-x_r\sin\theta\\0&0&1\end{pmatrix}\end{aligned} \tag{B.20}$$

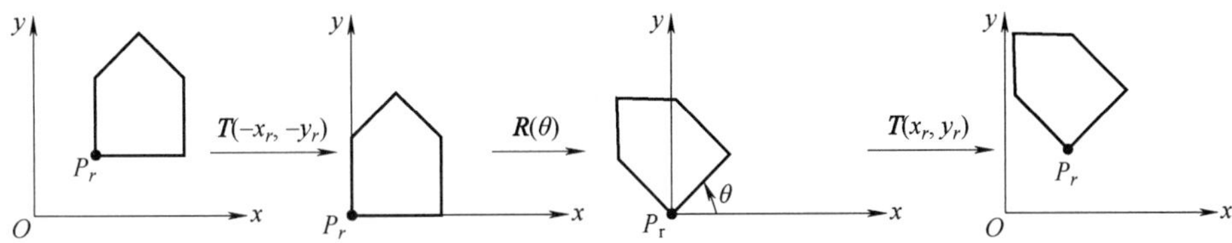

图 B. 12　平面内绕任意点旋转

关于任意参照点的比例变换，也是相似的步骤：①平移对象使基准点与坐标原点重合；②进行比例变换；③平移对象使参照点回到原始位置。在 xy 平面内关于任意参照点 $P_r(x_r, y_r)$ 比例变换实现过程如图 B. 13 所示，变换矩阵如下

$$\begin{aligned}\boldsymbol{S}(x_r,y_r;s_x,s_y)&=\boldsymbol{T}(x_r,y_r)\cdot\boldsymbol{S}(s_x,s_y)\cdot\boldsymbol{T}(-x_r,-y_r)\\&=\begin{pmatrix}1&0&x_r\\0&1&y_r\\0&0&1\end{pmatrix}\begin{pmatrix}s_x&0&0\\0&s_y&0\\0&0&1\end{pmatrix}\begin{pmatrix}1&0&-x_r\\0&1&-y_r\\0&0&1\end{pmatrix}\\&=\begin{pmatrix}s_x&0&x_r(1-s_x)\\0&s_y&y_r(1-s_y)\\0&0&1\end{pmatrix}\end{aligned}\tag{B.21}$$

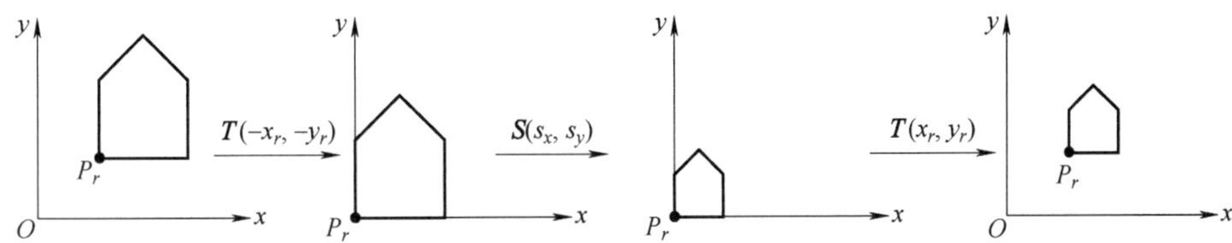

图 B. 13　平面内绕任意点比例变换

设平面内一点 P 依次经过 $\boldsymbol{T}_1$、$\boldsymbol{T}_2$、$\boldsymbol{T}_3$、…、$\boldsymbol{T}_n$ 共 n 次变换得到点 P'，则总的变换结果可表示为

$$\boldsymbol{P}'=\boldsymbol{T}_1\cdot\boldsymbol{T}_2\cdot\boldsymbol{T}_3\cdots\boldsymbol{T}_n\cdot\boldsymbol{P}=\boldsymbol{T}\cdot\boldsymbol{P}\tag{B.22}$$

4. 三维几何变换

上述讨论的二维变换，拓展到三维图形变换，三维点的位置矢量采用规范化处理后的齐次坐标表示（x, y, z, 1）。将三维空间内点 $P(x, y, z)$ 平移变换至新的位置得到点 $P'(x', y', z')$ 可表示为

$$\begin{pmatrix}x'\\y'\\z'\\1\end{pmatrix}=\begin{pmatrix}1&0&0&t_x\\0&1&0&t_y\\0&0&1&t_z\\0&0&0&1\end{pmatrix}\begin{pmatrix}x\\y\\z\\1\end{pmatrix}=\boldsymbol{T}(t_x,t_y,t_z)\begin{pmatrix}x\\y\\z\\1\end{pmatrix}\tag{B.23}$$

以坐标原点为参照点的比例变换可表示为

$$\begin{pmatrix}x'\\y'\\z'\\1\end{pmatrix}=\begin{pmatrix}s_x&0&0&0\\0&s_y&0&0\\0&0&s_z&0\\0&0&0&1\end{pmatrix}\begin{pmatrix}x\\y\\z\\1\end{pmatrix}=\boldsymbol{S}(s_x,s_y,s_z)\begin{pmatrix}x\\y\\z\\1\end{pmatrix}\tag{B.24}$$

以任意点（x_r，y_r，z_r）为参照点的比例变换也是通过平移变换-比例变换-平移变换三次变换实现的，其变换矩阵为

$$\begin{aligned}\boldsymbol{S}(x_r,y_r,z_r;s_x,s_y,s_z)&=\boldsymbol{T}(x_r,y_r,z_r)\cdot\boldsymbol{S}(s_x,s_y,s_z)\cdot\boldsymbol{T}(-x_r,-y_r,-z_r)\\&=\begin{pmatrix}s_x&0&0&x_r(1-s_x)\\0&s_y&0&y_r(1-s_y)\\0&0&s_z&z_r(1-s_z)\\0&0&0&1\end{pmatrix}\begin{pmatrix}s_x&0&x_r(1-s_x)\\0&s_y&y_r(1-s_y)\\0&0&1\end{pmatrix}\end{aligned}\tag{B.25}$$

绕坐标轴旋转 θ 角的旋转变换可分别表示为

绕 x 轴旋转

$$\begin{pmatrix}x'\\y'\\z'\\1\end{pmatrix}=\begin{pmatrix}1&0&0&0\\0&\cos\theta&-\sin\theta&0\\0&\sin\theta&\cos\theta&0\\0&0&0&1\end{pmatrix}\begin{pmatrix}x\\y\\z\\1\end{pmatrix}=\boldsymbol{R}_x(\theta)\begin{pmatrix}x\\y\\z\\1\end{pmatrix}\tag{B.26}$$

绕 y 轴旋转

$$\begin{pmatrix}x'\\y'\\z'\\1\end{pmatrix}=\begin{pmatrix}\cos\theta&0&\sin\theta&0\\0&1&0&0\\-\sin\theta&0&\cos\theta&0\\0&0&0&1\end{pmatrix}\begin{pmatrix}x\\y\\z\\1\end{pmatrix}=\boldsymbol{R}_y(\theta)\begin{pmatrix}x\\y\\z\\1\end{pmatrix}\tag{B.27}$$

绕 z 轴旋转

$$\begin{pmatrix}x'\\y'\\z'\\1\end{pmatrix}=\begin{pmatrix}\cos\theta&-\sin\theta&0&0\\\sin\theta&\cos\theta&0&0\\0&0&1&0\\0&0&0&1\end{pmatrix}\begin{pmatrix}x\\y\\z\\1\end{pmatrix}=\boldsymbol{R}_z(\theta)\begin{pmatrix}x\\y\\z\\1\end{pmatrix}\tag{B.28}$$

当绕空间任意轴旋转时，通过以下步骤实现：①平移物体，使得旋转轴通过坐标原点；②旋转物体，使得旋转轴与某一坐标轴重合；③绕坐标轴完成指定的旋转；④利用逆旋转使得旋转轴回到原始方向；⑤利用逆平移使得旋转轴回到原始方位。

参考文献

[1] 蔡汉明，陈清奎，杨新华，等. 机械 CAD/CAM 技术 [M]. 北京：机械工业出版社，2003.
[2] 陈天天，施晨琦，宁哲达，等. 金属及合金材料热变形中的本构模型与热加工图研究进展 [J]. 材料导报，2022，36（S1）：416-424.
[3] 崔敏超，赵升吨，陈超，等. 42CrMo 钢中温成形性研究 [J]. 热加工工艺，2017，46（9）：1-6.
[4] 董湘怀. 材料成形计算机模拟 [M]. 2 版. 北京：机械工业出版社，2006.
[5] 何涛. 模具 CAD/CAM [M]. 北京：北京大学出版社，2006.
[6] 刘少飞，屈银虎，王崇楼，等. 金属和合金高温变形过程本构模型的研究进展 [J]. 材料导报，2018，32（13）：2241-2251，2277.
[7] 刘建生，陈慧琴，郭晓霞. 金属塑性加工有限元模拟技术与应用 [M]. 北京：冶金工业出版社，2003.
[8] 刘楠，赵向苹，张大伟，等. 高压电气用壳体翻边工艺过程分析及翻边口精度提升 [J]. 高压电器，2019，55（5）：245-250.
[9] 吕炎. 精密塑性体积成形技术 [M]. 北京：国防工业出版社，2003.
[10] 茹铮，余望，阮煦寰，等. 塑性加工摩擦学 [M]. 北京：科学出版社，1992.
[11] 王东哲，张永清，何丹农，等. 板料拉深成形摩擦测试系统研究 [J]. 润滑与密封，2000，（5）：39-41，44.
[12] 王金彦，董万鹏，龚红英. 有限元法与塑性成形数值模拟技术 [M]. 北京：化学工业出版社，2015.
[13] 王勖成，邵敏. 有限单元法基本原理和数值方法 [M]. 2 版. 北京：清华大学出版社，1997.
[14] 汪大年. 金属塑性成形原理：修订本 [M]. 北京：机械工业出版社，1986.
[15] 王仲仁. 塑性加工力学基础 [M]. 北京：国防工业出版社，1989.
[16] 王仲仁. 特种塑性成形 [M]. 北京：机械工业出版社，1995.
[17] 杨合，等. 局部加载控制不均匀变形与精确塑性成形技术：原理和技术 [M]. 北京：科学出版社，2014.
[18] 俞汉清，陈金德. 金属塑性成形原理 [M]. 北京：机械工业出版社，1999.
[19] 曾攀. 有限元分析及应用 [M]. 北京：清华大学出版社，2004.
[20] 张大伟. 螺纹花键同步滚轧理论与技术 [M]. 北京：科学出版社，2020.
[21] 张大伟. 金属体积成形过程建模仿真及应用 [M]. 北京：科学出版社，2022.
[22] 张大伟. 钛合金筋板类构件局部加载成形有限元仿真分析中的摩擦及其影响 [J]. 航空制造技术，2017（4）：34-41.
[23] 张大伟，李智军，杨光灿，等. 金属体积成形中摩擦描述与评估研究进展 [J]. 锻压技术，2021，46（10）：1-10.
[24] 张大伟，杨合. 大型钛合金整体隔框锻件局部加载等温成形技术 [J]. 锻造与冲压，2012（21）：32-38.
[25] 张大伟，张超，赵升吨. 大直径重载行星滚柱丝杠径向锻造塑性成形的探讨 [J]. 重型机械，2014（6）：14-18.
[26] 张岩松. TiAl 基合金力学性能及本构关系的研究 [D]. 南京：南京航空航天大学，2012.
[27] 张大伟，赵升吨. 行星滚柱丝杠副滚柱塑性成形的探讨 [J]. 中国机械工程，2015，26（3）：385-389.
[28] 张大伟，赵升吨，王利民. 复杂型面滚轧成形设备现状分析 [J]. 精密成形工程，2019，11（1）：1-10.

[29] 赵升吨. 材料成形技术基础 [M]. 北京：电子工业出版社，2013.

[30] 张琦，母东，靳凯强，等. 旋转锻造成形技术研究现状 [J]. 锻压技术，2015，40 (1)：1-6.

[31] 张琦，赵升吨，范淑琴，等. 电梯新型轿顶轮的板料塑性成形工艺及其数值模拟 [J]. 材料科学与工艺，2010，18 (增刊 1)：176-181.

[32] 朱德忠，贾长祥，原遵东，等. 氧-乙炔火焰喷涂枪的火焰温度测量 [J]. 工程热物理学报. 1985，6 (1)：96-98.

[33] BAY N, OLSSON D D, ANDREASEN J L. Lubricant test methods for sheet metal forming [J]. Tribology International, 2008, 41: 844-853.

[34] BEN N Y, ZHANG D W, LIU N, et al. FE modeling of warm flanging process of large T-pipe from thick-wall cylinder [J]. International Journal of Advanced Manufacturing Technology, 2017, 93: 3189-3201.

[35] BOWDEN F P, TABOR D. The area of contact between stationary and between moving surfaces [J]. Proceedings of the Royal Society of London. Series A, Mathematical and Physical Sciences, 1939, 169 (938): 391-413.

[36] CUI M C, ZHAO S D, ZHANG D W, et al. Deformation mechanism and performance improvement of spline shaft with 42CrMo steel by axial-infeed incremental rolling process [J]. The International Journal of Advanced Manufacturing Technology, 2017, 88: 2621-2630.

[37] KOBAYASHI S, OH S I, ALTAN T. Metal forming and the finite-element method [M]. New York: Oxford University Press, Inc., 1989.

[38] OH S I, WU W T, TANG J P, et al. Capabilities and applications of FEM code DEFORM: the perspective of the developer [J]. Journal of Materials Processing Technology, 1991, 27 (1-3): 25-42.

[39] OSAKADA K. History of plasticity and metal forming analysis [J]. Journal of Materials Processing Technology, 2010, 210: 1436-1454.

[40] OROWAN E. The calculation of roll pressure in hot and cold flat rolling [J]. Proceedings of the Institution of Mechanical Engineers, 1943, 150 (1): 140-167.

[41] SANCHEZ L R. Characterization of a measurement system for reproducible friction testing on sheet metal under plane strain [J]. Tribology International, 1999, 32: 575-586.

[42] SHAW M C, BER A, MAMIN P A. Friction characteristics of sliding surfaces undergoing subsurface plastic flow [J]. Journal of Fluids Engineering, 1960, 82 (2): 342-345.

[43] VISKANTA R. Heat transfer to impinging isothermal gas and flame jets [J]. Experimental Thermal Fluid Science, 1993, 6 (1): 103-107.

[44] WANHEIM T. Friction at high normal pressures [J]. Wear, 1973, 25: 255-244.

[45] WANHEIM T, BAY N, PETERSEN A S. A theoretically determined model for friction in metal working processes [J]. Wear, 1974, 28: 251-258.

[46] YANG H, FAN X G, SUN Z C, et al. Recent developments in plastic forming technology of titanium alloys [J]. Science China Technological Science, 2011, 54 (2): 490-501.

[47] ZHANG C, ZHAO S D, ZHANG D W, et al. Research of radial forging technology for forming threads on planetary roller screw [C] //International Conference on Surface Modification Technologies (SMT30), 28th June -3rd July, 2016, Milan, Italy.

[48] ZHANG D W. Die structure and its trial manufacture for thread and spline synchronous rolling process [J]. The International Journal of Advanced Manufacturing Technology, 2018, 96: 319-325.

[49] ZHANG D W, CUI M C, CAO M, et al. Determination of friction conditions in cold-rolling process of shaft part by using incremental ring compression test [J]. The International Journal of Advanced Manufacturing Technology, 2017, 91: 3823-3831.

[50] ZHANG D W, FAN X G. Review on intermittent local loading forming of large-size complicated component: deformation characteristics [J]. The International Journal of Advanced Manufacturing Technology, 2018, 99: 1427-1448.

[51] ZHANG D W, LI F, LI S P, et al. Finite element modeling of counter-roller spinning for large-sized aluminum alloy cylindrical parts [J]. Frontiers of Mechanical Engineering, 2019, 14 (3): 351-357.

[52] ZHANG D W, LI Y T, FU J H, et al. Mechanics analysis on precise forming process of external spline cold rolling [J]. Chinese Journal of Mechanical Engineering, 2007, 20 (3): 54-58.

[53] ZHANG D W, LIU B K, XU F F, et al. A note on phase characteristic among rollers before thread or spline rolling [J]. The International Journal of Advanced Manufacturing Technology, 2019, 100: 391-399.

[54] ZHANG D W, OU H A. Relationship between friction parameters in Coulomb-Tresca friction model for bulk metal forming [J]. Tribology International, 2016, 95: 13-18.

[55] ZHANG D W, SHI T L, ZHAO S D. Through-process finite element modeling for warm flanging process of large-diameter aluminum alloy shell of gas insulated (metal-enclosed) switchgear [J]. Materials, 2019, 12 (11): 1784.

[56] ZHANG D W, YANG H. Preform design for large-scale bulkhead of TA15 titanium alloy based on local loading features [J]. The International Journal of Advanced Manufacturing Technology, 2013, 67 (9-12): 2551-2562.

[57] ZHANG D W, YANG H, LI H W, et al. Friction factor evaluation by FEM and experiment for TA15 titanium alloy in isothermal forming process [J]. The International Journal of Advanced Manufacturing Technology, 2012, 60: 527-536.

[58] ZHANG D W, YANG H, SUN Z C. 3D-FE modelling and simulation of multi-way loading process for multi-ported valve [J]. Steel Research International, 2010, 81 (3): 210-215.

[59] ZHANG D W, YANG H, SUN Z C, et al. A new FE modeling method for isothermal local loading process of large-scale complex titanium alloy components based on DEFORM-3D [C] // BARLAT F, MOON Y H, LEE M G. AIP Conference Proceedings 1252. New York: American Institute of Physics, 2010: 439-446.

[60] ZHANG D W, ZHANG C, TIAN C, et al. Forming characteristic of thread cold rolling process with round dies [J]. The International Journal of Advanced Manufacturing Technology, 2022, 120: 2503-2415.

[61] ZHANG D W, ZHAO S D. New method for forming shaft having thread and spline by rolling with round dies [J]. The International Journal of Advanced Manufacturing Technology, 2014, 70: 1455-1462.

[62] ZHANG D W, ZHAO S D. Deformation characteristic of thread and spline synchronous rolling process [J]. The International Journal of Advanced Manufacturing Technology, 2016, 87: 835-851.

[63] ZHANG D W, ZHAO S D, WU S B, et al. Phase characteristic between dies before rolling for thread and spline synchronous rolling process [J]. The International Journal of Advanced Manufacturing Technology, 2015, 81: 513-528.

[64] ZHANG Q, FELDER E, BRUSCHI S. Evaluation of friction condition in cold forging by using T-shape compression test [J]. Journal of Materials Processing Technology, 2009, 209: 5720-5729.

[65] ZHANG Q, JIN K, MU D, et al. Energy-controlled rotary swaging process for tube workpiece [J]. The International Journal of Advanced Manufacturing Technology, 2015, 80 (9-12): 2015-2026.

[66] ZHANG Q, MU D, JIN K Q, et al. Recess swaging method for manufacturing the internal helical splines [J]. Journal of Materials Processing Technology, 2014, 214: 2971-2984.

[67] ZHU Q, LUAN D, ZHANG L, et al. Size effect on the forming limit of a nickel–based superalloy thin sheet at the mesoscopic scale [J]. Journal of Materials Research and Technology, 2023, 26: 8889-8903.